한국인의 발명과 혁신

송성수

한국인의 발명과 혁신

송성수

차례

머리말

이 책은 발명과 혁신에 기여한 한국인들의 이야기를 담고 있다. 인물로 보는 한국 과학기술사에 해당하는 셈인데, 과학보다는 기술에, 전통 시대보다는 근현대에 초점을 맞추었다. 목차를 보면 알겠지만, 상당수는 한 번쯤 들어봄직한 인물이나 주제일 것이다. 처음 접하는 인물은 알아 가면 되고, 친근한 내용은 더욱 자세히 탐구하면 된다. 배우고 때맞춰 익히면 이 또한 즐겁지 아니한가?

다음과 같은 질문을 염두에 두고 독서를 하면 더욱 즐거울 것이다. 최무선 이전에는 화약과 화기가 사용되지 않았나? 장영실이 주도한 발명품에는 어떤 것이 있는가? 정약용은 학자인가 기술자인가? 지석영은 우리나라에 우두법을 처음으로 도입했는가? 우리나라 최초의 여성 과학자는 누구인가? 일제 강점기에 한국인이 설계한 건축물은? 국산 라디오는 어떤 과정을 통해 개발되고 확산되었는가? 어떤 인물이나 조직이 합판, 철강, 자동차, 반도체, 정보통신으로 이어지는 한국의 산업화와 기술 발전에 기여했는가? 한국의 기술혁신에 기여한 중견기업이나 중소기업의 예를 든다면? 등.

사람에게 역사가 있듯 이 책에도 역사가 있다. 필자는 2009년부터 부산대학교의 융복합 교양 과목으로 '인물로 보는 기술의 역사'를 담당하고 있다. 학생들은 '인기사'로 줄여 부른다. 인기사 수업은 서양 기술을 중심으로 진행되는데, 한국의 사례가 부족하다는 이야기를 종종 들었다. 그래서 자료를 찾고 연구를 하고 글을 쓰는 작업이 진행되었다. 마치 직소 퍼즐을 푸는 것처럼 흥미로운 일이었다. 내 고향 부산과 관련된 부분이 나오면 더 좋았다.

원고가 하나씩 만들어지면서 수업 시간에 활용하기도 하고 신문이나 잡지에 게재하기도 했다. 익숙하지 않은 주제를 의뢰 받아 끙끙대면서 원고를 작성한 경우도 있었다. 이런 일들이 계속되면서 특별한 목표를 가지고 한 일도 아닌데 집념 비슷한 것이 생겼다. 드디어 몰입의 시간이 왔다. 2023년 1월부터 기존 원고를 보완하고 새로운 부분을 추가하는 작업이 집중적으로 이루어졌다. 책의 초안은 2023년 12월에 이음출판사로 넘겨졌으며, 그 후에도 부분적으로 보강하는 일이 계속되었다.

필자가 한국 과학기술사와 인연을 맺은 때는 1993년 2학기였다. 당시에는 서양 과학기술사를 전공하는 대학원생이었는데, 박성래 선생님이 개설한 '한국 과학기술사 특강'을 들었던 것이다. 벌써 30년 전의 일이 되었다. 이번에 책을 준비하면서 다시 한 번 박성래 선생님의 내공에 놀랐다. 한국 과학기술사 곳곳에 선생님의 손길이 닿아 있었다. 선생님께 무한한 존경을 보낸다. 또한 이 책의 몇몇 주제를 선구적으로 탐구해 오신 김동광, 송위진, 신동원, 문중양 선배님들께 고개를 숙인다. 참고문헌에 수록된 좋은 저작들을 집필해 주신 연구자들께도 감사의 마음을 전한다.

이 책이 그리 독창적인 내용이나 해석을 담은 것은 아니지만 그래도 생각해 볼 거리가 제법 있을 것이다. 몇몇 과학기술적 성취가 지나치게 과대평가하고 있는 것은 아닌가? 특정한 인물을 영웅시하는 신화에 빠질 위험은 없는가? 맥락을 고려하지 않고 텍스트를 논의하는 것은 무슨 의미가 있는가? 여러 상황이 착종되던 시절의 사건을 오늘날의 잣대로 재단할 수 있는가? 겉으로 드러난 인물 이외에 실무를 담당했던 숨은 주역은 누구인가? 기술의 개발이 중요한가, 상업화가 중요한가? 기술혁신에서 정부는 어떤 역할을 담당해야 하는가? 등등이다.

요즘 출판업계가 매우 어렵다고 하는데, 이음출판사 덕분에 이 책이 세상의 빛을 볼 수 있게 되었다. 오랜 친구 주일우 대표는 출판 요청을 흔쾌히 응해주었고, 고은영 선생과 편집부는 세련된 편집으로 책의 가치를 높여주었다. 특히 고은영 선생은 해당 기관과 연락을 취해 원고의 내용에 대한 피드백을 받고 그림의 저작권 문제를 해결해 주는 수고를 아끼지 않았다. 언제나 든든한 버팀목이 되어 주는 이윤주와 송영은에게도 감사와 사랑을 전한다. 아무쪼록 책이 널리 읽혀서 한국의 과학기술을 가지고도 이런저런 이야기를 나눌 수 있다면 더 이상 바랄 것이 없겠다.

금정산 기슭의 연구실에서
송성수 드림

화약 무기를 만들어 왜구를 소탕하다,

최무선

화약(火藥, gunpowder)은 나침반, 인쇄술과 함께 중국의 3대 발명으로 평가되고 있다. 4대 발명에는 종이가 추가된다. 화약은 약재(藥材)로 출발한 후 불꽃놀이에 사용되다가 전쟁 무기로 진화했다. 우리나라 화약의 아버지로는 14세기 무인(武人)이자 과학기술자인 최무선(崔茂宣, 1328~1395)이 꼽힌다. 최무선은 우리나라 최초로 화약과 화약 무기를 개발했으며 이를 활용하여 왜구를 격퇴함으로써 민생 안정과 국토방위에 크게 기여했다. 그는 2003년에 개관한 '과학기술인 명예의 전당'의 초대 헌정자로 선정된 바 있다.

©영천역사박물관
[그림 1] 우리나라 화약의 아버지로 평가되는 최무선

『태조실록』으로 보는 최무선

최무선에 대한 자세한 기록은 『태조실록』에 실려 있다. 『태조실록』 권7은 태조 4년(1395년) 4월 19일자의 『최무선 졸기(卒記)』에서 다음과 같이 적고 있다.

《검교참찬(檢校參贊) 문하부사(門下府事) 최무선이 졸(卒)하였다. 무선의 본관은 영주요, 광흥창사(廣興倉使) 최동순(崔東洵)의 아들이다. 천성이 기술에 밝고 방략이 많으며, 병법(兵法)을 말하기 좋아하였다. 고려조에 벼슬이 문하부사에 이르렀다.
일찍이 말하기를, "왜구를 제어함에는 화약만한 것이 없다" 하였으나, 국내에 아는 사람이 없었으므로, 무선은 항상 중국 강남에서 오는 상인이 있으면 곧 만나보고 화약 만드는 법을 물었다. 어떤 상인 한 사람이 대강 안다고 대답하므로, 자기 집에 데려다가 의복과 음식을 주고 수십 일 동안 물어서 대강 요령을 얻은 뒤, 도당(都堂)에 말하여 시험해 보자고 하였으나, 모두 믿지 않고 무선을 속이는 자라 하면서 험담까지 하였다. 여러 해를 두고 헌의(獻議)하여 마침내 성의가 감동되어, 화약국(火藥局)을 설치하고 무선을 제조(提調)로 삼아 마침내 화약을 만들어 내게 되었다.

그 화포는 대장군포(大將軍砲), 이장군포(二將軍砲), 삼장군포(三將軍砲), 육화석포(六花石砲), 화포(火砲), 신포(信砲), 화통(火筒), 화전(火箭), 철령전(鐵翎箭), 피령전(皮翎箭), 질려포(疾藜砲), 철탄자(鐵彈子), 천산오룡전(穿山五龍箭), 유화(流火), 주화(走火), 촉천화(觸天火) 등의 이름이 있었다. 기계가 이루어지매, 보는 사람들이 놀라고 감탄하지 않는 자가 없었다. 또 전함(戰艦)의 제도를 연구하여 도당에 말해서 모두 만들어 내었다.

경신년 가을에 왜선 3백여 척이 전라도 진포에 침입했을 때 조정에서 최무선의 화약을 시험해 보고자 하여, 무선을 부원수에 임명하고 도원수 심덕부(沈德符), 상원수 나세(羅世)와 함께 배를 타고 화구를 싣고 바로 진포에 이르렀다. 왜구가 화약이 있는 줄을 뜻하지 못하고 배를 한곳에 집결시켜 힘을 다하여 싸우려고 하였으므로, 무선이 화포를 발사하여 그 배를 다 태워버렸다. 배를 잃은 왜구는 육지에 올라와서 전라도와 경상도까지 노략질하고 도로 운봉에 모였는데, 이때 태조가 병마도원수로서 여러 장수들과 함께 왜구를 한 놈도 빠짐없이 섬멸하였다. 이로부터 왜구가 점점 덜해지고 항복하는 자가 서로 잇달아 나타나서, 바닷가의 백성들이 생업을 회복하게 되었다. 이것은 태조의 덕이 하늘에 응한 까닭이나, 무선의 공이 역시 작지 않았던 것이다.

조선 개국 후에 늙어서 쓰이지는 못했으나, 임금이 그 공을 생각하여 검교참찬(檢校參贊)을 제수하였다. 죽음에 미쳐 임금이 슬퍼하여 후하게 부의(賻儀)하였으며, 신사년[1401년]에 의정부 우정승, 영성부원군(永城府院君)으로 추증(追贈)하였다.
아들이 있으니 최해산(崔海山)이다. 무선이 임종할 때에 책 한 권을 그 부인에게 주고 부탁하기를, "아이가 장성하거든 이 책을 주라" 하였다. 부인이 잘 감추어 두었다가 해산의 나이 15세에 약간 글자를 알게 되어 내어주니, 곧 화약을 만드는 법이었다. 해산이 그 법을 배워서 조정에 쓰이게 되어, 지금 군기소감(軍器少監)으로 있다.》[1]

---

1 「최무선 졸기」의 전문(全文)은 http://sillok.history.go.kr/id/kaa_10404019_001에서 찾아볼 수 있다.

"왜구를 제어함에는 화약만한 것이 없다"

최무선은 1328년에 경상도 영주(현재의 경상북도 영천시)에서 태어났다. 영천 최씨의 7세손에 해당한다. 최무선의 어린 시절에 대해서는 알려진 바가 거의 없지만, 위의 기록을 감안하면 기술에 밝고 성격이 적극적이었던 것으로 보인다. 아버지인 최동순은 광흥창사를 지냈는데, 광흥창사는 전국에서 올라온 세곡(稅穀)을 모으고 관리들의 녹봉을 관리하는 정5품의 자리였다. 당시에는 전국의 세곡이 예성강 하구로 들어오는 조운선(漕運船)에 실려 개성으로 운반되었고 왜구는 예성강으로 통하는 서해안 여러 항구의 물자를 노리고 있었다. 아버지의 일이 왜구의 노략질에 많은 영향을 받았던 관계로 최무선은 왜구의 침략에 관한 문제를 심각하게 느낄 수 있었다.

ⓒ영천시 문화예술과
[그림 2] 2012년에 경상북도 영천시금호읍에 개관된 최무선과학관과 추모비

최무선이 관직에 오른 경로도 확실하지 않다. 당시 고려에서는 이미 과거 제도가 시행되고 있었지만, 조상의 음덕에 따라 관직을 얻는 음서(蔭敍)도 널리 활용되었다. 최무선이 과거에 급제했다는 기록은 없으므로 음서 제도를 통해 관직에 나갔던 것으로 판단된다. 또한 그가 병법에 관심이 많았다고 하므로 군기시(軍器寺)와 같은 관청에 소속되었을 가능성이 높아 보인다. 최무선은 병기 제작에 관한 업무를 수행하면서 화약에 관심을 가지게 되었을 것으로 추측된다.

고려 말의 왕실은 중국과 친선의 관계를 유지하면서 선진 문물을 적극적으로 받아들였다. 화약도 이런 분위기 속에서 여러 차례 도입되었다. 1342년(충해왕 3년)에는 임금 일행이 '화산(火山)'을 구경했다는 기록이 있는데, 이때 화산은 화약을 이용한 불꽃놀이를 뜻한다. 이후 1377년까지 화산에 대한 기록은 『고려사』에서 여러 차례 나타난다.[2] 그렇다고 해서 당시의 화약을 불꽃놀이에 사용되는 장난감 정도로 치부해서는 곤란하다. 최무선 이전에도 화약 병기에 관한 기록이 종종 등장하기 때문이다. 1274년(충렬왕 원년)에 여몽 연합군이 일본을 정벌할 때 철포를 사용했다는 점, 1356년(공민왕 5년)에 고려의 중신들이 서북면 방어군을 사열할 때 총통이 발사되었다는 점, 1373년(공민왕 22년)에 공민왕이 장자온을 명나라에 보내 왜구를 상대할 배에서 사용할 화약 병기와 화약에 대한 지원을 요청했다는 점 등이 그러한 예에 속한다.[3] 이처럼 최무선이 본격적으로 활동하기 이전에 이미 우리나라에서는 화약과 화기가 도입되어 사용되고 있었다.

---

2 박성래, 『한국사에도 과학이 있는가』 (교보문고, 1998), 94쪽.

3 박재광, 『화염조선: 전통 비밀병기의 과학적 재발견』 (글항아리, 2009), 12~13쪽.

「최무선 졸기」 속 "왜구를 제어함에는 화약만한 것이 없다"는 기록에서 드러나듯, 최무선은 왜구를 무찌르는 기술적 수단으로 화약에 주목했다. 이를 근거로 최무선이 다른 사람과 달리 화약을 중요한 전술적 무기로 간주했다는 점이 부각되기도 한다. 그러나 화약과 화기의 중요성을 인식하는 것과 이를 자체적으로 생산하는 것은 차원이 다른 문제이다. 여기서 최무선의 가장 중요한 업적을 찾을 수 있다. 최무선은 우리나라 역사상 최초로 화약 제조법을 국산화한 후 그것을 바탕으로 화기를 제작하여 실전에 활용했던 것이다.

화약 제조의 비밀을 캐다

최무선은 다른 사람들의 험담에도 불구하고 화약과 화기의 개발에 앞장섰으며, 이를 담당하는 관청을 별도로 설치할 것을 건의했다. 이에 대한 경위는 『고려사』 권133의 「나세 열전(列傳)」에 간단히 기록되어 있다. "[1377년] 10월, 처음으로 화통도감(火筒都監)을 설치하였는데 이것은 판사 최무선의 건의에 의한 것이다. 최무선이 원나라 화약 제조 기술자 이원(李元)과 한 동리에 살면서 대우를 잘해준 다음 그에게 은근히 화약 제조 기술을 물어보고 자기 집 하인 몇 명에게 이를 전습시켜 시험해 본 다음 마침내 나라에 건의하여 화통도감을 설치케 한 것이다."[4] 오늘날로 치면, 화통도감은 조병창이나 국방과학연구소에 해당하는 기관이라 볼 수 있다.

사실상 최무선이 화약을 제조하기 전에도 화약의 구성 물질에 대한 기초적인 지식은 어느 정도 알려져 있었다. 당시에는 유황,

---

4 https://terms.naver.com/entry.nhn?docId=1672023&cid=62131&categoryId=62163은 「나세 열전」의 전문(全文)을 수록하고 있다.

염초(초석의 옛 이름으로 주성분은 질산칼륨), 숯가루(목탄)를 섞어 화약을 만들었는데, 유황은 일찍부터 우리 선조들에게 알려져 있었고 숯가루를 구하는 것도 어렵지 않았다. 문제는 염초를 추출하는 방법과 그것을 유황, 목탄과 혼합하는 비율을 몰랐다는 점이다. 최무선은 이를 해결하기 위해 다각도로 노력하던 중 1375년에 원나라 염초장(焰硝匠) 출신의 상인인 이원의 도움으로 화약 제조법을 터득할 수 있었다. 이와 달리 『성종실록』 권97은 최무선이 직접 원나라로 가서 화약 제조법을 알아냈다고 기록하고 있다. "화포는 군국의 비밀한 무기인데, 고려 말 최무선이 비로소 원나라에 들어가 배웠"다는 것이다.[5]

최무선이 연구한 화약 제조법이 어떤 것이었는지는 후세의 여러 기록을 통해 추측할 수 있다. 예를 들어 1635년에 이서(李曙)가 발간한 『신전자취염초방(新傳煮取焰硝方)』은 염초를 정제하는 방법에 대해 다음과 같이 적고 있다. "오래된 집의 부뚜막, 온돌바닥, 마루나 담 아래의 흙을 가만가만 긁어모은다. 그 맛이 시고, 짜고, 달고, 매운 것이 좋다. 이 흙을 재와 오줌, 말똥 등을 섞어 반년 이상 쌓아 두었다가 이를 끓여서 초석의 결정을 얻을 수 있다." 이러한 방법을 사용하면 기술자 3명과 일꾼 7명 정도면 한 달에 1천 근의 염초를 정제해 낼 수 있다고 한다. 또한 옛날의 화약은 그 성분 구성이 초석 75%, 유황 10%, 목탄 15%를 기준으로 조금씩 차이를 보인 것으로 알려져 있다. 아마도 최무선은 이와 같은 염초 정제법과 혼합 비율을 본격적으로 연구하여 화약을 제조하는 데 성공했을 것이다.[6]

---

5 박재광, 「우리나라 화학병기의 선구자, 최무선」, 김근배 외, 『한국 과학기술 인물 12인』 (해나무, 2005), 29쪽.

6 박성래, 『한국사에도 과학이 있는가』, 95쪽

1377년에 화통도감이 설치된 후 최무선은 '제조(提調)'라는 직책을 맡아 화약 무기의 개발을 주도했다. 당시에 제작된 다양한 화약 무기는 18종에 이르렀으며, 그것은 발사 장치, 발사물, 로켓형 화기 등으로 구분할 수 있다. 대장군포, 이장군포, 삼장군포는 크기가 다른 발사 장치를 일컫는다. 신포는 신호탄을 발사하는 장치에 해당하고 질려포의 경우에는 쑥, 화약, 쇠 파편 등을 섞어 발사한다. 발사물로는 화살과 탄환 등이 있는데, 피령전은 가죽으로 날개를 만든 화살, 철령전은 쇠로 된 날개가 달린 화살, 철탄자는 쇠로 만든 탄환을 의미한다. 유화, 주화, 촉천화 등은 화살 끝부분에 화약통을 달고 불을 붙여 발사하는 로켓형 화기라 할 수 있다.

[그림 3] 경희대학교 중앙박물관에 소장된 고(古)총통. 우리나라에서 가장 오래된 총통으로 최무선에 의해 제작되었거나 적어도 조선 세종 이전에 제작된 것으로 추정된다.

화통도감은 화기를 적재하고 활용할 전함의 건조도 추진했다. 고려는 일찍이 원나라의 일본 원정을 통해 전함을 건조한 경험이 있었으며, 화통도감은 종래의 전함을 보완하여 '누선(樓船)'이라는 새로운 전함을 건조했다. 누선은 군사와 장비를 많이 실을 수 있었을 뿐만 아니라 화포를 장착함으로써 막강한 화력을 과시했다. 1378년에는 군선(軍船)에서 화포를 발사하는 시험이 실시되었다는 기록이 있는데, 이를 주관한 인물도 최무선으로 추정되고 있다.

진포대첩을 승리로 이끈 화약 무기

화통도감에서 만들어진 화약 무기는 진포해전 혹은 진포대첩에서 커다란 위력을 발휘했다. 1380년(우왕 6년) 8월에 왜구가 진포를 침략하자 고려 조정은 심덕부, 나세, 최무선 세 장수에게 왜구를 소탕하라고 명했다. 진포는 오늘날의 전라북도 군산으로 당시 곡물을 모아두던 창고를 보유하고 있던 조운의 중심지였다. 왜구는 진포 항구에 배를 정박시킨 후 창고를 습격하고 근처 고을을 약탈하는 작태를 보였다. 당시 왜구는 500척이 넘는 배를 이끌고 왔던 반면 고려 수군의 전함은 100척 정도에 불과했으니 수적으로는 1/5의 열세에 처해 있었다.

나세를 비롯한 세 장수는 왜구가 곡식을 실어 배에 채우고 있을 때 진포에 도착했다. 고려 수군은 수적으로 열세였지만 화약 무기로 무장한 덕분에 진포대첩을 승리로 이끌 수 있었다. 진포대첩의 분위기에 대해 「나세 열전」은 다음과 같이 묘사했다. "나세 등이 진포에 이르러 최무선이 만든 화포를 이용하여 그들의 배를 불살랐는데 연기와 불길이 하늘을 뒤덮었으며 배를 지키는 적이 거의 타죽고 바다에 뛰어들어 죽은 자 또한 많았다."

진포에서 패한 왜구 잔당들은 육지로 올라가 다른 지역에서 올라온 일당과 전라도 운봉(현재 전라북도 남원)에 집결했다. 고려 조정은 병마도원수(총사령관) 이성계(李成桂)를 급파했고, 그는 1380년 9월에 지리산 부근의 황산에서 왜구를 전멸시키기에 이르렀다. 최무선의 진포대첩과 이성계의 황산대첩은 최영(崔瑩)의 홍산대첩(1376년 7월), 정지(鄭地)의 관음포대첩(남해대첩, 1383년 5월)과 함께 왜구를 소탕한 4대 대첩으로 평가되고 있다.

진포대첩은 우리나라 전쟁사에서 두 가지 중대한 의미를 지닌다. 자체적으로 생산한 화약과 화포로 치른 최초의 해전이었다는 점과 화포가 장착된 전함이 투입되어 함포 공격을 실시한 최초의 전투라는 점이 그것이다.[7] 고려 조정으로서도 진포대첩은 크게 기뻐할 만한 일이었는데, 이에 대해 「나세 열전」은 다음과 같이 기록했다. "나세 등이 진무(鎭撫)를 보내어 승첩(勝捷)을 바치니 우왕이 기뻐하며 진무에게 각각 은 50냥을 하사하였으며 백관이 축하하였다. 돌아와 잡희(雜戲)를 크게 열어 환영하였으며 나세 등에게 금을 각각 50냥씩 하사하고 비장(裨將) 정룡(鄭龍), 윤송(尹松), 최칠석(崔七夕) 등에게는 은을 각각 50냥씩 하사하였다."

여말선초 시대의 유명한 학자인 권근(權近· 1352~1409)은 『양촌집(陽村集)』이란 문집을 남겼는데, 거기에는 「진포에서 왜군의 배를 격파한 최무선 원수를 축하하며: 공(公)은 처음으로 화포(火砲)를 만들었음」이라는 시(詩)가 실려 있다. "공의 재략이 때맞추어 태어나니 삼십 년 왜란이 하루 만에 평정되도다. 바람 실은 수함(水艦)은 새들도 못 따라가고 화차(火車)는 우레 소리를 울리며 진(陣)을 독촉하네. 주유(周瑜)가 갈대숲에 불 놓은 것이야 우스갯거리일 뿐이고 한신(韓信)이 배다리 만들어 건넜다는 이야기도 자랑하지 마소. … 하늘에 뻗치던 도적의 기세 연기와 함께 사라지고 세상을 덮은 공명(功名)은 해와 더불어 영원하리라. … 종묘사직은 경사롭고 나라는 안정을 찾았으니 억만 백성의 목숨이 다시 소생하는구나."[8]
진포대첩에서 패한 왜구는 보복을 가하기 위해 1883년(우왕 9년)에

---

7 박재광, 「우리나라 화학병기의 선구자」, 39쪽.

8 박성래, 『한국사에도 과학이 있는가』, 103쪽; 박재광, 『화염조선』, 27~28쪽.

ⓒwikipedia
[그림 4] 전라북도 군산시의 금강호 시민공원에 세워진 진포대첩기념탑

120척의 선단을 이끌고 남해의 관음포를 침입했다. 관음포대첩에서는 정지 장군이 출정해 화포와 궁시(弓矢, 활과 화살)를 사용함으로써 적선 17척을 불살랐다. 진포대첩과 관음포대첩에서 함포의 전술적인 운용이 달랐다는 점도 주목할 만하다. 진포대첩의 경우에는 정박한 표적에 대해 함포 공격을 한 것이라면, 관음포대첩에서는 해상에서 이동 중인 표적을 공격했던 것이다. 이후 고려 수군은 수세적인 작전에서 적극적인 공격 전략으로 전환했다. 1389년(창왕 원년)에는 경상도 원수 박위(朴葳)가 전함 100척으로 출정해 대마도를 정벌했다.[9]

여말선초 시대에 화약이 가진 위상

서양사에서는 화약이 중세에서 근대로의 이행을 촉진한 일등 공신으로 꼽힌다. 봉건 영주의 상징인 견고한 성을 무너뜨리는 데 화약이 요긴하게 사용되었던 것이다. 이에 반해 한국사에서는 화약이 고려 말에 이성계가 정치적 입지를 다지는 데 간접적으로 기여했다고 볼 수 있다. 최무선은 화약으로 진포대첩을 승리로

9 박재광, 『화염조선』, 36~37쪽.

이끌었고, 그 직후에 있었던 황산대첩을 통해 이성계가 백성을 구한 영웅으로 부상했기 때문이다. 최무선에 대한 기록이 『고려사』에 비해 『조선왕조실록』의『태조실록』에 더욱 많은 것도 이성계가 최무선을 중시했다는 징표로 풀이할 수 있다.

최무선의 건의로 설치된 화통도감은 창왕 시절에 군기시에 흡수되고 말았다. 화통도감이 1377년에 발족하였고 창왕이 1388~1389년에 재위했으니 화통도감은 11~12년밖에 지속되지 못했던 것이다. 최무선의 화약 무기로 왜구의 소탕이라는 목적을 달성했으므로 굳이 화통도감을 별도로 존속시킬 필요가 없었는지도 모른다. 또한 최무선이 거의 65세의 노인이 된 반면 그를 계승할 마땅한 인물이 없어 화통도감이 폐지의 수순을 밟았을 가능성도 생각할 수 있다. 최무선 같은 열성파가 사라지면 화통도감과 같은 기관도 폐지되는 것이 당시 우리나라에서 화약이 가진 위상이었던 셈이다. 참고로 조선 시대에 들어서는 병기를 담당하는 관청의 명칭이 1392년 군기감, 1466년 군기시, 1884년 기기국(機器局) 등으로 변화했다.

진포대첩 이후 최무선의 활동에 대해서는 별다른 기록이 없다. 앞서 언급한 『태조실록』의 「최무선 졸기」에 간단한 기록이 있을 뿐이다. 최무선은 1395년(태조 3년)에 향년 70세로 세상을 떠났고 6년 뒤인 1401년(태종 1년)에 영성부원군으로 추대되었다. 이를 계기로 최무선은 영천 최씨 중에 영성공파(永城公派)라는 별도의 가계를 시작한 인물이 되었다.

아버지의 뒤를 이어

진포대첩이 전개된 1380년에는 최무선의 아들인 최해산(1380~1443)이 태어났다. 최무선은 임종을 앞두고 아내 이씨에게 책자를 남기면서 아들이 장성하면 건네줄 것을 부탁했다. 그 목록에는 『화약수련법(火藥修練法)』, 『화포법(火砲法)』, 『용화포섬적도(用火砲殲賊圖)』 등이 포함되었던 것으로 전해진다. 최무선의 아내는 이를 잘 감추어 두었다가 아들이 15살이 되자 전해주었다고 한다. 이러한 점을 감안한다면 최무선은 말년에 화약과 화포의 제조에 관한 비법을 책으로 엮는 일을 했다고 볼 수 있다.

최해산에 대한 기록은 『태종실록』에 산발적으로 나타난다. 최해산은 1401년(태종 1년) 윤삼월에 군기주부로 특채되어 화약 무기를 담당하게 되었다. 태종이 화약 무기의 개발을 적극 추진하자 권근이 태종에게 최해산의 등용을 건의한 덕분이다. 최해산은 1407년 12월에 군기감에서 고성능 화약을 새로 만들어 실험에 성공했으며, 1409년 10월에는 육상에서 사용할 수 있는 이동식 화차를 제작하여 태종이 친히 지켜보는 가운데 창덕궁 후원인 해온정에서 발사 시험을 실시했다. 최해산은 이러한 공로를 인정받아 군기소감을 거쳐 군기감승(軍器監丞)으로 승진했고, 1433년에는 좌군절제사로 도원수 최윤덕(崔潤德)을 따라 북방 정벌에 참여하기도 했다. 애석하게도 최해산은 화약 실험 중 사고로 목숨을 잃은 것으로 전해진다.

세종대에 이르러 우리나라의 화약 기술은 더욱 발전했다. 당시에는 각 지방에서도 염초를 제조했다고 하니 화약 기술이 전국적으로 확산되었다고 볼 수 있다. 특히 1448년(세종 30년)에는 '신기전(神機箭)'으로 불린 화살이 네 가지 종류로 제조되기에 이르렀다. 대(大)신기전, 산화(散火)신기전, 중(中)신기전, 소(小)신기전 등의 그것인데, 산화신기전은 흩어져 폭발하는 신기전을 지칭한다. 신기전이 최무선의 주화를 개량한 것으로 간주되고 있는 만큼 신기전을 처음 개발할 때에는 최해산이 관여했을 가능성이 농후하다. 이어 1451년(문종 1년)에는 이동식 로켓 발사대에 해당하는 신기전 화차(문종화차)가 고안되었으며, 이를 통해 신기전 100발이 화차의 신기전기(神機箭機)에서 발사되는 시스템이 마련되었다. 신기전은 화약이 폭발하면서 생기는 가스의 힘을 사용하기 때문에 '조선 시대의 로켓 무기'로 평가되기도 한다.

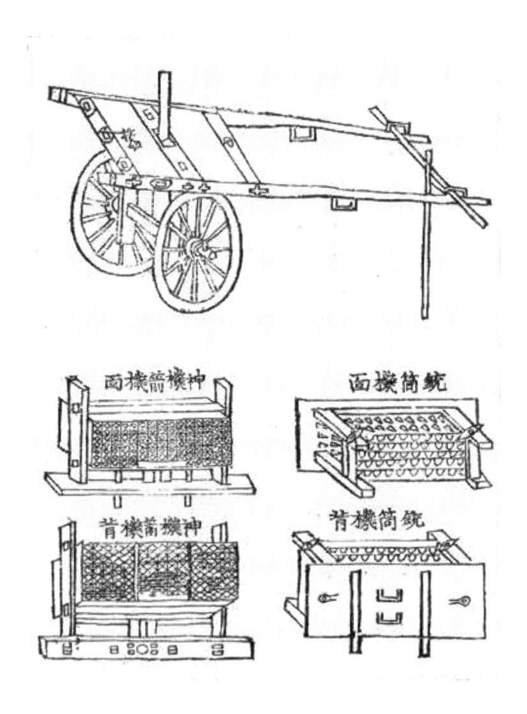

©wikipedia
[그림 5]1451년에 제작된 신기전 화차의 개요도로 1474년에 발간된『국조오례의서례(國朝五禮儀序例)』중의『병기도설(兵器圖說)』에 실려 있다.

화약 무기의 개발은 이후에도 계속되어 16세기 말에는 이장손(李長孫)의 비격진천뢰(飛擊震天雷)와 변이중(邊以中)의 화차가 등장하기에 이르렀다. 비격진천뢰는 '날아올라 적을 치니 폭발할 때 하늘을 진동하는 소리를 낸다'는 뜻을 가지고 있으며, 일정 시간이 지난 다음에 터지는 일종의 시한폭탄 혹은 수류에 해당한다. 비격진천뢰는 임진왜란 시기의 경주성 전투, 진주대첩, 행주대첩 등에 사용되었던 것으로 전해진다. 변이중의 화차는 발사 틀을 전면 개량한 것으로 앞은 물론 옆으로도 화기를 발사할 수 있었으며 화차 둘레를 덮어 군사를 보호할 수도 있었다. 권율(權慄)이 이끈 행주대첩에서는 변이중이 제작한 3백 대의 화차가 활용되었으며, 덕분에 2,300명의 병사로 3만 명에 달하는 왜군을 무찌를 수 있었다. 훗날 최남선은 변이중의 화차를 우리 역사상 대표적인 발명품으로 들면서 근대 탱크의 원조이자 기관총의 선구자라고 치켜세우기도 했다.[10]

이처럼 1600년경에는 우리나라의 화약 무기가 세계적 수준에 이르렀는데, 그 이후에는 상대적으로 정체 혹은 쇠퇴하는 국면에 접어들었다. 19세기 중엽이 되면서는 아시아 전체를 호령하던 중국조차 서양의 무력 앞에 굴복하고 만다. 그 이유를 단언하기는 어렵지만, 동양에서는 별다른 전쟁이 없었던 반면 서양에서는 계속해서 전쟁이 발발했기 때문으로 풀이할 수 있다. 사실상 무기 개발의 중요성은 평화로울 때가 아니라 전쟁을 전후하여 부각되는 경향을 보인다. 조선 후기에는 이전과 달리 외세의 침입이 적었으므로

10 조선시대의 화약 무기를 검토한 저술로는 허선도, 『조선시대 화약병기사 연구』 (일조각, 1994); 채연석, 강사임, 『우리의 로켓과 화약 무기』 (서해문집, 1998); 민병만, 『한국의 화약역사: 염초에서 다이너마이트까지』 (아이워크북, 2009); 박재광, 『화염조선: 전통 비밀병기의 과학적 재발견』 (글항아리, 2009) 등이 있다.

화약 무기의 개발에 소홀했던 셈이다.[11] 이와 함께 조선 후기에 왕권이 불안정해지면서 이전과 달리 국가 주도의 무기 개발 체제가 구축되지 못했다는 점도 지적되어야 할 것이다. 오늘날의 어법으로는 무기 개발에 관한 정부의 투자가 감소하면서 국방력 수준이 낮아졌다고 해석할 수 있다.

2002년에는 경북 영천시에 소재한 보현산천문대에서 전영범 박사 등이 다섯 개의 소행성을 처음 발견했다. 한국천문연구원은 국제천문연맹(International Astronomical Union, IAU)에 다섯 소행성의 이름을 최무선 별, 이천 별, 장영실 별, 이순지 별, 허준 별로 명명해 달라고 요청해 2004년에 최종 승인을 얻었다. 이 이름은 당시 한국천문연구원이 '과학기술인 명예의 전당'에 오른 14명 가운데 출생 연도 순으로 정했다. 2012년에는 영천시가 최무선과학관을 개관했으며, 과학의 날인 4월 21일에는 최무선 추모제가 개최되고 있다. 화통도감의 후신이라 할 수 있는 국방부 조병창은 1973년에 경남 양산군 철마면(현재 부산시 기장군 철마면)에 건립되었다. 조병창은 1981년에 대우정밀공업으로 민영화된 뒤 2006년부터는 SNT모티브로 이어지고 있다.

11 신동원, 『한국 과학문명사 강의』(책과 함께, 2020), 682~683쪽.

조선시대 최고의 기술자,

장영실

많은 사람들이 조선시대 최고의 기술자로 장영실(蔣英實, 1390년경~1450년경)을 꼽는다. 기본적으로 장영실의 탁월한 기술적 업적에 연유하고 있지만, 노비의 신분에서 조정의 관료가 된 입지전적 삶 때문이기도 하다. 게다가 장영실의 사례는 과학자와 기술자를 지극히 아꼈던 세종대왕의 이미지와 결부되어 있다. 이처럼 장영실은 우리에게 매우 친근한 기술자이지만, 그를 직접적으로 다루고 있는 역사적 기록은 그다지 많지 않다. 장영실의 생몰 연대도 정확히 알 수 없고, 그의 무덤도 없는 형편이다. 1984년이 되어서야 아산 장씨 문중이 장영실 추모비와 가묘를 조성했다.[1]

©Himasaram
[그림 1] 천안아산역 인근에 설치된 장영실상. 오른손으로 자를 들고 있고 왼손 앞에는 측우기 모형이 설치되어 있다.

1 이하의 논의는 송성수, 『사람의 역사, 기술의 역사』 제2판 (부산대학교출판부, 2015), 423~432쪽을 보완한 것이다.

공교한 솜씨와 똑똑한 성질

장영실의 생애에 대한 가장 믿을 만한 자료로는 『세종실록』을 들 수 있다. 『세종실록』 권61은 세종 15년(1433년) 9월 16일자에서 다음과 같이 적고 있다.

《"행사직(行司直) 장영실은 그 아비가 본대 원나라의 소·항주(蘇˙杭州) 사람이고, 어미는 기생이었는데, 공교(工巧)한 솜씨가 보통 사람에 뛰어나므로 태종께서 보호하시었고, 나(세종)도 역시 이를 아낀다. 임인·계묘년(1422~1423년) 무렵에 상의원(尙衣院) 별좌(別坐)를 시키고자 하여 이조판서 허조와 병조판서 조말생에게 의논하였더니, 허조는 '기생의 소생을 상의원에 임용할 수 없다'고 하고, 말생은 '이런 무리는 상의원에 더욱 적합하다'고 하여, 두 의논이 일치되지 아니하므로, 내가 굳이 임명하지 못하였다가 그 뒤에 다시 대신들에게 의논한즉, 유정현 등이 '상의원에 임명할 수 있다'고 하기에, 내가 그대로 따라서 별좌에 임명하였다.

영실의 사람됨이 비단 공교한 솜씨만 있는 것이 아니라 성질이 똑똑하기가 보통 이상으로 뛰어나서, 매양 강무할 때에는 나의 곁에 가까이 두고 내시를 대신하여 명령을 전하기도 하였다. 그러나 어찌 이것을 공이라고 하겠는가. 이제 자격궁루(自擊宮漏)를 만들었는데, 비록 나의 가르침을 받아서 하였지만, 만약 이 사람이 아니었더라면 암만해도 만들어 내지 못했을 것이다. 내가 들으니 원나라 순제 때에 저절로 치는 물시계가 있었다 하나, 만듦새의 정교함이 아마도 영실의 정밀함에는 미치지 못하였을 것이다. 만대에 이어 전할 기물을 능히 만들었으니 그 공이 작지 아니하므로 호군(護軍)의 관직을 더해 주고자 한다" 하니, [황]희 등이 아뢰기를, "김인(金忍)은 평양의 관노였사오나 날래고 용맹함이 보통 사람에 뛰어나므로 태종께서 호군을 특별히 제수하시었고, 그것만이 특례가 아니오라, 이 같은 무리들로 호군 이상의 관직을 받는 자가 매우 많사온데, 유독 영실에게만 어찌 불가할 것이 있겠습니까" 하니, 임금이 그대로 따랐다.》2

앞의 인용문은 장영실이 자격루를 만드는 데 성공하자 이에 감탄한 세종이 장영실에게 관직을 높여주는 일을 대신들과 상의하는 자리에서 했던 말을 기록한 것이다. 이를 통해 우리가 알 수 있는 사실은 다음과 같다. 첫째, 장영실의 조상이 중국 원나라의 소·항주 출신이며, 그의 어머니는 기생이었다. 둘째, 장영실은 이미 태종의 총애를 받으며 궁궐 내에서 활동하고 있었다. 셋째, 세종 대인 1423년경에 장영실은 정5품에 해당하는 상의원 별좌에 올랐다. 넷째, 세종은 자격루의 창제를 높이 평가하여 1433년에 장영실에게 정4품직인 호군을 내렸다. 다섯째, 장영실 이전에도 노비 출신으로 호군 이상의 관직을 받은 사람이 있었다.

관노에서 궁정 기술자로

장영실의 조상이 중국 소·항주 출신이었다는 사실은 아산 장씨 세보에서도 확인되고 있다. 이에 따르면, 장영실의 조상은 중국 조정에서 금자광록대부신위대장군에 올랐던 송나라 사람으로 고려에 귀화하여 아산군에 봉해졌던 장서(蔣壻)이며, 장영실은 그의 9대손이다. 흥미롭게도 장영실의 선조들은 대대로 과학기술 분야의

2 이에 대한 전문(全文)은 http://sillok.history.go.kr/id/kda_11509016_003을 참조.

책임자로서 고위직에 올랐다고 한다. 예컨대 3세대 공수(公秀)와 4세대 숭(崇)은 군기시의 책임자를 역임했으며, 5세대인 득분(得芬)은 군기시의 책임자와 서운관의 판사를 지냈다. 여기서 군기시는 무기의 제조를 맡았던 조직이었고, 서운관은 천문 지리학을 담당했던 기관이었다.

장영실의 아버지인 성휘(成暉)는 오늘날 장관급에 해당하는 전서(典書) 벼슬을 했으며, 동래현의 관청 기녀 사이에서 장영실을 낳았다. 장영실은 어머니가 기생이었기 때문에 천한 신분일 수밖에 없었다. 그러나 장영실이 관노(官奴)가 된 사정에 대해서는 아직 알려진 바가 없다. 다만 그가 조정에서 궁정 기술자로 활약하기 시작했을 때의 신분이 동래현 소속의 관노였다는 사실이 『세종실록』과 『연려실기술』에 적혀 있을 뿐이다.

그렇다면 관노였던 장영실이 어떤 연유로 조정에서 활동할 수 있게 되었을까? 이에 대해서는 태종 때부터 행해진 도천법(道薦法)이 거론되고 있으나 확실한 증거는 없다. 도천법은 각 지방에 있는 능력 있는 인재들을 임금에게 천거하는 제도를 말한다. 장영실의 기술적 재능이 조정에까지 알려져 동래현감이나 경상도 관찰사의 추천으로 한양에 올라갔다는 것이다. 장영실이 수로를 파고 수차를 개발하여 동래현에 들었던 가뭄을 해결했고, 이러한 재주가 널리 알려져 세종에게 발탁되었다는 이야기도 전해진다. 그러나 당시에 수차를 사용해 성공했다는 기록이 없고 장영실이 태종 때부터 한양에 있었다는 점을 감안한다면 이 이야기의 근거는 미흡하다고 할 수 있다.

그밖에 장영실과 김담(金淡)의 관계가 거론되기도 한다. 김담은 이순지(李純之)와 함께 『칠정산(七政算)』을 편찬하는 등 세종 시대 천문역산의 독자적 확립에 크게 기여한 인물이다. 아산 장씨 세보에는 장영실의 사촌 여동생이 김담에게 시집을 갔다는 기록이 있으며, 이러한 인연으로 장영실이 천문역산 프로젝트에 발탁될 수 있었다는 주장이 제기된 바 있다. 그러나 김담이 장영실 가문과 인연을 맺고 천문역산 프로젝트에 참여했던 것은 1430년대의 일이었고 장영실이 그보다 훨씬 전에 한양에 갔다는 사실을 감안한다면, 이 역시 역사적 사실과 거리가 멀다고 할 수 있다.[3]

[그림 2] 서울대학교 규장각에 소장되어 있는 『칠정산』. 내편과 외편으로 구성되어 있으며, 중국의 역법과 아라비아의 역법을 참고하여 우리나라의 실정에 맞게 꾸몄다. '칠정(七政)'은 일곱 천체, 즉 태양, 달, 오행성을 가리키고, '산(算)'은 계산한다는 뜻이다.

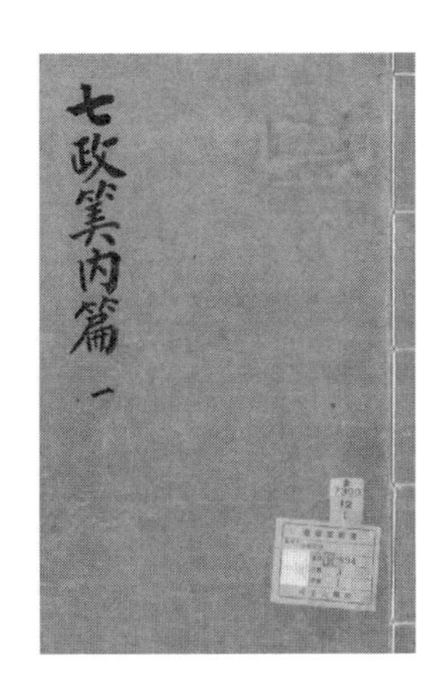

한양에 올라간 장영실의 행보에 대해서는 이긍익의 『연려실기술』에 관련 기록이 있다. 이에 따르면, 장영실은 세종 3년(1421년)에 사대부 관료들과 천문학을 연구하면서 그 재능을 인정받았다. 세종은

3 문중양, 「조선시대 최고의 기계기술자, 장영실」, 김근배 외, 『한국 과학기술 인물 12인』(해나무, 2005), 109~110쪽.

중국으로 유학을 가서 더욱 깊이 연구하라는 지시를 내렸고, 장영실은 윤사웅, 최천구와 함께 중국에서 천문의기와 시계장치에 대해 공부한 후 세종 4년(1422년)에 돌아왔다. 결국 장영실은 1425년에 상의원 별좌라는 벼슬을 얻으면서 천민의 신분에서 벗어날 수 있었다. 상의원은 의복을 비롯한 왕실에서 사용하는 비품을 관리하는 기관이므로, 장영실과 같은 재주꾼이 필요했던 셈이다.[4]

우리나라 기계 시계의 효시, 자격루

장영실은 궁정 기술자가 된 후 약 15년 동안 수많은 기술적 업적을 달성하면서 승승장구했다. 여기에는 혼천의(渾天儀), 대간의(大簡儀), 소간의(小簡儀), 현주일구(懸珠日晷), 천평일구(天平日晷), 앙부일구(仰釜日晷), 정남일구(定南日晷), 일성정시의(日星定時儀), 자격루(自擊漏), 옥루(玉漏) 등이 포함된다. 혼천의는 고대 중국의 우주론인 혼천설에 입각하여 제작된 천체 관측기구로 혼의, 기형, 선기옥형(璿璣玉衡)으로도 불린다. 간의는 혼천의를 간략하게 만든 기기로 그 크기에 따라 대간의와 소간의로 구분된다. 현주일구, 천평일구, 앙부일구는 해시계에, 자격루와 옥루는 물시계에 해당한다. 정남일구와 일성정시의는 낮에는 해를 관측하고 밤에는 별을 관측하여 시간을 정하는 일종의 복합 시계라 할 수 있다.

이 중에서 장영실 개인의 기여도가 높았던 업적으로는 자격루와 옥루를 들 수 있다. 이를 제외한 기술적 업적들은 장영실의 멘토라 할 수 있는 이천(李蕆, 1376~1451)이 주관했던 것으로 보인다. 이천의 책임 하에 장영실을 포함한 여러 사람들이 참여하여 각종

4 전상운, 『한국과학사』 (사이언스북스, 2000), 402쪽.

천문의기(天文義器)를 제작했던 셈이다. 사실상 세종 시대의 많은 과학기술 프로젝트들은 여러 관료들과 과학기술자들의 집단적인 작업을 통해 추진되었으며, 한 개인의 독립적인 연구개발로 이루어진 경우는 거의 없었다.[5]

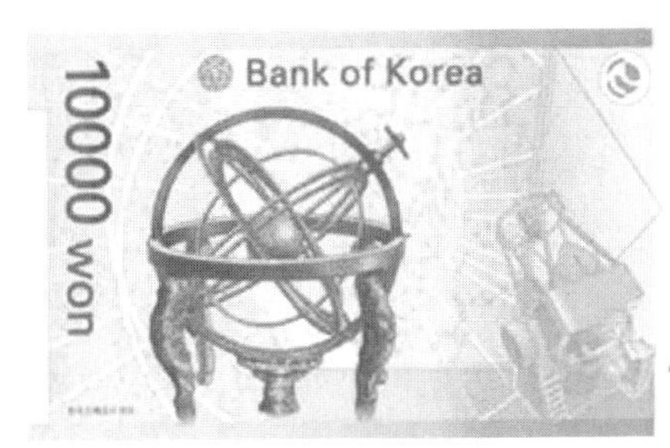

©wikipedia·Bernat
[그림 3] 만원 지폐의 뒷면에 그려진 혼천의와 경복궁에 설치되어 있는 앙부일구

장영실이 만든 물시계는 적어도 세 가지나 된다. 첫 번째 물시계는 1424년에 제작된 경점지기(更点之器)로 이전부터 사용되어 왔던 간단한 물시계이다. 그것은 물통에 일정한 속도로 흘러드는 물이

5 이천에 대해서는 김호, 「세종이 총애한 최고의 테크노크라트, 이천」, 김근배 외, 『한국 과학기술 인물 12인』 (해나무, 2005), 47~71쪽을 참조.

얼마나 수면을 높여주고 있는가를 들여다봄으로써 시간을 알 수 있는 장치에 해당한다. 경점지기의 경우에는 밤낮으로 사람이 지키고 있다가 잣대의 눈금을 일일이 읽어야 한다는 한계가 있었다. 이러한 초보적 형태의 물시계는 원시 시대부터 어느 문명에나 나타나고 있다. 우리나라의 경우에는 신라가 8세기에 누각전(漏刻典)을 두었다는 기록이 있다. 누각전은 물시계를 담당한 관청에 해당하므로 그것이 설립되기 전부터 물시계가 사용되어 왔다고 볼 수 있다.

두 번째는 1434년에 완성된 자격루(Jagyeongnu)로 경복궁 경회루 남쪽 보루각에 설치되었다. 자격루는 '스스로 때려 주는 장치를 달고 있는 물시계'에 해당하며, 파수호(播水壺, 물을 흘러내리게 하는 그릇), 수수호(受水壺, 물받이 그릇), 잣대, 톱니바퀴, 자동 시보 장치로 구성되었다. 이러한 부속품들이 서로 정교하게 이어져 시각에 따라 종, 북, 징이 울리거나 인형이 나타나서 몇 시인지를 알려주었다. 기존의 물시계와 달리 사람이 지키지 않아도 흐르는 물의 힘으로 기계 장치가 저절로 작동하면서 시간을 표현했던 것이다. 이런 점에서 장영실은 우리나라 시계의 역사를 기계 장치의 시대로 끌어올린 장본인이라 할 수 있다. 17세기 이후에는 서양식 기계 시계의 도입으로 추시계 혹은 태엽 시계가 등장하지만, 원리상으로 기계 시계의 시작을 알린 것은 장영실의 자격루였다.

장영실이 만든 보루각 자격루는 단종 3년(1455년)에 자동 시보 장치의 고장으로 사용이 중지되었다. 고칠 수 있는 사람이 없어서인지 계속 방치되다가 임진왜란 중에 소실된 것으로 추정된다. 현재

덕수궁에 있는 자격루는 중종 31년(1536년)에 제작된 것인데, 물을 공급하는 항아리 모양의 물통 3개와 물의 양을 측정하는 원통형 물통 2개만 남아 있다. 이처럼 현존하는 자격루에는 물통 5개만 있고 종, 북, 징, 인형 등이 없기 때문에 장영실이 창제한 자격루의 멋진 모습을 상상하기는 쉽지 않다.[6]

내친김에 자격루의 작동 원리를 살펴보자. 제일 위의 큰 그릇(파수호)에 물을 넉넉히 부어주면 그 물이 작은 그릇(수수호)을 거쳐 아래쪽의 원통형 물통에 흘러든다. 파수호와 수수호는 보통 3~5개가 설치되는데, 그것은 수압을 조절하여 물이 흐르는 속도를 일정하게 유지하기 위함이다. 원통형 물통에 물이 고이면 잣대가 물의 부력(浮力)으로 올라가 정해진 눈금에 닿게 된다. 그러면 잣대 끝에 달린 침이 쇠구슬 구동 장치를 건드려 작은 구슬을 떨어뜨린다. 이 구슬은 다시 다른 구동 장치를 건드려 자동시보장치 안에 있는 더 큰 쇠구슬을 떨어뜨린다. 그다음엔 커다란 쇠구슬의 무게로 기어를 돌려서 종, 북, 징을 울리기도 하고 인형이 올라와 팻말을 들기도 한다.

장영실의 세 번째 물시계는 1438년에 제작된 옥루인데, 그것은 일반적인 시계를 넘어서는 복합적이고 사치스러운 장치에 해당한다. 옥루는 자격루의 교묘함에 놀란 세종이 장영실을 끔찍하게 대해주자 이에 감복하여 장영실이 만들었다고 전해진다. 옥루는 자동으로 시간을 알려주며 해, 달, 별의 움직임과 계절의 변화까지 나타낼 수 있었다. 장영실은 옥루를 통해 시각을 알려주는 물시계와 천체의

6 자격루의 기술적 측면과 역사적 맥락에 관한 자세한 분석은 남문현, 『자격궁루 육백년』(건국대학교출판부, 2022)을 참조.

©Kai Hendry
[그림 4] 덕수궁 내 궁중유물전시관에 설치된 자격루(국보 제229호)와 그 작동원리를 나타낸 그림

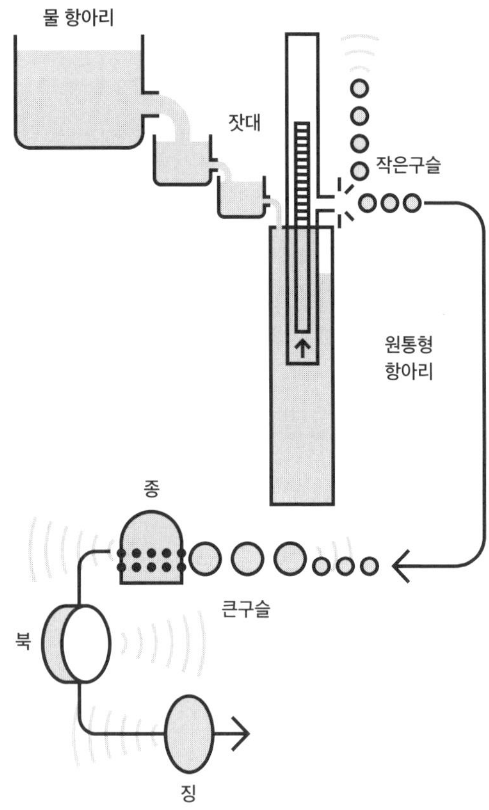

변화를 보여주는 혼천의를 결합했던 것이다. 또한 금으로 만든 태양은 계절에 따라 그 높이가 다르게 조절되었고, 손에 금방울을 든 옥녀(玉女)가 정해진 시각이 되면 금방울을 흔들었다고 한다. 세종은 옥루를 창제한 공로로 장영실에게 종3품직인 대호군을 수여했으며, 장영실은 왕의 침소인 천추전(千秋殿) 옆에 흠경각(欽敬閣)을 지어 옥루를 설치했다. 흠경각이란 명칭은 『서경(書經)』에 나오는 "하늘을 공경(欽)하여 삼가(敬) 백성에게 때를 일려준다"는 문구에서 따왔다.

조선시대 과학기술자의 운명?

장영실의 업적은 천체 관측기구, 해시계, 물시계와 같은 기계 장치의 제작에 국한되지 않았다. 『세종실록』에는 세종 14년(1432년)에 "강경순이란 자가 청옥(靑玉)을 얻어 진상하자, 사직 장영실을 보내어 그것을 채굴하도록 하고, 다른 사람들이 채취한 것을 금하였다"는 기록이 있다. 또한 세종 19년(1437년)에는 장영실로 하여금 중국인 김새(金璽)로부터 금속 제련 기술을 전습하도록 했다고 한다. 이러한 점을 감안한다면 장영실은 조정 내에서 금속 제련을 대표하던 기술자로 평가할 수 있다. 장영실을 1438년에 경상도 채방별감이 되어 창원, 울산, 영해 등지에서 나는 동철과 안강현에서 나는 연철 등을 정부에 바쳤다. 채방별감이란 지방의 금속 특산물에 대한 조사와 채굴을 위해 파견하던 임시 관직이었다.

이와 같은 금속 제련과의 인연을 바탕으로 장영실은 금속 활자를 개량하는 사업에도 참여했다. 세종대의 금속 활자 주조 사업은 이천이 주도했고, 세종 2년(1420년)에 경자자(庚子字), 세종 16년(1434년)에는 갑인자(甲寅字)가 제작되었다. 경자자에서는 끝이 뾰족했던 기존의 활자를 네모반듯하게 바꾸었으며 활자 사이의 빈틈을 대나무 조각으로 메워서 활자를 튼튼하게 고정시켰다. 갑인자의 경우에는 조립식 조판법이 더욱 정교화되는 가운데 우수한 먹물의 개발, 질 좋은 종이의 제작, 정교한 활자의 주조 등이 병행되었다. 갑인자는 20여만 자로 구성되어 있었으며, 하루에 40여 장을 인쇄할 수 있어 그 능률이 경자자의 두 배나 되었다. 장영실은 금속 제련의 전문가로서 활자와 틀을 만들고 인쇄의 품질을 높이는 데 크게 기여했던 것으로 보인다.

궁정 기술자로서 장영실의 활동은 임금의 가마가 고장 나는 사건으로 막을 내리고 말았다. 1442년에 신병 치료를 위해 세종이 강원도 이천(伊川)으로 온천욕을 하러 가는 도중에 장영실의 감독으로 만들어진 안여(安輿)가 부서지는 일이 발생했던 것이다. 안여는 바퀴를 단 가마에 해당하며, 편안하게 이동한다는 의미에서 '안(安)' 자를 붙였다고 전해진다. 장영실은 의금부에서 문초를 받았고 4월 27일에 장(杖) 100대의 형벌을 받았다가 세종의 명에 의하여 80대로 감형되었으며 5월 3일에 불경죄로 파면되었다. 장영실이 파면된 이후의 생애는 전혀 알려져 있지 않다.

장영실의 파면이 과학과 기술을 천하게 여겼던 조선 사회의 뿌리 깊은 인식을 반영한다는 주장도 있지만, 그것은 신빙성이 떨어진다. 조선 시대를 통틀어 관료들이 맡은 임무에 대한 문책은 엄격했으며, 조금이라도 잘못이 있으면 그 책임자는 여지없이 처벌을 받았다. 또한 처벌을 받았다고 해서 영원히 복직되지 않은 것은 아니었다. 합당한 처벌을 받고 일정 기간이 지난 후에는 복직되어 더욱 책임 있게 업무를 수행하는 것이 관례였다. 1442년 이후에 장영실에 대한 기록이 없는 것은 세종 시대의 과학기술 프로젝트에서 그의 역할이 끝났기 때문이라고 보는 것이 합당한 듯싶다.[7]

이러한 견해가 실책설이라면, 음모설이나 기획설로 부를 수 있는 시나리오도 있다. 음모설은 사대주의자들이 훈민정음의 반포를 막기 위해 임금의 가마에서 몇몇 부품을 빼내었고, 그 결과 가마가 부러지고 장영실이 파면되었다는 가상적인 설정에 해당한다. 기획설에 따르면, 경복궁의 천문대를 빌미로 장영실을 명나라로 압송하라는 요구를 피하기 위해 일부러 사건을 만들어 장영실을 파직한 후 다른 곳으로 보냈다고 한다. 세종이 그토록 아끼던 장영실이 단 한 번의 잘못으로 흔적 없이 사라진 미스터리에 대하여 기발한 상상력이 발휘되고 있는 셈이다. 심지어 세종이 말년에 여러 질병을 앓아 예전과 같은 판단력이나 영향력을 발휘할 수 없었다는 추측도 있다.[8]

장영실을 넘어서?

장영실은 이미 15~16세기에 조선의 대표적인 장인(匠人)으로 회자되었다. 서거정은 1486년에 집필한 『필원잡기(筆苑雜記)』에서 세종시대에 문물제도를 정비하는 과정에서 박연과 장영실이 크게 기여했다는 점을 강조하면서 "박연과 장영실은 모두 우리 세종의 훌륭한 제작을 위하여 시대에 맞춰 태어난 것이다"라고 전언했다. 또한 성현은 1525년에 간행된 『용재총화(慵齋叢話)』에서 "장인의 임무는 비록 천하지만 성품이 공교한 사람이 그것을 해야 하기 때문에 세상에

---

7 문중양, 「조선시대 최고의 기계기술자, 장영실」, 116~117쪽.

8 조선사역사연구소, 『조선 최고의 과학자, 장영실』 (아토북, 2016), 268~293쪽.

적임자가 드물다. 국초(國初)에 환자(宦者) 김사행(金師幸)과 세종조에 이천과 장영실은 벼슬이 2품[이나 3품]에 이르렀다"라고 썼다.[9]

오늘날에도 장영실은 한국을 대표하는 과학자 혹은 기술자로 추앙받고 있다. 1969년에는 과학자 장영실 선생 기념사업회(1985년에 과학 선현 장영실 선생 기념사업회로 변경됨)가 출범했다. 1999년에는 기념사업회의 주관으로 매년 10월 26일을 장영실의 날로 정해 각종 행사를 벌이기 시작했으며, 국내외 최고의 과학기술자에게 수여하는 장영실과학문화상이 제정되었다. 이에 앞서 1991년부터는 한국산업기술진흥협회와 매일경제신문사가 주관하는 IR 52 장영실상(IR은 Industrial Research의 약어이며, 52는 1년이 52주라는 의미임)이 제정되어 국내 최고의 산업기술을 개발한 사람들에게 수여되고 있다. 과학기술 분야의 최고 권위자들에게 장영실이란 이름으로 명예가 부여되고 있는 것이다.

장영실을 기억하는 일은 21세기에 들어서도 계속되고 있다. 한국과학기술한림원을 매개로 2003년에 개관한 '과학기술인 명예의 전당'은 한국을 빛낸 명예로운 과학기술인 중의 한 사람으로 장영실을 모시고 있다. 장영실의 출생지에 해당하는 부산의 경우에는 2003년에 장영실과학고등학교(2010년 부산과학고등학교로 개명)가 문을 열었고, 2009년에는 동래읍성 북문광장에 장영실 과학동산이 조성되었다. 2011년에는 장영실의 본관인 충남 아산시가 장영실과학관을 개관해 장영실의 업적과 현대 과학에 관한 다채로운 전시와 행사를 벌이고 있다. 사실상 장영실에 대해서는 상당한 도서가

9 구만옥, 『세종시대의 과학기술』(들녘, 2016), 155~156쪽.

발간되었고, 그를 주인공으로 삼은 드라마와 영화도 다수 제작되었다.

그러나 장영실이 이룬 업적이나 그에 대한 평가가 지나치게 과장되어 있다는 지적도 존재한다. 예를 들어 한국의 제1세대 과학 사학자 박성래는 다음과 같이 쓰고 있다. "역사란 과장되고 왜곡되고 변질되게 마련이다. … 장영실은 세종 때에 있었던 모든 과학기술상의 업적을 주도한 듯 소개되고 있다. 그렇게 설명한 당대의 기록이 전혀 없는데도 불구하고 간의, 혼의, 혼상, 여러 해시계, 측우기까지 장영실이 만들었다고 설명하는 이들이 점점 많아지고 있는 것이다. … 세종대의 물시계 기술자 장영실은 이렇게 우리 시대의 과학영웅이 되어 있다. 이제는 그를 지나치게 영웅으로 치켜세우는 일을 경계해야 할 것이다."[10]

근거는 없는데 널리 퍼져 있는 얘기를 '신화(神話)'라 한다. 이제는 한 개인이 모든 것을 다 했다는 식의 신화를 넘어서야 한다. 신화는 영웅 이외의 다른 사람들이 기울인 땀과 노력을 외면하며 결과적으로는 그 영웅에게도 무거운 짐을 지우게 된다. 근거가 미약한 신화가 재생산되지 않도록 사실을 차근차근 따져보는 일은 오늘날 우리에게도 중요한 과제인 듯싶다.

사실상 세종 시대의 과학 문명을 일구는 데는 장영실 이외에도 많은 사람들이 기여했다. 과학 사학계에서는 장영실에 못지않게 중요한 업적을 이룬 과학기술자로 이천과 이순지를 꼽는다. 무관 출신인 이천은 천문의기의 제작을 책임졌고 금속 활자의 제작에도 큰 공을

10 박성래, 『인물과학사 1: 한국의 과학자들』 (책과 함께, 2011), 47쪽.

남겼으며 화포를 비롯한 무기의 개발도 맡았다. 이순지는 중국의 역법을 뛰어넘는 조선의 역법을 정립하는 작업을 주도했으며, 그 결과를 내편과 외편으로 이루어진 『칠정산』으로 집대성했다. 그밖에 정초와 정인지는 『농사직설』을 비롯한 많은 문헌의 편찬을 맡았고, 노중례는 의학서 『향약집성방』을 지었으며, 정척과 양성지는 지도 제작에 크게 기여했다. 더 나아가 스스로 과학기술을 공부하면서 수많은 인재를 키우며 리더십을 발휘한 세종도 과학기술자로 간주하기에 부족함이 없어 보인다.

측우기에 얽힌 오해

매년 5월 19일은 발명의 날이다. 1957년에 상공부 특허국(1977년에 특허청으로 확대됨)이 제정했다. 발명의 날의 유래는 세종 24년(1442년) 5월 19일에 측우기를 이용하여 강우량(降雨量)을 측정하고 보고하는 제도가 전국적으로 시행되었다는 점에서 찾을 수 있다.

세종 때 만들어진 측우기는 세계 최초의 우량계에 해당한다. 서양에서는 1639년에 이탈리아 과학자인 베네데토 카스텔리(Benedetto Castelli)가 우량계를 처음 만들었다. 우리나라의 측우기는 서양의 우량계보다 약 200년 앞서 발명되었던 것이다. 이러한 점은 20세기 초반에 조선 총독부 관측소장을 역임했던 일본인 기상학자 와다유지(和田雄治)에 의해 널리 알려졌다.[11] 그는

11 와다유지에 대해서는 미야가와 타쿠야, 「식민지의 "위대한" 역사와 제국의 위상: 와다유지(和田雄治)의 조선기상학사 연구」, 「한국과학사학회지」, 제32권 2호 (2010), 161~185쪽을 참조.

1917년에 발간된 『조선고대관측기록조사보고』에서 조선이 서양에 앞서 우량계를 만들어 사용했으며, 서울(한양)이 세계에서 가장 긴 우량관측 기록을 보유하고 있다고 평가했다. 이어 최남선은 1931년의 『조선역사』에서 측우기를 금속 활자, 고려청자, 훈민정음, 거북선 등과 함께 우리 민족의 천재성을 보여주는 증거로 거론했다.

1442년에는 측우기와 주척(周尺)이 표준화되어 중앙의 천문관서인 서운관과 전국 팔도의 감영(監營)에 보급되었다. 세종은 측우기를 측우대(測雨臺, 측우기 받침대) 위에 올려놓고 비가 내린 뒤 그 속에 고인 빗물의 깊이를 주척으로 읽어 푼(分, 약 2밀리미터) 단위까지 정밀하게 재어 보고하도록 했다. 이러한 전국적 우량관측제도는 임진왜란 직전까지 이어지다가 한동안 중단되었으며, 영조 46년(1770년)에 부활한 후 1907년 일제의 조선통감부에 의해 근대적 기상 관측이 도입될 때까지 계속되었다. 현재 남아 있는 측우기는 금영(錦營) 측우기로도 불리는 공주 충청감영 측우기가 유일한데, 그것은 와다유지가 귀국할 때 일본으로 반출되었다가 1971년에 한국으로 반환된 이력을 가지고 있다. 측우대의 경우에는 5기가 남아 있는데, 관상감 측우대, 창덕궁 이문원 측우대(대리석 측우대), 대구 경상감영 측우대, 통영 측우대, 창덕궁 연경당 측우대가 그것이다.

그런데 중국의 일부 학자들은 측우기가 중국에서 만들어진 후 조선으로 보내진 것이라고 주장하고 있다. 이에 대한 근거로는 대구 경상감영의 선화당에 설치되었던 측우대의 뒷면에 '건륭경인오월조(乾隆庚寅五月造)'라는 글귀가 새겨져 있다는 점이 거론된다. 건륭 경인은 중국 청나라 때의 연호로 1770년(영조

ⓒ국립기상박물관
[그림 5] 국보 제330호로 지정된 대구 경상감영 측우대와 그 뒷면

46년)을 가리킨다. 그러나 조선 시대에는 별도의 연호를 만들지 않고 중국의 연호를 따라 썼던 것이지 중국에서 측우기를 만든 것은 아니었다. 이러한 사실을 모를 까닭이 없는 중국인들이 생트집을 잡고 있는 것이다. 실제로 『세종실록』에는 측우기에 대한 상세한 설명이 있는 반면, 중국의 서적에서는 측우기와 관한 기록을 찾을 수 없다. 중국의 측우기 발명설은 1996년 서울에서 개최된 제8회

국제동아시아과학사회의에서 박성래에 의해 공식적으로 비판된 바 있다.[12]

측우기에 대한 오해는 중국뿐만 아니라 우리나라에도 있다. 그 대표적인 것으로는 측우기를 장영실이 만들었다는 주장이다. 한국 과학기술사를 전공한 학자들이 측우기가 장영실의 발명품이라고 언급한 적은 없는데, 어찌된 영문인지 많은 사람들은 측우기 하면 장영실을 떠 올린다. 실제로 우리나라 곳곳에 있는 장영실의 동상은 측우기 모형과 함께 건립되어 있는 경우가 많다. 그러나 측우기를 만든 사람은 장영실이 아니라 훗날 문종이 되는 이향(李珦)이라는 것이 정설이다. 장영실이 측우기와 관련되었다는 증거는 없는 반면, 『세종실록』에는 1441년 4월에 당시 세자였던 이향이 측우기에 관한 실험을 했다는 기록이 있다. "근년(近年) 이래로 세자가 가뭄을 근심하여, 비가 올 때마다 젖어 들어 간 푼수[分數]를 땅을 파고 보았었다. 그러나 적확하게 비가 온 푼수를 알지 못하였으므로, 구리를 부어 그릇을 만들고는 궁중(宮中)에 두어 빗물이 그릇에 괴인 푼수를 실험하였는데 … " 라는 대목이다.[13] 문종은 측우기뿐만 아니라 신기전 화차에 대한 아이디어를 내놓기도 했다.

기술적 수준으로 보면 측우기는 매우 간단한 기구에 해당한다. 장영실과 같이 뛰어난 기술자가 아니더라도 만들 수 있는 것이다. 물론 문종이 측우기를 실험하고 제작하는 과정에서 장영실과 같은 기술자의 도움을 받았을 가능성은 있다. 사실상 우리가 진정으로

12 박성래, 「동아시아 과학사에서의 자랑과 편견」, 《과학사상》 제19호 (1996), 69~90쪽.

13 https://sillok.history.go.kr/id/kda_12304029_001

장영실을 흠모한다면, 측우기가 아니라 자격루를 부각시켜야 한다. 1434년에 완성된 자격루는 스스로 시간을 알려주는 물시계로서 기계 시계의 시작을 알리는 매우 정교하고 기묘한 장치이다. 따라서 측우기의 창제자가 문종이라고 해서 '조선시대 최고의 기술자'라는 장영실의 명성에 흠집이 나는 것은 아니다. 이러한 점을 고려한다면, 조금 번거롭더라도 장영실 동상 옆에 측우기 대신 자격루 모형을 제작하여 설치하는 편이 나아 보인다.

측우기의 과학기술적 의미는 제작의 난이도보다는 정량적 사고에서 찾는 것이 바람직하다. 거칠게 표현하자면, 깡통에 자를 붙였다는 것이 그다지 중요하겠는가? 오히려 비가 얼마나 왔을까를 측정해 보겠다는 발상이 대단하지 않은가? 오늘 비가 많이 왔다는 생각에 멈추지 않고 얼마나 많이 왔는지를 수량화해보자는 생각을 처음으로 했던 셈이다. 이와 함께 측우기를 표준화시키고 전국적으로 보급한 후 통계 자료를 수집했다는 사실에도 주목해야 한다.

그렇다면, 왜 측우기를 가지고 강우량을 측정하려고 했을까? 이에 대한 해석도 약간 엇갈린다. 흔히 측우기가 제작된 배경으로는 세종이 농정을 쇄신하여 백성을 배불리 먹이려는 의도가 거론되고 있다. 그러나 측우기로 우량을 측정하는 것이 농사에 실제적인 도움이 되는지는 의문스럽다. 그래서 세종이 나라를 열심히 다스린다는 점을 과시하기 위해 측우기에 관심을 기울였다는 해석이 제기되어 왔다. 당시에 하늘에서 내리는 비는 하늘의 뜻이 담긴 중요한 '천문(天文)'에 해당했으며, 훌륭한 임금이라면 천문 현상을 자세히 살피는 일이 매우 중요했다. 동양의 전통 사회에서는 천문학이 '제왕의 학문'으로 불릴

만큼 임금과 밀접한 연관성을 가지고 있었던 셈이다.

기술을 사랑한 위대한 실학자,

정약용

정약용(丁若鏞, 1762~1836)은 우리에게 친숙한 조선 후기의 학자이다. 정약용에 대해서는 '다산학(茶山學)'이라는 분야가 형성될 정도로 많은 연구가 이루어졌다. 또한 '다산'이란 이름을 가진 단체, 건물, 도로, 상(賞) 등도 어렵지 않게 찾아볼 수 있다. 1930년대에 조선학 운동의 일환으로 『여유당전서(與猶堂全書)』의 발간을 주도했던 정인보(鄭寅普)는 정약용에 대해 다음과 같이 평가했다. "선생 1인에 대한 연구는 곧 조선사의 연구요, 조선 근세 사상의 연구요, 조선 심혼(心魂)의 명예(明銳) 내지 전(全)조선 성쇠존망에 대한 연구다." 2012년에 정약용은 탄생 250주년을 맞아 '유네스코 세계기념인물'로 선정되기도 했다.

정약용은 정치, 경제, 사회, 문화 등에 걸쳐 실학을 집대성한 인물로 알려져 있다. 정약용이 남긴 저서는 무려 500권이 넘을 정도로 방대하다. 그중에서 널리 알려진 것으로는 '1표 2서'로 불리는 『경세유표(經世遺表)』, 『목민심서(牧民心書)』, 『흠흠신서(欽欽新書)』를 들 수 있다. 그는 『목민심서』를 통해 관리가 지켜야 할 바를 가르쳤고, 『경세유표』에서 이상적인 정부 구조를 논했으며, 『흠흠신서』를 통해 정의로운 사회에 대한 갈망을 담아냈다. 이에 못지않게 정약용은 과학과 기술에서도 뛰어난 업적을 남겼고 과학기술을 진흥하기 위한 각종 정책을 제안하기도 했다. 이처럼 다양한 분야를 넘나든 정약용은 '조선 후기의 레오나르도 다빈치'로 평가되기도 한다.[1]

---

1 이하의 몇몇 부분은 송성수, 「정약용의 기술사상」, 《한국과학사학회지》 제16권 2호 (1994), 261~276쪽에 의존하고 있다.

©wikipedia
[그림 1] 19세기에 그려진 정약용 선생의 초상화. 이 외에도 1974년에 장우성 화백이 그린 국가 표준 영정과 2009년에 김호석 화백이 그린 인물화가 있다.

눈썹이 3개인 아이

정약용은 1762년 6월 16일(양력으로 환산하면 8월 5일)에 경기도 광주부 초부면 마재리(현재 경기도 남양주시 조안면 능내리)에서 태어났다. 부친인 정재원(丁載遠)은 화순현감, 예천군수, 진주목사 등 5곳의 지방관을 역임한 인물이었다. 정제원은 첫 부인 의령 남씨와 큰아들 약현(若鉉)을 낳았고, 둘째 부인 해남 윤씨와 약전(若銓),

약종(若鍾), 약용 3형제와 딸 한 명을 낳았다. 약전, 약종, 약용 3형제에 대해서는 재야 사학자인 이덕일이 『정약용과 그의 형제들』이라는 흥미로운 도서를 발간하기도 했다. 정약용의 고향인 남양주시 능내리에는 그의 생가와 묘소를 중심으로 정약용유적지가 조성되어 있으며 인근에는 실학박물관과 다산생태공원이 위치하고 있다. 남양주시는 1986년부터 매년 10월에 다산문화제를 개최해 왔으며, 2019년에는 그 명칭을 정약용문화제로 바꾸었다.

ⓒwikipedia
[그림 2] 정약용의 생가인 여유당

정약용은 어릴 적에 마진(홍역)에 걸려 눈가에 큼직한 종기를 가졌다. 또래 친구들이 '삼미(三眉)'라고 부르면서 눈썹이 3개라고 놀렸는데, 정약용은 화를 내지도 않고 담담하게 대했다고 한다. 심지어 그는 스스로를 '삼미'라고 칭하면서 『삼미집(三眉集)』이라는 문집을 발간하는 행보를 보였다. 다행히 정약용은 왕족 출신의 명의인 이헌길(李憲吉)의 진료로 목숨을 건질 수 있었다. 훗날 정약용은 이헌길의 『마진방(痲疹方)』을 계승한 『마과회통(麻科會通)』을 발간했으며, 이헌길의 생애를 다룬 『몽수전(蒙叟傳)』을 집필하기도 했다.

정약용은 9살 때 어머니를 여의는 슬픔을 겪었다. 정약현의 부인인 경주 이씨와 서모(庶母)로 들어온 서울 김씨가 정약용을 보살펴주었다고 한다. 정약용은 1776년에 풍산 홍씨와 결혼식을 올렸다. 두 사람 사이에는 6남 3녀가 있었으나 대부분 요절하고 2남 1녀만 살아남았다. 큰아들 학연(學淵)은 감역관을 지냈고, 둘째 아들 학유(學游)는 농가월령가를 저술했다. 정약용이 결혼한 1776년은 영조가 승하하고 정조가 즉위한 해이기도 하다. 서양에서는 1776년에 미국의 독립 선언서가 채택되었고 아담 스미스(Adam Smith)의 『국부론』이 발간되었으며 제임스 와트(James Watt)의 증기 기관이 상업화되었다. 정약용이 생존한 시기에 서양에서는 시민 혁명과 산업 혁명이 한창 전개되고 있었던 셈이다.

정약용은 누님의 남편으로 여섯 살 위인 이승훈(李承薰), 큰형의 처남이며 여덟 살 위인 이벽(李蘗)과 친하게 지냈고, 학문으로 명성이 높은 이가환(李家煥)을 만났다. 이가환은 이승훈의 외삼촌이었으며, 성호 이익(李瀷)의 종손으로 당시 이익의 학풍을 계승한 중심적 인물이었다. 정약용은 이들에게서 성호의 학문을 접하면서 실학사상의 토대를 다졌다. 정약용은 서학(西學)에도 상당한 관심을 기울였는데, 당시의 젊은 학자들 사이에서는 서양 책을 읽는 것이 일대 유행이었다고 한다. 물론 그가 말하는 서양 책이란 주로 중국에서 들여온 책을 뜻한다. 거기에는 오늘날의 과학기술에 해당하는 각종 문물에 대한 논의들이 다수 포함되어 있었다.[2]

정약용은 18살이던 1779년에 성균관 승보시(생원진사시 응시

2 박성래, 『인물과학사 1: 한국의 과학자들』 (책과 함께, 2011), 553쪽.

자격시험)를 통과했다. 이어 1783년에 소과 1차와 2차 시험에 모두 합격하여 성균관에 입학했다. 소과와 달리 대과에서는 빈번히 실패하다가 1789년에 28세의 나이로 합격했다. 당시에 정조는 국정 쇄신의 일환으로 왕실 도서관인 규장각을 설치했으며 '초계문신(抄啓文臣)'이란 제도를 마련하여 젊고 유능한 정치 세력을 형성하고자 했다. 초계문신 제도는 과거에 급제한 문신과 37세 이하의 현직 문신을 모아 규장각에서 재교육을 실시하는 것에 해당한다. 정약용은 대과에 급제한 직후 초계문신에 발탁되었으며, 1789년부터 1800년까지 약 11년 동안 관직 생활을 했다. 첫 관직은 정7품인 희릉직장(禧陵直長)이었고 마지막 관직은 정3품인 형조참의(刑曹參議)였다. 1794년에는 경기도 암행어사를 맡아 백성들의 고통을 목격하면서 탐관오리의 폭정을 고발하기도 했다.

배다리와 수원화성에 남긴 기술적 업적

정약용은 관료 생활을 시작한 1789년에 주교(舟橋, 배다리)를 설계하는 작업에 참여했다. 주교는 교량을 설치하기 어려운 큰 강에 많은 배를 나란히 붙여 띄우고 그 위에 임시로 나무를 놓아 만든 다리에 해당한다. 당시에 정조는 아버지 사도세자(장헌세자)의 묘를 양주 배봉산에서 수원 화산으로 옮기는 작업을 추진했으며, 상여가 한강을 안정적으로 건너기 위해서는 주교를 가설해야 한다고 판단했다.

노량진과 용산을 잇는 주교는 30자 너비의 갑선(甲船) 60척을 나란히 붙여 놓은 후 그 위에 42자 길이의 종량(縱梁)을 각 배마다 5개씩, 도합 300개를 깔고 다시 그 위에다 길이 24자, 너비 1자, 두께 3치의

횡판(橫板) 1,800장을 대는 식으로 건설되었다. 당시로서는 매우 거대한 공사였는데, 천 명의 군사와 만 전(錢)의 돈이 소요되었다. 정조는 1790년에 『주교지남(舟橋指南)』이란 책자를 펴냈으며, 그것은

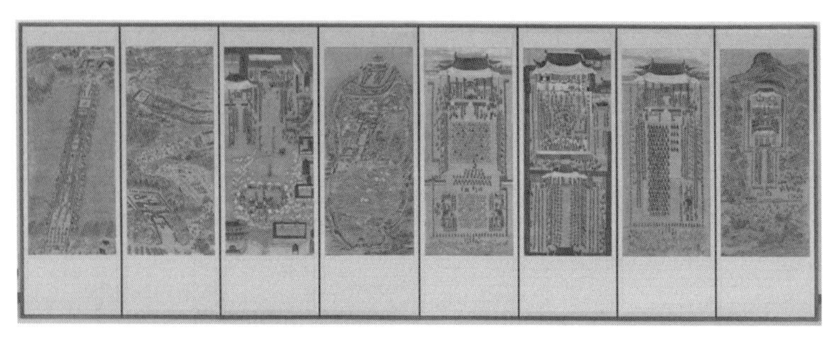

[그림 3] 화성능행도 병풍 맨 왼쪽의 〈노량주교도섭도〉. 노량진 주교(배다리)를 통해 한강을 지나가는 정조의 행차 모습을 담았다. ©국립고궁박물관

약간의 보완을 거쳐 1793년에 『주교절목(舟橋節目)』으로 발간되었다.[3] 정조가 1789년에 사도세자의 묘를 수원으로 옮긴 것은 새로운 정치 공간을 만들려는 의도와 결부되어 있었다. 정조는 화산 부근에 있던 읍치(邑治)를 팔달산 아래로 이전했으며, 새로운 읍치에 '화성(華城)'이라는 일종의 신도시를 건설하고자 했다. 화성은 피난처로서의 산성을 따로 두지 않고 평상시에 거주하는 읍성의 방어력을 강화시킨 특성을 가지고 있다. 화성은 오늘날 수원시 팔달구에 소재하고 있으며 흔히 '수원화성'으로 불리고 있다. 1792년 겨울에 정조는 부친상 중이던 정약용에게 화성의 설계와 공사를 위한 규제(規制)를 만들라는 명령을 내렸다. 다산이 회갑 때 작성한 「자찬묘지명(自撰墓誌銘)」에 따르면, 정조가 "기유년(1789년)

3 노량진 주교에 대한 자세한 분석은 김평원, 「정조 대 한강 배다리[舟橋]의 구조에 관한 연구」, 《한국과학사학회지》 제39권 1호 (2017), 91~124쪽을 참조.

겨울 배다리 놓는 일에 정약용이 규제를 올려 그 일을 이루었으니, 그에게 화성의 성곽 제도에 대해 조목별로 지어 바치게 하라"라고 주문했다고 한다.[4] 정약용은 화성 축조에 필요한 사항을 8개 조목으로 정리한 「성설(城說)」을 정조에게 올렸으며, 이와 별도로 「옹성도설(甕城圖說)」, 「현안도설(懸眼圖說)」, 「포루도설(砲樓圖說)」, 「누조도설(漏槽圖說)」, 「기중가도설(起重架圖說)」 등과 같은 설계안을 마련했다.

정약용은 화성 건설에 필요한 여러 기술적 문제들을 다루면서 각 조목마다 구체적인 문제점을 지적하고 현실적인 대안을 내놓았다. 우선 그는 축성의 재료로 벽돌이나 흙 대신에 돌을 선택했다. 기와를 굽는 기술이 부족하고 땔감을 구하기 어렵기 때문에 벽돌은 곤란하며, 토성의 경우에는 얼음이 얼면 바닥이 가라앉고 비에 젖으면 성벽이 갈라진다는 이유에서였다. 또한 큰 돌, 중간 돌, 작은 돌로 채석을 규격화함으로써 수고와 경비를 덜고 성벽을 견고하게 만들자고 제안했다. 이와 함께 성의 무너짐을 방지하고 적의 침입에 대한 방어가 용이하도록 세 개의 층으로 이루어진 성의 구조를 제시했다.

더 나아가 정약용은 기존 기술을 활용하거나 새로운 기술을 개발하는 데도 주의를 기울였다. 화성 건설 공사에 사용된 기술로 자주 거론되는 것으로는 거중기(擧重機, 오늘날의 기중기)와 녹로(轆轤)를 들 수 있다. 거중기와 녹로는 도르래의 원리를 활용하여 무거운 물체를 적은 힘으로 들어 올리는 기구에 해당한다. 녹로는 왕릉을 조영할 때 관을 내리는 용도로 이미 사용되어 왔던 반면, 거중기는 정약용이 화성

4 김평원, 『엔지니어 정약용: 조선 근대 공학의 개척자』 (다산북스, 2017), 220쪽.

건설에 사용하기 위해 새롭게 선보인 발명품이라 할 수 있다.

거중기를 개발할 때 정약용은 정조가 중국에서 들여온 『기기도설(奇器圖說)』을 참조했지만, 그 내용을 그대로 모방하지는 않았다. 정약용은 거중기 제작에 소요되는 철과 구리의 사용을 최대한 줄였으며,『기기도설』의 많은 조항 중에 불필요한 것을 제거하고 기본원리가 되는 부분에 집중했다. 또한 정약용은 「기중가도설」에서 '기중소가(起重小架)'에 대해 논의했는데, 기중소가는 거중기를 만들기

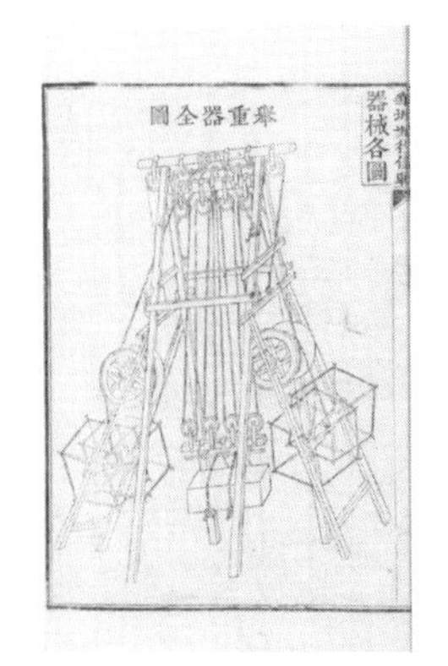

[그림 4] 『화성성역의궤』에 실린 거중기 그림(왼쪽)과 수원화성박물관에 복원된 거중기(오른쪽)
©국립중앙박물관·수원화성박물관

위한 시제품에 해당한다.[5]

그러나 녹로와 거중기가 화성 건설 공사에 그리 크게 기여하지는 않았던 것으로 판단된다. 왜냐하면 녹로는 2대, 거중기는 1대가 사용되었다고 기록되어 있기 때문이다. 녹로의 높이는 10미터가 넘었던 반면 거중기의 높이는 약 3.8미터였다. 이러한 점을 감안한다면 녹로는 화성의 성벽을 쌓을 때, 거중기는 채석된 돌을 들어 올릴 때

5 김평원, 『엔지니어 정약용』, 108쪽.

사용되었던 것으로 보인다.

정약용의 독창성이 더욱 잘 드러난 발명품으로는 유형거(遊衡車)를 들 수 있다. 유형거는 '흔들거리는 거울과 같은 수레'라는 뜻으로 화성 공사에서 11대가 사용되었다. 유형거는 돌을 적재하는 기능과 돌을 나르는 기능을 동시에 지닌 다목적 운반 차량에 해당한다. 돌을 적재하는 과정에는 지렛대의 원리가 적용되었고, 오르막과 내리막을 경쾌하게 달릴 수 있도록 설계되었다. 인천대학교 국어 교육과 교수로 『엔지니어 정약용』을 집필한 김평원은 유형거의 작동 원리를 다음과 같이 설명했다.

"[지렛대의] 작용점에 해당하는 유형거의 머리(여두)는 소 혀와 같은 모양으로 하였고, 힘점에 해당하는 긴 수레 손잡이는 끝부분을 점점 가늘고 둥글게 하여 사람 손으로 쉽게 잡아 누르도록 하였다. 이 손잡이 부분을 잡고 올리면 차상 앞부분(여두)이 낮아져 돌을 쉽게 차상에 올려놓을 수 있고, 다시 손잡이를 내리면 돌이 손잡이 쪽으로 미끄러져 내리게 된다. 유형거의 차상에는 다른 수레에는 없는 2개의 세로대가 보강되었다. 생(生)참나무를 껍질을 벗겨 매끄럽게 만든 다음 등을 둥글게 하여 돌이 쉽게 미끄러져 움직일 수 있도록 하였다. 또한 손잡이 쪽으로 한표(限表)라고 하는 조그만 나무토막을 부착하여 어느 선 이상 돌이 넘어가지 못하게 하였다."[6]

화성 공사는 1794년 1월에 시작된 후 1796년 9월에 마무리되었으며, 전체 공사비는 87만 냥에 달했다. 삼정승을 역임한 채제공(蔡濟恭)이 총괄 책임을, 여러 무관직을 거친 조심태(趙心泰)가 건설

6 김평원, 『엔지니어 정약용』, 136쪽.

책임을 맡았다. 화성 공사의 내역은 1801년에 총 10권으로 된 『화성성역의궤(華城城役儀軌)』로 발간되어 오늘날까지 전해지고 있는데, 여기에는 공사에 동원된 백성들에게 별도의 임금이 지급되었다는 기록도 포함되어 있다. 또한 1795년에는 정조의 어머니 혜경궁 홍씨의 회갑을 맞이하여 대대적인 화성 행차가 거행되었으며, 회갑연 축제의 과정은 『원행을묘정리의궤(園幸乙卯整理儀軌)』에 자세히 기록되어 있다. 1997년에 수원화성은 유네스코 세계유산으로,

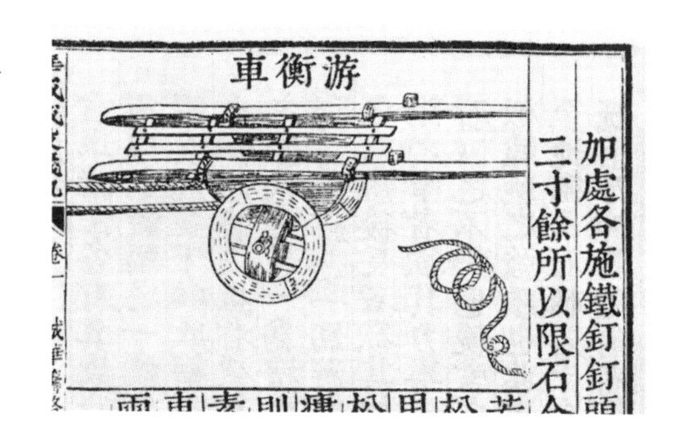

ⓒ수원화성박물관
[그림 5] 화성성역의궤 영인본 속 유형거의 구조도

『원행을묘정리의궤』는 유네스코 기록 유산으로 지정된 바 있다. 정약용은 곡산부사로 제수된 1798년에 『마과회통』을 집필했다. 『마과회통』은 한국과 중국의 여러 전문 서적을 참조하여 저술된 것으로 '우리나라 마진학의 최고봉'이라는 평가를 받고 있다. 『마과회통』은 마진의 원인과 경과, 마진이 있을 때 나타나는 여러 증상, 유사 질환과의 감별 등에 대해 인용 서목을 일일이 열거하여 기술했다. 이와 함께 우리나라에서 유행한 마진을 중심으로 그 증세를 관찰하여 치료한 방법에도 주의를 기울였다. 정약용은 새로운 의서나 사실을 알게 되면 『마과회통』을 수정하고 보완하는 등 엄밀한 문헌학적

태도를 보였다. 1800년에는 「종두심법요지(種痘心法要旨, 약칭은 종두요지)」를 집필하여 인두법(인두접종법)의 원리와 방법을 자세히 논했고, 1828년에는 「신증종두기법상실(新證種痘奇法詳悉)」을 통해 토마스 스톤튼(Thomas Staunton)이 한역한 우두법(우두접종법)의 내용을 소개한 바 있다. 두 단편은 현존하는 『마과회통』의 부록에 실려 있다.

정약용이 곡산부사로 부임하는 도중에는 이계심(李啓心)이란 양민이 행차를 가로막는 사건이 발생하기도 했다. 이계심은 아전들의 과중한 세금 징수에 항의하다 죄를 입고 도망을 다니던 중이었다. 정약용은 이계심의 호소를 듣고 다음과 같이 말했다. "한 고을에는 모름지기 너와 같은 사람이 있어야 한다. 한 사람으로 형벌이나 죽음을 두려워하지 않고 만백성을 위해 그들의 원통함을 폈으니 천금을 얻을 수 있을지언정 너와 같은 사람은 얻기가 어렵다."[7] 이계심은 무죄로 석방되었다.

"오랑캐들과 사귀어서라도 선진 기술을 배워야"

기술에 대한 정약용의 생각은 자신이 관료 시절에 집필했던 몇몇 단편(短篇)에서 잘 드러나고 있다. 그중에서 가장 유명한 것은 「기예론(技藝論)」이다. 「기예론」은 기술의 성격을 본격적으로 고찰한 우리나라 최초의 집필로 평가된다. 「기예론」의 전문(全文)을 찾아 한번 음미해 보는 것도 좋은 공부가 될 것이다.
정약용은 인간과 동물의 차이를 기술의 습득과 활용에서 찾았다.

---

7 함영대, 「정약용(1762~1836): 시대를 가르는 영원한 스승」, 서경덕 외, 『당신이 알아야 할 한국인 10』 (엔트리, 2014), 283쪽.

"하늘이 금수(禽獸)에게는 단단한 발굽과 예리한 이빨과 여러 가지 독을 주어서 먹이를 잡고 위험을 막게 하였는데, 인간은 벌거숭이로 유약(柔弱)하여 자기 생명마저 구하지 못할 듯이 하였으니, 어찌하여 하늘은 천한 금수에게는 후하고 인간에게는 박하게 하였는가. 이것은 인간에게는 지혜로운 생각과 교묘한 궁리(窮理)가 있으므로 기예(技藝)를 익혀서 스스로 살아가게 한 것이다."

또한 정약용은 기술이 여러 사람의 지혜를 바탕으로 장구한 세월에 걸쳐 축적된다는 점을 강조했다. "지혜로운 생각으로 미루어서 아는 것도 한정이 있고, 교묘한 궁리로 파는 것도 차례(次例)가 있다. 그런 까닭에 비록 성인이라도 천 사람과 만 사람이 함께 논의한 것에는 능히 당해내지 못하며, 비록 성인이라도 하루아침에 능히 모든 것을 아름답게 하지 못한다. 그러므로 사람이 많이 모이면 기예는 더욱 정묘해지고 세대를 내려올수록 기예는 더욱 교묘해지는 바, 이것은 형세가 그렇게 되지 않을 수 없는 것이다."[8]

이상의 견해는 오늘날의 관점에서 보면 너무 당연한 것이어서 별도의 평가가 필요 없을 것처럼 보인다. 그러나 당시에는 유가 사상이 지배적이었다는 점을 돌이켜 본다면 그의 견해는 매우 독특했다고 할 수 있다. 우선 그는 인간과 금수의 차이를 삼강오륜(三綱五倫)과 같은 윤리에서 찾지 않고 기술에 주목했다. 또한 그는 인간 생활의 혜택이 모두 성인의 덕택이라는 전통적 사고를 받아들이지 않고 대중들의 집단적 활동을 강조했다. 무엇보다도 그의 견해에는 시대가 지날수록 기술이 발전한다는 일종의 진보관(進步觀)이 보이는데, 이는

8 정약용(이익성 옮김), 『다산논총』(을유문화사, 1972), 46쪽.

기존의 상고 사상(常古思想)을 거부하는 것이었다. 상고 사상을 지닌 학자들은 고대가 태평성대(太平聖代)이고 근대로 올수록 인간 생활이 더욱 못해진다고 파악하면서 경우에 따라 중흥의 시기를 인정할 때에도 이를 일시적인 것으로 치부해 버렸다.

기술의 성격을 고찰한 후 정약용은 중국 기술의 즉각적인 도입을 역설했다. 그는 중국에서 이미 새로운 기술이 발전하고 있는데도 우리나라는 도입을 게을리하여 기술이 정체하고 있다고 개탄하면서 일본은 이미 선진 기술을 습득하여 부국강병을 달성했다고 지적했다. 따라서 그는 집권자들이 이미 망하고 없어진 명나라만 존중하고 청나라를 멸시할 것이 아니라 우수한 기술을 광범위하게 도입하고 익혀야 한다고 역설했다. 오랑캐들과 사귀어서라도 선진 기술을 배워야 한다는 것이 정약용의 생각이었다. 그것은 이후에 기술 도입과 개발을 전담하는 국가 기관을 설립하자는 구상으로 이어졌다.

정약용은 1799년에 「도량형의(度量衡議)」와 「응지론농정소(應旨論農政疏)」를 집필했다. 그는 군포 징수 비리 사건에 대처하여 「도량형의」를 통해 도량형의 표준화에 대한 필요성, 기술적 방안, 제도적 대책을 제안했다. 「응지론농정소」는 정조가 농업의 발전을 위한 의견을 구했을 때 정약용이 응답한 내용을 담고 있다. 정약용은 농업 발전의 대책을 편농(便農), 후농(厚農), 상농(上農)으로 구분했는데, 편농은 농사를 편하게 지을 수 있는 대책, 후농은 농민에게 더 많은 이익을 주기 위한 대책, 상농은 농민의 지위를 높이기 위한 대책에 해당한다.

이러한 두 단편에는 백성의 고통을 구체적으로 파악하고 이를 덜어 주려는 정약용의 위민 사상이 잘 나타나 있다. 예를 들어 그는 도량형이 표준화되지 않아서 백성이 탐관오리에게 속아 넘어갈 실마리가 많다는 점을 걱정했으며, "허리가 시큰하고 어깨가 아프며 흙탕에 더러워지고 거머리까지 달려드는" 모내기의 어려움을 해결하기 위해 앙마(秧馬)라는 농기구의 사용을 권고했다.[9] 또한 정약용은 자신의 주장을 내세울 때 그것의 제도적 정착을 보장하는 방안을 잊지 않았다. 공조와 감영에서만 도량형기를 제작해야 한다는 주장이나 국가가 주관해서 농기구를 만들고 각 지방에서 시험한 후 사용 여부를 판단해야 한다는 제안은 그 대표적인 예이다.

이상과 같은 정약용의 기술적 업적이나 기술적 제안은 제대로 계승되거나 채택되지 못했다. 그것은 정조가 1800년에 세상을 떠났고 이듬해인 1801년에는 신유박해가 일어났기 때문이다. 1800년 6월에 정조가 승하하자 정약용은 39세의 나이로 고향으로 돌아와 당호(堂號)를 '여유(與猶)'라 붙이고 학문에 열중했다. 여유는 조심하고 경계하라는 뜻으로, 겨울의 냇물을 건너는 듯 하고(與), 사방을 두려워하는 듯 하거라(猶)라는 노자(老子)의 구절에서 따왔다. 그러던 중 1801년 2월에는 천주교 탄압 사건으로 유명한 신유박해가 시작되었다. 신유박해는 천주교 탄압을 빌미로 남인을 제거하기 위한 노론의 정치적 공격으로, 거기에는 정약용과 그의 두 형인 정약전, 정약종도 연루되었다. 하지만 정약종만 열렬한 천주교 신자일 뿐 정약전과 정약용은 천주교에 열의가 없다는 점이 확인되었다. 결국 정약용과 정약전은 유배, 정약종은 사형에 처해졌다.

---

9 정약용, 『다산논총』, 229쪽.

정약용은 1801년 3월에 경상도 장기(현재 포항시 장기면)로 유배되었다. 이어 10월에 황사영(黃嗣永) 백서사건으로 투옥된 후 11월에는 전라도 강진으로 다시 유배되었다. 정약용은 강진에서 18년이란 긴 세월 동안 유배 생활을 한 후 1818년에야 고향으로 돌아올 수 있었다. 강진이 차(茶) 재배지로도 유명하기 때문에 정약용에게 다산(茶山)이라 호가 생겼다고 한다. 한편, 정약전은 1814년 세상을 떠날 때까지 전라도 흑산도에 유배되었는데, 거기서 해양 생물에 대한 백과사전에 해당하는 『자산어보(玆山魚譜)』와 어물 장수 문순득의 표류기를 담은 『표해시말(漂海始末)』을 편찬했다.

정약용은 강진 읍내의 주막인 동문매반가(東門賣飯家)에서 주모의 호의로 4년 동안 생활했다. 정약용은 그 주막에 '사의재(四宜齋)'란 이름을 붙였다. '네 가지를 올바로 하는 이가 거처하는 집'이라는 뜻이었다. 그는 "생각을 맑게 하되 더욱 맑게, 용모를 단정히 하되 더욱 단정히, 말(언어)을 적게 하되 더욱 적게, 행동을 무겁게 하되 더욱 무겁게" 할 것을 스스로 주문했다.

정약용은 1808년부터 다산초당(茶山草堂)에 정착하여 교육과 저술에 몰두했다. 제자들은 스승의 가르침을 받으면서 저술 작업에도 참여했다. 이에 대해 정약용은 다음과 같이 회고했다. "여름 무더위에도 쉬지 않았고 겨울밤에도 닭 우는 소리를 들었다. 제자 중에 경서와 사서(史書)를 부지런히 열람하고 살펴보는 사람이 두어 명, 부르는 대로 받아쓰며 붓을 나는 듯 내달리는 사람이 두어 명이었다. 손을 바꿔가며 수정한 원고를 장서하는 자가 두세 명, 옆에서 거들어 줄을 치거나 교정 혹은 대조하거나 책을 매는 작업을 하는 자가 서너 명이었다. 무릇 책 한 권을 저술할 때는 먼저 저술할 책의 자료를 수집하여 서로서로 대비하고 이것저것 훑고 찾아 마치 빗질을 하듯 정밀을 기했던 것이다."[10]

©wikipedia
[그림 6] 전라남도 강진군 도암면 만덕리의 정약용 유적지에 있는 다산초당

기술 진흥의 방안을 찾아서

정약용의 기술에 대한 관심은 유배 시절에도 사회제도의 이상(理想)을 드러낸 저술을 통해 끊임없이 표출되었다. 그는 『목민심서』에서 지방의 수령이 각종 기술을 도입하여 사용할 것을 권장했으며, 『경세유표』에서 기술을 도입하고 개발하기 위해 국가 기관을 신설하거나 정비할 것을 제안했다. 『목민심서』는 1818년에, 『경세유표』는 1817년에 완성된 것으로 알려져 있다.

정약용은 『목민심서』의 「호전 육조(戶典 六條)」에서 농기(農器)와 직기(織器)를 만들어 백성들의 생활을 능률적이고 넉넉하게 하는 것이 수령의 직무라고 규정했다. 이어 명나라의 유명한 학자인

10 함영대, 「정약용(1762~1836): 시대를 가르는 영원한 스승」, 286~287쪽.

서광계(徐光啓)의 저작에 열거된 각종 농기구를 소개하면서 그것을 우리의 현실에 적합하도록 변형하여 사용할 것을 권고했다. 이와 함께 정약용은 농민이 많은 일을 하면 괴로울 뿐 아니라 실효도 거둘 수 없다고 지적한 후 토지의 용도에 따라 농업을 곡물 생산, 과수 농업, 채소 농업, 직물 제조, 원료 생산, 축산업의 6과(六科)로 전문화하자고 제안했다.

정약용은 『목민심서』의 「공전 육조(工典 六條)」에서 건축 작업을 주관하는 사람을 뽑는 것, 소임을 분담시키는 것, 장인을 구하는 것, 비용을 염출하는 것, 재목을 모으는 것, 흙을 마련하는 것, 용수를 확보하는 것, 석재를 채취하는 것, 기와를 굽는 것, 철물을 사들이는 것, 장정을 조발(調發)하는 것, 장부를 기록하는 것의 11가지를 든 후 각각의 조목마다 지켜야 할 원칙과 구체적인 시행 방법을 제시했다. 여기에는 정약용이 관리 시절에 각종 공사를 추진하면서 축적한 경험이 녹아 있었다. 이와 함께 그는 화성 축조 때 발명했던 유형거와 거중기의 광범위한 활용을 제안했으며, 도량형을 국가적 차원에서 통일할 것을 주장하면서도 현실적인 순서를 고려했다.

정약용의 기술 진흥 방안을 가장 분명하게 엿볼 수 있는 글은 『경세유표』의 「동관공조(冬官工曹)」이다. 여기서 그는 "오로지 북쪽에 가서 배워오는 것을 직(職)으로 하는" 이용감(利用監)을 신설하여 기술을 도입·보급하고 기술자를 양성하자고 제안했다.[11] 이용감은 '이용후생(利用厚生)을 지원하는 관청'이란 의미를 가졌으며, 오늘날로 치면 정부가 운영하는 과학기술연구소에 해당한다고 볼 수 있다.

11 민족문화추진회, 『국역 경세유표 Ⅰ』 (1977), 164쪽.

정약용 이전에도 연암 박지원(朴趾源)과 초정 박제가(朴齊家)가 서양과 중국의 문물을 소개하면서 외국의 선진 기술을 적극적으로 배워야 한다고 주장했지만, 새로운 국가 기관의 설치와 운용을 구체적으로 논의한 사람은 정약용이 우리 역사상 최초의 인물이다. 정약용은 이용감을 통해 도입해야 할 기술의 종류를 20여 가지로 열거한 후에 이를 건축, 수레, 조선, 주조, 방직, 제지의 여섯 분야로 분류했다. 그는 이용감의 직제로 차관급 1명, 국장급 2명, 과장급 4명 등을 구체적으로 제시하면서 그 자격 요건으로 과학, 외국어, 손재주, 안목 등을 들었다. 기술을 활용하는 절차로는 외국에서 도입한 기술을 이용감에서 시험한 후 각 분야의 전문 관청으로 전달하고 필요한 백성에게 보급하는 3단계 방식을 제안했다. 전문 관청의 목록에는 기와와 벽돌을 담당하는 견와서(甄瓦署), 수레 제작을 위한 전궤사(典軌司), 선박 제작을 위한 전함사(典艦司), 화폐와 병기를 담당하는 전환서(典圜署), 방직과 염색에 관한 기술을 주관하는 직염국(織染局), 제지 기술을 담당하는 조지서(造紙署) 등이 포함되어 있었다.

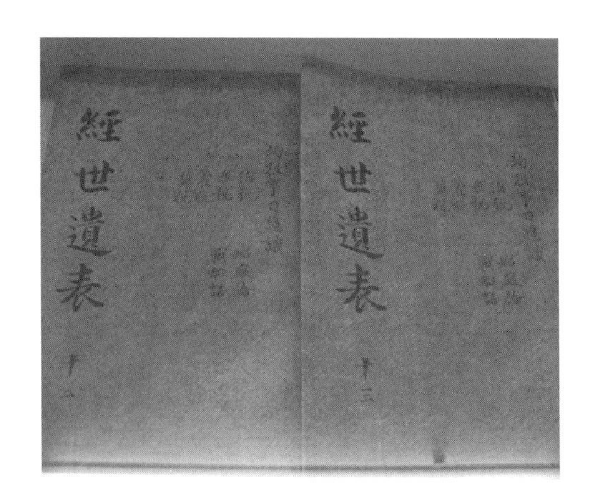

ⓒwikipedia
[그림 7] 이용감의 설치를 주장한 『경세유표』

『목민심서』나 『경세유표』에서 엿볼 수 있는 가장 흥미로운 점은 정약용의 기술자 육성 방안이라 할 수 있다. 그는 기술자의 성적을 고과하여 우수한 사람을 신분에 관계없이 관리로 등용하는 방안과 장인들을 한 곳에 모아 함께 살게 하면서 기술적 능력을 향상시키는 방안을 제시했다. 자신이 기술관료의 길을 걸어온 정약용은 기술에 대한 소양을 갖춘 사람을 이상적인 관료로 생각했고, 그 재원으로 6과의 농업 기술자와 이용감의 수공업 기술자를 염두에 두었다. 이처럼 정약용의 기술개발 전략에는 신분 제도를 타파한다는 사회 개혁의 문제가 연결되어 있었다.

정약용은 발명가, 기술 정책가, 기술 사상가로서 기술을 사랑한 실학자였다. 그는 실제로 기술적 발명을 수행했을 뿐만 아니라 기술을 매개로 이용후생, 부국강병, 위민 사상 등을 실천하고 제안했던 우리 역사의 스승이었다. 이런 측면에서 정약용에게 '조선 근대공학의 개척자' 혹은 '실사구시의 위대한 기술관료'라는 호칭을 붙이는 것은 결코 부자연스럽지 않다. 만약 정약용의 업적과 제안이 꾸준히 계승되었다면, 우리나라 기술의 역사는 사뭇 다른 모습을 띠었을지도 모른다.

상관적 사고에 대한 거부

정약용이 남긴 글 가운데는 과학에 관한 것도 제법 있다. 「완부청설(碗浮靑說)」과 「칠실관화설(漆室觀畫說)」이 그러한 예에 속한다. 각각 '대야 가운데 푸른 표지가 떠오르는 것에 대하여'와 '깜깜한 방에서 그림을 보는 것에 대하여'라는 뜻이다. 대야의 한가운데 푸른 표지를 그린 다음 그것이 보이지 않을 만큼 뒤로 물러선 후, 다른 사람을 시켜 대야에 물을 부으면 그 푸른 점이 올라보이게 된다는 것이다. 또 대낮에 깜깜하게 만든 방에 앉아서 창문에 작은 구멍을 하나만 뚫어

주면, 그 반대편 벽에 바깥 경치가 거꾸로 서 나타나게 된다는 것이다. 앞의 경우는 광선의 굴절 현상을 설명한 것으로, 정약용은 실제로 지평선 아래 있는 달이 대기의 굴절로 미리 떠 보인다고도 설명한 바 있다. 뒤의 경우는 바로 '바늘 구멍 사진기(camera obscura)'의 원리에 해당하는 것으로 오늘날 중학교의 과학 수업에서도 활용되고 있다.[12]

[그림 8] 바늘 구멍 사진기의 원리를 표현한 그림

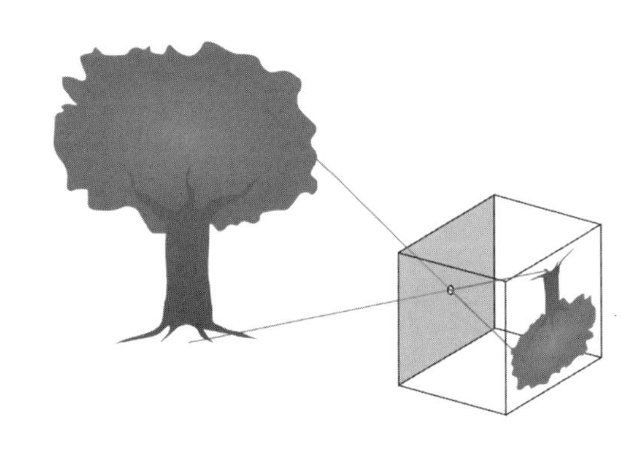

정약용은 조석(潮汐) 현상에 대해서도 논의했다. 그는 조석 현상이 달의 움직임 때문에 생기는 것으로 설명했다. 달은 물의 원정(元精)이어서 달이 바다의 물에 비치면 바닷물이 달에 감응하여 솟아오른다는 것이었다. 또한 그는 조류의 세(勢)가 적도로부터 가까운 곳에서 크고, 멀어지면 약해진다고 보았다. 그 밖에 조류가 그믐과 보름에 강하고 상현과 하현에 약하다는 점, 1년 사시에 그믐과 보름의 조류가 변화해서 어떤 때는 강하고 어떤 때는 조금 약하다는 점 등도 거론했다.

정약용은 땅이 둥글다는 지구(地球)의 관념을 당연한 것으로

12 박성래, 『인물과학사 1: 한국의 과학자들』 (책과 함께, 2011), 554쪽.

받아들였다. 그는 땅이 둥글기 때문에 땅 위의 물 역시 땅을 둥글게 둘러싸고 있어야 한다고 생각했다. 바다와 강물이 땅속의 빈틈을 통해 서로 연결되어 물을 주고받을 뿐 강물이 바다로 흘러 들어간다고 해서 바닷물이 넘치지 않는다고 설명했다. 그러나 정약용은 지구가 돈다는 자전(自傳)의 관념에 대해서는 회의적이었다.

정약용은 오행(五行) 이론을 거부한 것으로도 유명하다. 오행 이론은 세상의 모든 것들이 금, 목, 수, 화, 토의 다섯 행에서 나왔다는 주장을 담고 있다. 정약용이 보기에는 오행이란 만물 중에서 다섯 가지 사물(物)에 불과한 것이었다. 그는 사람이나 동물의 몸을 잘라보면 그 속에 피(血)와 기(氣)만 있을 뿐 쇠붙이(金)나 나무(木) 같은 것들을 볼 수 없다고 지적했다. 더 나아가 정약용은 여러 현상이나 관념을 오행과 연관시키는 것이 견강부회(牽强附會)에 지나지 않는다고 비판했다. 정약용이 오행 이론을 거부한 데는 서양의 4원소 이론이 영향을 미친 것으로 분석되고 있다. 이에 대해서는 그가 셋째 형 정약전의 묘지에 쓴 글이 자주 거론된다. 정약전이 과거 시험을 칠 때 오행에 관한 문제가 나왔는데, 그 대답으로 서양의 4원소 이론을 가지고 글을 써 장원 급제했다는 것이다.

정약용은 오행 이론 이외에도 여러 전통적인 과학 사상을 배격했다. 그는 별이나 해와 달의 움직임이 인간사에 영향을 준다는 생각을 부정했다. 도선(道詵) 이후에 많은 사람들이 따르고 있던 풍수지리에 대해서도 부정적인 견해를 보였다. 더구나 자신이 주역(周易)을 공부한 학자임에도 불구하고 이를 점치는 일에 사용하는 것을 극구 반대했다. 이와 같은 비판의 밑바탕에 깔려 있는 것은 '상관적 사고(correlative thinking)'에 대한 거부라고 할 수 있다. 상관적 사고란 자연 세계와 인간사를 포함하여 세상의 모든 것들을 몇 개의 범주로 나누어 연결할 수 있고, 같은 범주에 속한 것들 사이에 상관관계가 있다고 보는 관점에 해당한다.

정약용은 과학과 기술을 중요하게 여기면서 새로운 경향을 담아내려고 많은 노력을 기울였다. 그러나 과학과 기술이 그의 전체적인 학문 체계에서 차지하는 위상은 그리 높지 않았다. 이에 대해 한국의 제1세대 과학 사학자 김영식은 다음과 같이 평가하고 있다. "정약용은 기본적으로 유가 전통을 유지하고 그에 바탕한 조선 양반 사회를 보존하는 데 주된 관심을 지녔다. 그러한 그에게 자연 세계와 과학기술은 부수적인 관심의 대상일 따름이었고, 따라서 그것들에 대한 그의 이해와 지식의 수준도 별로 높지 않았다. 오히려 자연 세계와 과학기술에 대한 그의 이해와 태도에서 두드러지는 점은 그가 무엇보다도 실용성을 추구했다는 점과 상관적 사고를 거부했다는 점이다."[13] 정약용은 1836년 2월 22일에 75세의 나이로 세상을 떠났으며, 4월 1일에 고향 집의 뒷동산에 안장되었다. 1882년(고종 19년)에는 『여유당전서』가 전사(全寫)되었고, 1910년(순종 4년)에는 정약용이 정이품 규장각 제학(提學)으로 추증되었다. 1936년에는 정약용 서거 100주년을 맞아 그의 학문과 사상이 소개되면서 국학(國學)에 대한 관심이 고조되었다. 1934~1938년에는 정인보와 안재홍을 중심으로 활자본 『여유당전서』가 간행되는 작업이 이루어졌다.

13 김영식, 『정약용 사상 속의 과학기술』 (서울대학교출판부, 2006), 85쪽.

우두법 보급에서
언어학 연구까지,

지석영

"옛날 어린이에게는 호환(虎患), 마마, 전쟁 등이 가장 무서운 재앙이었다." 1990년대 후반에 불법 비디오의 유해성을 경고하는 공익 광고로 사용되었던 문구이다. 여기서 '마마'는 오랫동안 인류를 괴롭혀 온 전염병인 두창(痘瘡) 혹은 천연두(天然痘, smallpox)를 지칭한다. 천연두에 걸리면 대개는 죽음에 이르렀고, 설사 살아남는다 해도 얼굴에 짙은 흉터가 남아 곰보로 취급되었다. 게다가 천연두는 전염성이 강해 한번 유행하면 수천 혹은 수만 명이 목숨을 잃기도 했다. 마마라는 용어는 질병을 옮기는 신에게 높임말을 사용함으로써 신의 노여움을 덜자는 주술적 사고에서 비롯되었다고 한다.

종두(種痘, vaccination)는 천연두를 예방하기 위해 백신을 접종하는 것을 뜻한다. 종두법에는 인두법(인두 접종법)과 우두법(우두 접종법)이 있는데, 전자는 사람의 천연두를, 후자는 소의 천연두를 백신으로 활용한다. 이를 명확히 구분하지 않고 우두법을 종두법과 동일한 것으로 간주하면, '인두법에서 우두법으로'가 아니라 '인두법에서 종두법으로'라는 이상한 논리가 형성된다는 점에도 유의해야 한다. 인두법은 15세기 중국에서 시작된 것으로 알려져 있으며, 우두법은 18세기 영국의 의사인 에드워드 제너(Edward Jenner, 1749~1823)가 처음 개발했다. 우리나라에서 우두법을 확산시킨 일등공신으로는 '조선의 제너'로 불리는 지석영(池錫永, 1855~1935)이 꼽힌다. 그는 개화기의 의사, 관료, 과학자, 교육자, 어학자로서 파란만장한 삶을 살았다.

부산의 제생의원에서 익힌 우두법

지석영의 본관은 충주, 호는 송촌(松村)이다. 그는 1855년 5월

©서울대학교병원
의학역사문화원
[그림 1] '조선의 제너'로
평가되는 지석영

15일(음력)에 한성부 중부 경행방 교동(현재 서울시 종로구 낙원동)에서 지익용(池翼龍)의 넷째 아들로 태어났다. 지석영의 셋째 형인 지운영은 서화가와 사진작가로 이름을 날렸고, 7촌 조카인 지청천은 한국독립군 총사령관을 지낸 바 있다. 황현의 『매천야록』은 지석영이 역관(譯官) 집안의 자손이라고 적고 있다. 지석영의 집안은 경제적으로 넉넉하지 않았지만, 황현, 김홍집, 유길준 등 개혁적인 성향의 지식인들과 교유(交遊)하고 있었다. 특히 지석영은 아버지의 친구로서 한의사이자 역관인 박영선(朴永善)으로부터 한문과 의술을 배웠다.

조선 말기에는 여러 전염병이 유행했는데, 특히 천연두(두창)는 치명률이 높은 것으로 악명을 떨쳤다. 인두법으로 천연두를 예방하는 노력을 하고 있었지만 효과가 뚜렷하지 않았고 부작용도 적지 않았다. 박영선은 조일수호조규(강화도조약)가 체결된 직후인 1876년 7월에 수신사 김기수의 수행원으로 일본에 갔다. 일본에서는 이미 서양에서 전래된 우두법으로 천연두를 효과적으로 예방하고 있었다. 박영선은 도쿄 쥰텐토의원(順天堂醫院)의 오다키(大瀧富三)에게서 약식으로 우두법을 배우고 구가(久我克明)가 1871년에 저술한 『종두귀감(種痘龜鑑)』을 구해서 귀국했다. 『종두귀감』은 20쪽 정도의 얇은 책자로 종두의 효능, 유래, 시술법에 대한 핵심적인 내용을 담고 있었다.

박영선은 우두법에 대해 제자들에게 강의를 했는데, 지석영도 그중 한 명이었다. 지석영은 책을 읽고 강의를 들었지만 그것만으로는 부족하다고 느꼈다. 게다가 1879년에 천연두가 유행하면서 조카딸을 잃는 아픔도 겪었다. 지석영은 1879년 9월에 당시 우리나라에서 유일하게 우두법이 시술되고 있던 부산으로 향했다. 20일 동안 걸어서 부산에 도착한 후 일본인 마을을 찾아다니며 우두법을 아는 사람을 물색했지만 말도 통하지 않고 막연하기만 했다.

지석영은 우연한 기회에 제생의원(濟生醫院, 현재 부산광역시의료원)을 소개받았고, 그곳을 찾아가 우두법을 배우고 싶다는 뜻을 필담으로 전했다. 결국 지석영은 원장 마쓰마에(松前讓)와 군의(軍醫) 도즈카(戸塚積齊)로부터 우두법을 익힐 수 있었다. 대신에 지석영은 일본인 거류민들을 위한 한국어

사전 편찬 작업을 도와주었다. 그는 부산에서 두 달가량 머물면서 서양 의학의 우수성을 확인함과 동시에 어학에 관심도 갖게 되었다. 지석영은 두묘(痘苗, 두창에 걸린 소에서 뽑아낸 백신의 원료), 종두침(種痘針), 그리고 과학 서적을 얻어 서울로 향했다. 당시 그의 나이 25세였다.

지석영은 안동과 충주를 거치는 오늘날의 3번 국도에 해당하는 길을 활용했다. 그는 1879년 12월 6일에 처가가 있는 충주군 덕산면에 들러 우두법을 시험하고자 했다. 지석영은 한참 동안 장인을 설득한 끝에 두 살배기 처남에게 우두를 시술할 수 있었고, 사흘 후에는 처남의 팔뚝에 우두 자국이 나타나기 시작했다. 이에 자신감을 얻은 지석영은 40여 명에게 우두를 시술하여 그 효과를 확인했다. 당시의 상황에 대해 지석영은 다음과 같이 술회했다. "평생을 통해 볼 때 과거에 급제했을 때와 귀양살이에서 풀려났을 때가 크나큰 기쁨이었는데, [1879년] 그때 팔뚝에 똑똑하게 우두 자국이 나타나는 것을 보았을 때에 비한다면 아무 것도 아니었다." 1879년 12월은 발명왕 에디슨이 백열등을 선보였던 시점이기도 하다.

1876년 개항을 전후하여 우두법을 습득한 사람으로는 지석영 외에도 이재하(李在夏), 최창진(崔昌鎭) 등이 있었으며, 일본인뿐만 아니라 중국인을 통해서도 우두법이 전래되었다. 이와 관련하여 이재하는 1889년에 발간한 『제영신편(濟嬰新編)』의 서문에 다음과 같이 썼다. "을해년[1875년]에 내가 평양에 머무를 때 계득하(桂得河)를 만나 교류하게 되었는데, 지식이 깊고 인정이 넓은 사람이었다. 그는 매번 나에게 영국 양의(良醫)의 어질고 덕이 빛나는 우두법에 대해 말해주었다. 그 말을 들으니 장님이 눈을 뜬 듯, 귀머거리가 귀가 트인 듯 상쾌했다. 뒤에 지석영이 일본인에게서, 최창진이 중국인에게서 이 방법을 배웠다."[1]

또한 조선에 파견된 서양 선교사들도 의료 활동을 활발히 전개했으므로 그들을 통해 우두법이 전파되었을 가능성도 농후하다. 더 나아가 이규경(李圭景, 1788~1856)의 『오주연문장전산고(五洲衍文長箋散稿)』는 북쪽 국경과 강원도에서 우두법이 실시되고 있다는 기록을 남겼으니, 이를 수용하면 조선에서 우두법이 시술된 시기는 1856년 이전으로 소급될 수 있다. 우두법의 실시가 아니라 소개로 눈을 돌리면 그 시기는 더욱 앞당겨진다. 현존하는 기록으로는 1828년에 정약용이 「신증종두기법상실(新證種痘奇法詳悉)」에서 처음으로 우두법을 소개했으며, 1866년에는 최한기가 『신기천험(身機踐驗)』에서 우두법을 상세하게 다룬 바 있다. 사실상 지석영이 조선에 우두법을 최초로 도입했다고 보기는 어려우며, 그의 활동에 힘입어 우두법이 정부 차원의 사업으로 승격되었다는 점이 중요하다.

우두 접종 사업의 시도

지석영은 1880년 2월에 서울로 돌아와 개인적으로 우두국을 세워 우두법을 보급하기 시작했다. 많은 사람들에게 우두를 접종하기 위해서는 두묘가 지속적으로 공급되어야 했다. 그러나 지석영에게 두묘는 제한된 양밖에 없었으며 그는 두묘를 제조하는 방법을

---

1 황상익, 「조선 최악의 전염병은 어떻게 사라졌나?: 지석영과 우두 ②」, 《프레시안》 (2010. 7. 22).

모르고 있었다. 이런 아쉬움을 해결할 수 있는 기회는 1880년 5월에 찾아왔다. 김홍집이 제2차 수신사로 일본에 갈 때 김옥균의 추천으로 지석영이 수행원 자격을 갖게 되었던 것이다. 지석영은 일본 내무성 위생국의 우두종계소(牛痘種繼所)를 방문했으며, 기구치(菊池康庵) 소장의 도움으로 세 차례에 걸쳐 우두법에 대한 교습을 받을 수 있었다. 여기에는 종묘(種苗) 제조법, 채두가수장법(採痘痂收藏法), 독우사양법(犢牛飼養法), 채장법(採獎法) 등이 포함됐다. 이처럼 지석영은 독우(송아지)의 사육과 우두의 채취, 제조, 저장 등에 관한 방법을 새로이 익혔으며, 두묘 50병과 의학 서적을 가지고 귀국했다.

1880년 9월에 지석영은 서울에 종두장(種痘場)을 차린 후 두묘를 만들어 우두접종 사업을 벌였다. 그러던 중 1882년 6월에는 임오군란이 발생했는데, 그것은 지석영에게 악재로 작용했다. 구식 군대의 봉기로 시작된 군민(軍民) 합동의 항거는 모든 개화 문물에 영향을 미치게 되었다. 군중들은 일본공사관 인근의 종두장을 개화 운동의 텃밭으로 간주하여 불태웠고, 지석영을 개화 운동자로 몰아붙이며 처단을 요구했다. 이에 놀란 지석영이 충주로 피신함에 따라 우두 접종 사업은 한동안 중단되고 말았다.

임오군란이 수습된 후 서울로 돌아온 지석영은 파괴된 종두장을 복구하고 다시 우두 접종 사업을 벌여나갔다. 1882년 9월에는 박영교가 전라도 어사로 부임하면서 전주에 우두국을 신설할 계획을 세웠다. 박영교는 갑신정변을 주도한 박영효의 형으로 지석영과 함께 일본에 다녀왔던 인물이었다. 박영교는 전라도민에게 우두 접종을 장려하는 권고문을 다음과 같이 발표했다.

“두창이 창궐할 때마다 어린이들이 그 위험에서 벗어나지 못한다. 의사들의 치료도 여의치 않아 10명 중 8~9명이 죽고 요행히 1~2명이 살아남는다 하더라도, 그 10명 중 2~3명은 얼굴에 상처가 남는 등 폐인이 된다. 이러한 자가 1년에도 몇 백 명이나 되니 눈물 없이 볼 수 없는 일이다. … 영국의 신의(神醫) 점나(占那, 제너)가 고생 끝에 우두라는 새로운 방법을 생각해내었는데, 100번 시험해서 100번 효험을 보고 또 사람에게 해를 끼치지 않으니 정말로 좋은 방법이다. 이 우두는 한 번의 접종만으로도 실패가 없으며 또 그 효과가 영구히 지속되므로 가장 좋은 방법이다. 이 방법은 시행한 지 87년이 되었으며, 중국에서도 78년 전부터 널리 시술되고 있다.

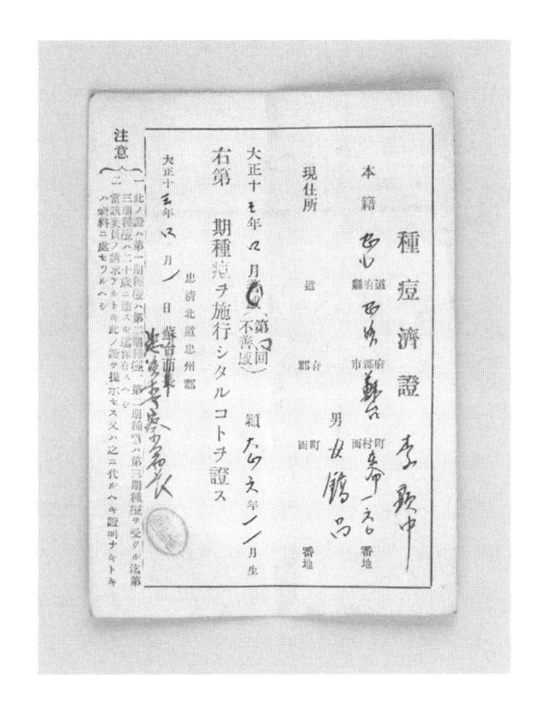
種痘濟證
本籍 道府縣 郡府市 町村面 番地
現住所 道 郡府 町面 番地
男 女
大正十 年 月 日 (第 回 不善感) 類 年 月生
右第 期種痘ヲ施行シタルコトヲ證ス
忠清北道忠州郡
大正十 年 月 日 蘇台面長
注意
一 此ノ證ハ第一期種痘ハ第二期種痘、第二期種痘ハ第三期種痘ヲ受クル迄第三期種痘ハ二十歳ニ達スル迄保存スヘシ
二 當該吏員ノ請求アルトキ此ノ證ヲ提示セス又ハ之ニ代ルヘキ證明ナキトキハ科料ニ處セラルヘシ

[그림 2] 1924년 예방 접종 확인서인 종두제증

… 우리나라에서는 지석영이 제생의원에서 그 이치를 배워 여러 해 동안 한성에서 열심히 시술하여 귀신같은 효과를 거두었다. … 차제에 전주에도 우두국을 설치하고 지석영을 교사로 초빙하여 이 방법을 알고자 하는 도내 각 읍의 인사들에게 가르쳐 보급함으로써 자녀를 가진 모두가 그 효험을 보도록 하려 한다."[2]

이러한 권고문은 비록 전국적인 차원은 아니더라도 조선 정부의 차원에서 우두법을 실시할 계획을 세웠다는 점을 보여주고 있다. '어사'라는 직책을 고려할 때 우두국의 설치는 박영교 개인의 구상을 넘어선 정부 정책의 일환이라고 볼 수 있다. 그러나 위의 권고문에 나오는 대로 전주에 우두국이 설치되어 우두법이 널리 시술되었는지는 아직까지 확인되지 않고 있다. 이에 반해 이듬해인 1883년에는 충청도 어사 이용호의 건의에 의해 우두국이 설치되어 운영되었다는 기록이 있다. 이러한 시도는 1885년에 조선 정부가 전국적으로 우두국을 설치·운영하는 사업을 추진하는 것으로 이어졌다고 볼 수 있다.

지석영은 1882년 8월에 충주목 유학(幼學)의 명의로 고종에게 상소를 올렸다. 대담하게도 평인의 신분으로 임금에게 상소했던 것인데, 그 내용은 『고종실록』 19권에도 실려 있다.[3] 이 상소에서 지석영은 특별히 기술의 도입과 진흥에 관한 사항을 강조했다. 그는 정부가 하나의 원(院)을 설치해 새로운 서적을 구입하고 새로운 기기를 도입해야 한다고 주장했다. 또한 선진국에서 사용되고 있는 수차, 농기구, 직조기, 화륜기(火輪機), 병기에 대한 견본과 서적을 각 도에 보내고,

---

2 황상익, 「지석영」, 19쪽.

3 https://sillok.history.go.kr/id/kza_11908023_004

각 읍에서 선발된 인재들이 이를 학습토록 하여 그들을 개화의 길로 이끌어야 한다고 건의했다. 지석영의 시야는 우두법에 국한되지 않고 서양 기술 전반을 포괄하고 있었다. 그의 상소 중에 "기계를 만드는 자는 전매권(專賣權)을 허가하고 책을 간행하는 자는 번각(飜刻)을 금하게 한다면"이라는 구절이 있다는 점도 흥미롭다. 오늘날로 치면 특허와 저작권에 관한 개념을 가지고 있었던 셈이다.

1883년 2월에 지석영은 계미 식년시 을과 6위로 과거에 급제했다. 당시 그의 나이는 29세였다. 지석영은 정7품에 해당하는 승정원의 가주서(假注書)로 관료 생활을 시작했다. 1883년 여름에는 충청도 어사 이용호의 초빙으로 공주에 설치된 우두국에서 우두 접종을 실시했다. 같은 해에 창간된 《한성순보》는 외국의 우두법에 관한 기사를 실었고, 이를 매개로 우두법은 조선에서도 널리 알려지게 되었다.

『우두신설』을 편찬하다

1885년은 한국 의학사에서 중요한 두 가지 사건이 발생했다. 우리나라 최초의 근대식 왕립 병원 혹은 국립 병원인 제중원[濟衆院, 첫 이름은 광혜원(廣惠院)]이 설립되는 가운데 조선 정부가 우두 사업을 전국적으로 시행한 것이다. 1884년에 갑신정변이 실패로 끝나면서 개화당은 제거되었지만 조선 정부는 근대 문물의 수용을 멈추지 않았다. 이러한 행보의 밑바탕에는 '동도서기(東道西器)'라는 이념이 자리 잡고 있었다. 조선의 정신을 유지하는 가운데 서양의 기술을 채용해 쓴다는 것이었다.

지석영은 1885년 4월에 자신이 축적한 지식과 경험을 종합하여 우리나라 최초의 우두법 교재에 해당하는 『우두신설(牛痘新說)』을 발간했다. 『우두신설』은 상하 2권 1책으로 이루어져 있으며, 발행 부수는 400부였다. 상권에는 김홍집과 이도재(李道宰)의 서문, 저자의 서문에 이어 우두법의 내력과 우두법 채택의 당위성이 논의되고 있다. 하권에서는 우두법의 구체적인 내용을 설명하고 있는데, 접종 방법·접종 후의 상태·접종 시기·접종 후 주의사항·두창 고름(백신)의 채취·두묘의 제조와 보관·독우의 사육·우두 시술의 기구 등이 여기에 해당한다. 특히 『우두신설』은 오늘날 백신에 해당하는 두창 고름을 확보하기 위한 구체적인 방법과 우두 접종 이후에 발생할 수 있는 여러 질병에 관한 한의학적 처방을 담고 있다. 앞서 언급했듯 이재하는 1889년에 『제영신편』을 발간했는데, 그것은 지석영의 『우두신설』을 발췌한 정도에 지나지 않았다.

김홍집은 『우두신설』의 서문에서 다음과 같이 썼다. "지석영이 아직 과거에 합격하지 않았을 때 우두법을 알게 되어 그것을 시험해 보고는, 두창을 구제할 수 있겠다고 했다. 경진년[1880년] 여름 나를 따라 일본에 사신으로 갔을 때 지석영은 그곳 의사를 방문하여 종두법의 묘리를 터득하여 돌아왔다. 그리고 종두술을 베풀어 보니 곧 효과가 있어 백 명에 한 명도 실패가 없었다. … 지석영은 살린 사람의 수가 거의 만 명에 이르도록 이 법을 널리 베풀었으며, 이제 그 방법을 감추지 않고 경험을 책으로 펴내 널리 전파하게 되었다. 장차 온 세상 사람들을 장수하게 하여 일찍 죽는 두려움을 없앨 것이니 그 공을 어찌 헤아릴 수 있겠는가?"[4]

4 황상익, 「지석영」, 21쪽.

1885년 10월에 조선 정부는 전국의 주요 도시에 우두국을 설치하고 종두의를 파견하는 등 적극적인 우두 보급에 나섰다. 그때 지석영은 충청도 우두교수관으로 임명되어 우두 의사 양성에 대한 책임을 맡았다. 그가 양성한 우두 의사가 39명이었는데, 충청도의 36개 읍에는 1명씩, 홍주(현재 충청남도 홍성군)에는 3명이 배치되었다. 접종비는 다섯 냥(쌀 반 말 정도)이었고 형편이 어려운 사람은 무료였다. 갓난아이는 생후 1년 이내에 예방 접종을 해야 했으며, 이를 어길 경우에는 5배가 넘는 벌금이 부과되었다. 당시 조선 정부의 우두 사업은 북으로는 두만강 이북의 간도, 남으로는 제주도 아래 마라도에 이르기까지 전국적으로 확대되었다.[5] 그러나 몇몇 지방의 우두국에서 접종비를 횡령하는 폐단이 발생하여 1890년 5월에는 우두국을 폐지하는 영이 내려져 우두 사업이 중단되고 말았다.

[그림 3] 1885년에 편찬된 지석영의 『우두신설』

5 신동원, 『한국 과학문명사 강의』 (책과 함께, 2020), 786~787쪽.

5년 동안의 유배 생활

1886년에 지석영은 중앙 관직에 복귀하여 성균관 전적(典籍, 정6품)과 사헌부 지평(持平, 정5품)을 지냈다. 1887년에는 사헌부 장령(掌令, 정4품)이 승진하여 국정 운영을 날카롭게 지적하는 상소를 올리기도 했다. 그러나 같은 해에 갑신정변의 잔당들을 끝까지 처벌해야 한다는 탄핵이 일면서 관직을 박탈당하고 유배형에 처해졌다. 당시에 서행보(徐行輔)는 지석영을 다음과 같이 모함했다. “박영효가 흉한 음모를 꾸밀 적에 남몰래 간계를 도운 자가 지석영이며, 박영효가 암행어사가 되었을 적에 모질게 하라고 가르쳐서 백성들에게 독을 끼친 자도 지석영입니다. … 지석영은 아직도 조정의 관리대장에 이름이 올라 있으니 이것을 나라에 법이 있다고 할 수 있겠습니까. 흉악한 지석영은 우두를 놓는 기술을 가르쳐준다는 구실 아래 도당을 유인하여 모았으니 또한 그 의도가 무엇인지 알 수 없습니다.”[6]

지석영은 전라도 강진의 신지도(현재 전라남도 완도군 신지면)에 유배되었다. 그는 약 5년 동안 신지도 송곡리에서 유배 생활을 했는데, ‘송촌’이라는 그의 호도 ‘송곡의 촌부(村夫)’에서 유래되었다고 한다. 많은 학자들이 그러했듯, 지석영도 유배지에서 책을 썼다. 1888년의 『중맥설(重脈說)』과 1891년의 『신학신설(身學新說)』이 그것이다.

『중맥설』은 보리를 중시해야 한다는 뜻을 담고 있다. 지석영은 보리의 장점으로 흙의 종류를 가리지 않는다는 점, 가을에 파종하여

6 김호, 「종두(種痘) 보급에 인생을 바친 지석영」, 『조선과학인물열전』 (휴머니스트, 2003), 322~323쪽.

여름에 수확할 수 있다는 점, 가뭄, 해충, 서리 등에 강하다는 점, 제초의 노력도 적게 든다는 점 등을 들었다. 이에 반해 쌀농사는 물이 부족하면 곤란하고 수확물을 얻는 데 많은 품이 든다고 평가했다. 『중맥설』을 통해 지석영은 쌀만큼 보리를 중시한다면 국부(國富)를 쌓는 데 도움이 된다고 설파했다. 이 책은 안종수의 『농정신편』과 함께 한국 농학의 근대적 전환을 알리는 중요한 저작으로 평가되고 있다.

『신학신설』은 서양 위생학에 관한 책으로 순 한글로 씌어졌다. 신학은 '보신지학(保身之學)'의 준말로 몸에 대한 학문을 지칭하며, 신설은 서양에서 비롯된 새로운 학문을 뜻한다. 『신학신설』은 새로운 보신지학을 구축하겠다는 취지에 맞추어 서양의 과학과 의학에 관한 문헌들을 정리하고 재구성한 성격을 띠고 있다. 지석영은 서양의 위생학이 물리학, 화학, 생리학 등에 바탕을 두고 있다는 점을 강조한 후 새로운 보신지학을 구성하는 요소로 빛, 열, 공기, 물, 음식, 운동 등을 들었다. 이어 그는 여섯 요소별로 개념과 용어에 대한 설명, 몸에서의 작용, 관련된 실험과 통계 등을 제시했다. 『신학신설』은 보신의 원인을 몸 안에 국한했던 전통에서 탈피하여 몸의 외부로 시선을 확장시켰으며, 세균론 이전의 서양 위생학을 높은 수준으로 읽어낸 저작으로 평가되고 있다.[7]

1892년 1월에 지석영은 고종의 사면을 받아 유배에서 풀려났다. 두창이 자주 유행하자 의료사업에만 관여할 수 있다는 조건으로 해배(解配)되었던 것이다. 그는 서울도 돌아오자마자 자신의 교동 집에

---

7 『신학신설』에 대한 자세한 논의는 김연희, 「19세기 후반 한역 근대 과학서의 수용과 이용: 지석영의 『신학신설』을 중심으로」, 《한국과학사학회지》 제39권 1호 (2017), 65~90쪽을 참조.

우두보영당(牛痘保嬰堂, 우두로 어린이를 보호하는 공간)을 설립했다. "동전 한 푼도 취하지 않고 시술함"을 표방하면서 어린이들에게 무료로 우두 시술을 펼쳤다.

정치적 소용돌이 속에서

1894년에 갑오개혁이 단행되고 김홍집 내각이 들어서면서 지석영은 정계에 복귀했다. 그는 형조참의(정3품 당상)를 제수받아 개혁반대파를 숙청하는 데 앞장섰다. 민비(명성황후)가 총애하던 무당인 진령군과 그를 감싸던 민비의 먼 조카뻘인 민영준(민영휘)을 내치라는 상소를 올렸던 것이다. 이후에 지석영은 승정원 우부승지(정3품), 한성부윤(종2품, 현재 서울시장)과 같은 고위 벼슬을 맡다가 대구판관(종5품)으로 강등되었다. 그러던 중 김홍집에 의해 토포사(討捕使)로 임명되어 영남 지역의 동학군을 토벌하는 일을 맡았다. 지석영은 자신이 '아군'이라 표현한 일본군과 함께 하동 송림강 근처에서 동학군 3천여 명을 익사시키는 전과를 올렸다. 이것은 훗날 지석영이 친일파로 몰리게 된 하나의 이유로 작용했다.

1895년 4월에 지석영은 동학군 토벌의 공로를 인정받아 동래부사가 되었다. 같은 해 5월에는 조선 8도를 없애고 전국을 23개 관찰부와 331개 군으로 나누는 '지방관제공포(地方官制公布)'가 내려졌다. 23개 관찰부 가운데 경상도에는 대구, 안동, 진주, 동래 등의 4곳에 관찰부가 설치되었다. 지석영은 동래관찰부 부사(동래부 관찰사)로 승진하여 동래, 양산, 기장, 울산, 언양, 거제, 경주, 영일, 장기, 흥해 등의 10개 군을 관장했다. 또한 1896년 1월에는 부산항재판소 초대 판사를 겸직하면서 지역민들에게 우두를 놓기도 했다. 1896년 4월에는

23부제가 폐지되고 13도제가 시행되었는데, 13도제는 종래의 8도 중 충청도, 전라도, 경상도, 평안도, 함경도를 남도와 북도로 나눈 것에 해당한다.

지방관제공포를 통해 현에서 군으로 승격된 기장군은 1896년 9월에 지석영의 공덕을 기리는 선정불망비(善政不忘碑)를 세웠다. "기울었던 예기(銳氣)를 고쳐 바로잡으시니 피폐하였던 기장 고을 다시 새로 펼쳐졌네. 온 군현에 표상되어 이끌어 주시고 경상도 도내에 학문을 일으켰네. 그 은혜 둑방 공사하는 데에 이르러서는 덕택이 우리 고을 두루 적셨네. 이천(二天, 관찰사의 별칭)이신 관찰사를 모두 공경하여 편석에 새겨 두어 잊지 않고 기억하리."

지석영이 동래관찰부에서 활동하던 시절에 조선 정부는 우두 접종을 법제화하는 작업을 추진했다. 1895년 10월에는 전국의 모든 어린이에게 의무적으로 우두접종을 실시한다는 '종두규칙'이 공포되었고, 같은 해 11월에는 종두 의사를 양성하기 위한 '종두의양성소규정'이 마련되었다. 1897년에는 종두의양성소가 설립되어 1899년까지 53명의 종두 의사가 배출되었다. 이어 1899년에는 '각 지방 종두 규칙'과 '두창 예방규칙'이 제정되었고, 1900년에는 13도 관찰사에게 훈령을 내려 각 도와 군의 종두 사무를 보고하도록 했다.

신동원은 19세기 후반 이후에 조선에 우두법이 정착하는 과정을 다음과 같은 다섯 단계로 나누었다. "첫째는 개항 이전에 우두법이 비공식적으로 소개된 시기이다. 둘째는 개항 이후 몇몇 우두 학습자가

©wikipedia
[그림 4] 부산시 동래구 금강공원에 세워진 지석영 공덕비(1988년)

민간 차원에서 우두법을 시술한 시기이다(1876~1884년). 셋째는 정부 차원에서 전국의 영아를 대상으로 의무 접종을 실시했으나 큰 성공을 거두지 못했던 시기이다(1885~1893년). 넷째는 갑오개혁과 대한제국 전반기를 통해 종두 규칙과 종두의양성소규정에 입각해서 조선 정부가 우두법을 전국적으로 시행했던 시기이다(1894~1905년). 다섯째는 통감부 경찰의 활용으로 우두법이 강제적으로 시행했던 시기이다(1906~1910년). 나중의 두 시기에는 우두법이 실질적으로 민간에 깊이 뿌리를 내렸다." 이런 시기 구분을 고려한다면 지석영은 둘째와 셋째에 해당하는 시기에 두각을 드러내었다고 볼 수 있다.[8]

8 신동원, 「한국 우두법의 정치학」, 《한국과학사학회지》 제22권 2호 (2000), 153쪽.

경성의학교의 초대 교장

지석영은 동래부 관찰사를 마친 후 야인이 되어 서울로 돌아왔으며, 1896년 10월에 중추원 이등의관이란 한직(閑職)을 맡았다. 당시의 중요한 사회적 이슈는 1895년 12월 30일(음력 11월 15일)에 공포된 단발령 실시와 양력 사용이었다. 김홍집 내각은 음력 1896년 11월 17일을 양력 1897년 1월 1일로 정하면서 양력을 세운다는 의미의 '건양(建陽)'을 새 연호로 쓰기 시작했다. 지석영은 1896년 12월에 양력 사용에 반대하는 상소를 올렸다. 동방에서는 예전부터 자연적 운수에 맞추어 왔는데, 굳이 양력의 정삭(正朔, 정월 초하루)을 취할 이유가 없다고 했다. 부국강병을 위해 서양의 것을 배울 수밖에 없지만 부국강병과 관계없는 것은 우리 옛것을 지켜야 한다는 것이었다.[9] 이러한 행보는 모든 제도와 의식을 서양식으로 해야 근대화된 것으로 간주하는 일반적인 개화파와는 다른 모습이었다.

지석영은 1890년대 후반에 서재필, 이상재, 윤치호, 이완용 등이 주축이 된 독립 협회에서 적극적인 활동을 펼쳤다. 독립 협회는 자주독립의 수호와 자유 민권의 신장을 내세웠으며, 일부 세력은 전제 군주제 대신에 입헌 군주제를 제안하기도 했다. 1898년 3월에 만민 공동회가 개최되자 이에 위협을 느낀 고종 황제는 4명의 독립 협회 회원에게 10년 유배령을 내렸다. 지석영, 이원긍, 여규형, 안기중이 그들인데, 지석영의 유배지는 황해도 풍천군 초도였다. 이러한 조치에 대해 독립 협회는 유언비어로 선동했다는 근거가 미약하고 재판 없이 유배형을 내리는 것이 부당하다고 비판하면서 강력하게 저항했다. 그 결과 지석영 등 4명은 1898년 5월에 유배에서 풀려났고 11월에 사면되었다.

9 박성래, 『인물과학사 1: 한국의 과학자들』 (책과 함께, 2011), 208쪽.

만민 공동회의 활동에는 교육개혁이 포함되어 있었으며, 그 일환으로 의학교 설립이 추진되었다. 1886년에 조선 정부는 제중원에 의학당을 설치하여 교육 기능을 부가하긴 했지만 별다른 성과를 거두지 못하고 있었다. 만민 공동회 참가자들은 1898년 7월에 세 명의 총대위원을 선임하여 대한제국의 학부대신(현재 교육부 장관)에게 서양 의학 교육을 전담하는 학교를 설립하자고 건의했다. 학부대신 서리 고영희는 의학교의 필요성은 인정되지만 예산의 부족으로 설립에 이르지 못하고 있으며, 장차 형편이 나아지면 의학교 설립을 적극 고려할 수 있다는 답신을 보냈다.

그러던 중 1898년 11월 7일에 지석영은 의학교 설립에 관한 건의서를 학부대신에게 보냈다. 이 건의서는 의학교의 설치 장소, 학생 선발, 교사와 학생의 관리, 졸업 후의 활용, 의사 양성의 전국적 확대, 의학교의 파급효과 등에 관한 구체적인 내용을 담고 있었다. 이에 학부대신 이도재는 불과 이틀 만에 의학교 설립 비용을 1899년도 예산에 포함시키고 1899년 봄에 의학교를 창설한다는 요지의 회신을 지석영에게 보냈다. 대한제국 정부가 갑작스럽게 입장을 변경한 것은 독립협회의 정치운동을 탄압하면서도 다른 요구에 대해서는 일부분 수용한다는 점을 보여주기 위함이었다. 지석영의 개인적 의지와 친분도 중요한 촉매로 작용했다. 사실상 지석영은 이도재와 오래전부터 면식이 있었으며 이도재는 1885년에 『우두신설』의 서문을 쓰기도 했다.

1899년 3월 24일에는 '의학교 관제'가 반포되었고, 4일 뒤에 지석영은 초대 교장으로 임명되었다. 당시 그의 나이는 45세였다. 훗날 '경성의학교'로도 불린 이 학교는 정원 50명의 3년짜리 전문학교 과정으로 1899년 9월에 개교했다. 교관으로는 몇몇 일본인 의사와 함께 일본에서 유학한 조선인 의사인 김익남(金益南)이 선발되었다. 의학교는 1902년 19명, 1903년 12명, 1906년 4명의 졸업생을 배출했다. 당초의 구상보다 의학교 졸업생 수가 적었던 것은 서양 의학 교육이 쉽지 않았음을 뜻한다. 또한 1904년 졸업 예정자는 2년 후에야 졸업장을 받을 수 있었는데, 이는 러일전쟁으로 인하여 정세가 불안정했기 때문이다.

1906년 이후에는 대한제국의 의학교육이 일본의 손아귀로 넘어갔다. 1907년 3월에는 의학교가 대한의원 의육부(醫育部)로 개편되었다. 지석영은 사임을 청원했으나 반려되었다. 교장은 일본인 군의로 대체되었고 지석영은 교관과 학감으로 강등되었다. 지석영은 경술국치 직후인 1910년 9월 20일에 관직을 떠났다. 그는 약 11년 동안 의학교와 운명을 함께 했으며, 당시 조선 사회에서 안창호와 함께 영향력이 큰 교육가로 꼽혔다. 대한의원 의육부는 1910년 9월에 조선총독부의원 의학강습소로 바뀌었고, 1916년 4월에는 경성의학전문학교(경성의전)로 거듭났다.

[그림 5] 지석영을 의학교 교장으로 임명한 칙명(1899년)

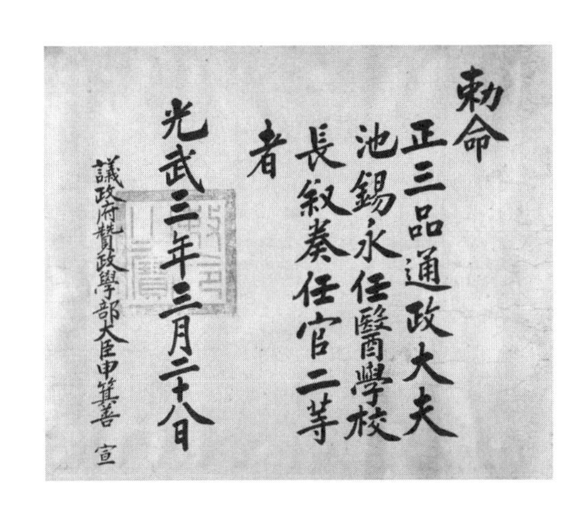

勅命
正三品通政大夫
池錫永任醫學校
長敍奏任官二等
者
光武三年三月二十八日
議政府贊政學部大臣申箕善 宣

지석영은 의학교 교장으로 재직하는 동안 계몽 활동에도 적극적인 행보를 보였다. 1902년에는 매독 예방을 계몽하기 위한 논설인 '양매창론(楊梅瘡論)'을, 1903년에는 우두 접종을 권하는 논설인 '권종우두설(勸種牛痘說)'을 『황성신문』에 기고했다. 국운이 기울자 그는 대한자강회 평의원, 기호학회(畿湖學會) 부회장, 국채보상연합회의소 부소장 등을 맡아 국권 회복 운동에 동참했다. 이런 활동을 통해 지석영은 자강(自强)을 통한 국운의 회복을 강조했다. 1904년에는 일본 도쿄의 유지들이 동아시아 의료 협력을 목적으로 하는 동인회를 조직했는데, 이듬해에 지석영은 고문으로 추대되었다. 지석영은 세 차례에 걸쳐 대한제국 정부의 표창을 받았다. 1902년에는 천연두 치료법을 정착시킨 업적으로 훈5등 팔괘장을, 1906년에는 의학 교육에 힘쓴 공로로 훈5등 태극장을 수상했다. 1910년에 지석영은 의학교 운영의 공로가 인정되어 또 한 번의 훈5등 팔괘장을 받았다.

언어학 연구에 바친 열정

지석영은 한글을 비롯한 언어 연구에도 많은 업적을 남겼다. 그는 이미 1891년에 『신학신설』을 한글로 편찬함으로써 한글의 중요성에 대한 견해를 내비친 바 있었다. 1896년에는 독립협회가 《독립협회회보》를 한문으로 발간한다고 하면서 원고를 청탁했는데, 지석영은 「국문론」이란 글을 써서 한글을 경시하는 당시의 분위기를 통렬히 비판했다. 이어 1901년에는 국문 학교의 설립과 교육에 관한 논설을 《황성신문》에 기고하기도 했다.

1905년 7월에 지석영은 한글의 올바른 사용과 교육을 요청하는 '신정국문정의소(新訂國文精義疏)'이란 상소를 올렸다. 대한제국 정부는 이를 수용하여 7월 19일에 '신정국문'을 공포했는데, 그것은 우리나라 최초의 맞춤법 통일안에 해당한다. 그러나 한 개인의 제안이 갑자기 실현되자 학자들의 반대가 적지 않았고, 고종 황제는 법령 시행을 유보하면서 국문에 대한 심도 있는 연구를 주문했다. 1907년에 지석영은 주시경, 박은식 등과 함께 국문연구회를 결성했으며, 1909년에는 그동안의 연구 결과를 담은 「대한국문설」을 발표했다. 지석영은 주시경과 함께 한글 가로쓰기를 주장하기도 했다.

지석영이 단독으로 편찬한 책자도 제법 있다. 1908년에는 정약용의 아동 학습교재인 『아학편(兒學編)』을 바탕으로 삼고 한자를 중심으로 한글, 영어, 중국어, 일본어 발음을 표기해놓은 새로운 교재를 만들었다. 또한 지석영은 1909년에 『언문(言文)』, 『훈몽자략(訓蒙字略)』, 『자전석요(字典釋要)』 등을 잇달아 발간했다. 『언문』은 한글과 한자를 동시에 배울 수 있는 우리나라 최초의 국한문(國漢文) 단어집에 해당한다. 『훈몽자략』은 최세진의 『훈몽자회』를 참작하여 한자의 석음(釋音)과 자의(字意)를 한글로 표기한 것이다. 『자전석요』는 한자에 한글로 소리와 뜻을 붙인 우리나라 최초의 한자 사전에 해당하는데, 1925년까지 16판이 발간되는 등 베스트셀러의 반열에 올랐다. 종래의 옥편이 중국의 운서(韻書)에 종속된 성격을 띠었는데, 『자전석요』는 각 글자마다 음과 새김을 한글로 표시하여 우리 음에 따른 사전의 모습을 띠었다.

친일파로 전락한 지석영

1909년에 지석영은 치명적인 친일 행위를 저질렀다. 10월 26일에 안중근 의사에 의해 이토 히로부미(伊藤博文)가 사살된 후 12월

12일에 이완용이 주관한 행사에서 추도사를 낭독했던 것이다. 그것은 훗날 지석영이 친일파로 내몰리는 결정적인 계기로 작용했다. 지석영이 1910년 9월 20일에 퇴임하면서 일천 원 하사증서를 받은 것도 도마 위에 올랐다. 역설적이게도 지석영은 이토 히로부미를 추도하고 15일이 지난 뒤에 이완용을 습격한 이재명 의사와 연루되었다는 혐의로 조사를 받기도 했다. 을사늑약의 체결에 반대하며 자결했던 민영환의 1주기를 맞이하여 1906년 11월 11일에 추도사를 했던 인물도 지석영이었다.

지석영은 의학교를 퇴임한 이후에는 아무런 공직도 맡지 않았다. 그는 1913년에 의생규칙(醫生規則)이 반포되자 의생 면허를 취득했고, 1914년에 '유유당(幼幼堂)'이란 진료소를 차려 아이들의 건강을 돌보았다. 1915년에는 한의사 단체인 전선의생회(全鮮醫生會)가 설립되면서

[그림 6] 지석영의 『아학편』

지석영이 회장으로 추대되었다. 그러나 전선의생회는 다섯 달도 되지 않아 보안법 위반으로 해산되고 말았다. 지석영은 1921~1932년에 조선총독부의 중추원 조사과 촉탁으로 한글 연구를 수행해 매달 70원을 받았다. 1931년에는 전라남도 곡성에 단군전(檀君殿)을 건립하는 사업에 이름을 올리기도 했다.

1928년에 들어와 일제는 지석영을 대대적으로 선전하기 시작했다. 조선총독부는 12월 6일에 종두 50주년 기념식을 거행했으며, 이에 앞서 기관지인 《매일신보》는 「조선의 젠너: 송촌 선생」이란 기사를 연재했다. 이를 통해 일제는 지석영이 일본의 도움을 받아 조선인의 무지와 조선 정부의 무능을 무릅쓰고 홀로 우두법을 보급했다는 주장을 퍼트렸다. 그것은 조선 종두법에 관한 최초의 본격적인 연구로 미키 사카에(三木榮)가 1935년에 집필한 『조선종두사』에도 그대로 담겼다. 일본과 지석영만 미화하는 이런 주장은 조선에 대한 식민 통치를 정당화하는 근거로 활용되었다.[10] 소위 문명국가인 일본이 지석영을 매개로 비(非)과학적인 조선을 구원했다는 논리였다.

소위 '지석영 신화'는 다음과 같은 측면에서 역사적 사실과 부합하지 않는다. 물론 지석영이 조선 우두법의 역사에서 두드러졌던 인물이고 그가 일본인에게서 우두법을 배웠던 것은 분명한 사실이다. 그러나 우두법은 이미 19세기 초부터 정약용을 비롯한 조선인 학자들에 의해 소개되었으며, 개항을 전후해서는 일본인뿐만 아니라 중국인과 서양 선교사를 통해 우두법이 조선에 들어왔다. 또한 조선 정부는 1885년에 우두법을 전국적으로 시행하고 1895년에 우두 접종에 관한 법제를

10 신동원, 「한국 우두법의 정치학」, 151~153쪽.

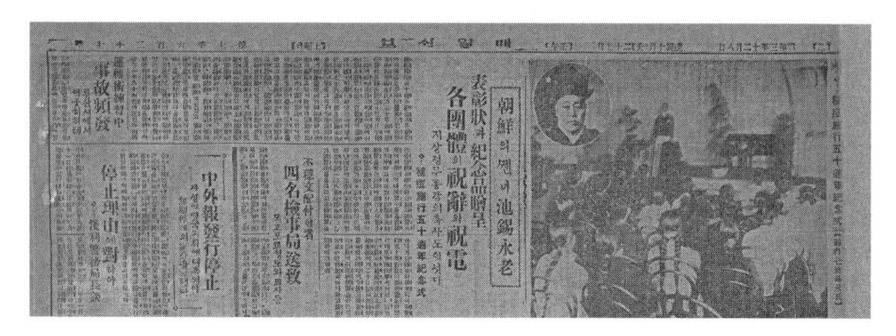

朝鮮의 젠너 池錫永老

表彰狀과 紀念品贈呈

各團體의 祝辭와 祝電

中外報發行停止

四名檢事局送致

停止理由에 對하야

事故頻發

[그림 7] 《매일신보》 1928년 12월 8일자에 실린 지석영에 관한 인터뷰 기사 ©국립중앙도서관

마련하는 등 외부의 힘을 빌지 않고 자체적으로 우두 사업을 추진했다. 일반인이 우두법과 같은 새로운 기술을 순순히 받아들이지 않는 것은 동서양을 막론하고 종종 나타나는 일종의 문화적 현상에 해당한다. 이러한 여러 맥락을 고려하지 않고 한 개인의 업적을 칭송하게 되면 부지불식간에 영웅주의의 함정에 빠질 수 있다는 점에도 유의해야 한다.

지석영은 1935년 2월 1일에 서울시 낙원동 17번지에서 세상을 떠났다. 향년 81세였다. 1939년 12월 29일에는 망우리 공원에 그의 유택(묘지번호 202541)이 마련되었다. 지석영의 장남 지성주는 경성의전 내과를 졸업한 후 장안의 명의로 이름을 떨쳤으며, 지성주의 장남 지홍창은 서울의대 박사 출신으로 박정희 대통령의 주치의를 지냈다. 지석영이 세상을 떠난 후 45년이 지난 1980년에는 세계보건기구(World Health Organization, WHO)가 천연두의 완전한 소멸을 선언했다. 지금까지 천연두는 인류가 정복한 유일한 질병에 해당한다.

지석영은 근대화와 식민지화가 착종되던 시대를 살았다. 훗날 그는 칭송과 비난을 함께 받았다. 1961년에는 '송촌 지석영 의학상'이 제정되어 탁월한 업적을 이룬 의료인에게 수여되고 있다. 1887년에는 서울시 종로구 연건동에 소재한 서울의대에 지석영 동상이 세워졌고, 1988년에는 충주 지씨 문중에 의해 부산시 동래구에 소재한 금강공원에 지석영 공덕비가 건립되었다. 1999년에는 특허청이 지석영을 세종대왕, 장영실, 이순신, 정약용, 우장춘, 공병우와 함께 우리 역사상 가장 위대한 발명가 7인으로 선정한 바 있다. 이에 반해 2002년에 부산의 시민단체인 극일운동시민연합은 지석영을 친일 인사로 분류했다. 부산시는 지석영을 '부산을 빛낸 인물'에서 제외했으며, 과학기술부는 지석영을 '과학기술인 명예의 전당'에 헌정하지 않았다.

우리나라 최초의 여성 양의사,

김점동

과학기술의 역사에서 유명한 여성을 찾기는 쉽지 않다. 여성 과학자가 실제로 적어서인가 아니면 잘 알려지지 않아서 그런가? 답은 '둘 다'에 가깝다. 20세기 후반에 들어와 여성 과학자를 발굴하는 작업도 본격화되었는데, 한국을 대표하는 인물로는 김점동(金點童, 1877~1910) 혹은 박에스더(Esther Kim Pak)를 들 수 있다. 그녀는 한국 최초의 여성 양의사이며, 한국 최초의 여성 과학자로 평가되기도 한다. 김점동의 삶은 구한말의 한 여성이 제한된 환경을 극복하고 전문인으로 거듭나는 양상을 잘 보여주고 있다. 흥미롭게도 김점동은 여성 과학자의 대명사로 평가되는 마리 퀴리(Marie Curie, 1867~1934)와 비슷한 시기를 살았다. 김점동과 마리 퀴리를 통해 당시 한국 과학과 서양 과학의 현실을 비교하는 것도 흥미로운 과제가 될 것이다.

©이화역사관
[그림 1] 학사모를 쓴 김점동(1900년)

이화학당 학생에서 보구녀관 조수로

김점동은 1877년 3월 16일에 서울의 정동에서 태어났다. 광산 김씨 김홍택과 연안 이씨의 네 명의 딸 중에 셋째였다. 김정동은 어린 시절부터 서양 선교사와 연결된 삶을 살았다. 조선은 1882년에 미국과 조미 수호 조약을 체결했고, 이를 계기로 서양 사람들이 조선 땅에 몰려들기 시작했다. 1885년에는 한국에 파견된 미국 감리교 선교사들이 김홍택의 집 근처에서 선교 사업을 벌였는데, 김홍택은 헨리 아펜젤러(Henry G. Apenzeller)에게 고용되어 여러 자질구레한 일을 도와주었다.

1886년 5월에는 미국 감리교 해외여성선교회(Woman's Foreign Missionary Society)의 마리 스크랜턴(Mary F. Scranton) 여사가 한국 최초의 여학교인 이화학당(梨花學堂)을 세워 학생들을 모집했다. 김점동은 아버지의 손에 이끌려 스크랜턴을 만났는데, 이에 대해서는 다음과 같은 일화가 전해지고 있다. "아주 추운 때였는데 그 선교사 부인은 나를 스토브 가까이 오라고 불렀다. 나는 전에 스토브를 본 적도 없었기 때문에 그 부인이 나를 스토브 안에 집어넣으려는 줄 알고 겁을 잔뜩 먹었다."[1] 김점동은 1886년 11월에 네 번째 학생으로 이화학당에 입학했다. 10살의 나이에 부모와 떨어져 이화학당에서 교육을 받기 시작했던 것이다.

앞의 일화에서 보듯, 1886년만 해도 한국인에게 서양인은 매우 낯설고 두려운 존재였다. 자식을 서양식 학교에 보내면 선교사가 외국에 팔아먹는다는 소문이 나돌 정도였다. 그러나 이화학당의 교사들은

1 안명옥, 「김점동(박에스더), 여자의사 120년 ③」, 《여성신문》 (2020. 9. 27).

헌신적으로 학생들을 대했고, 그 덕분에 김점동은 서양인에 대해 친근한 마음을 가질 수 있었다. 이화학당은 한글, 한문, 성경, 산수, 가사 등의 과목을 개설했으며, 고학년 학생에겐 영어 수업도 제공했다. 김점동은 성경 공부에 열성을 보였고 영어를 잘했던 것으로 전해진다.

김점동은 1890년 10월에 자신의 인생을 바꾼 운명적 만남을 가졌다. 로제타 셔우드(Rosetta Sherwood, 1865~1951)와의 만남이었다. 로제타는 미국의 펜실베이니아 여성의학교를 졸업한 여의사이자 선교사였는데, 그녀의 좌우명은 "여성 건강은 여성의 힘으로"였던 것으로 전해진다. 당시에 로제타는 이화학당 구내에 있던 보구녀관(保救女館, 현재의 이화의료원)의 책임자로 임명되어 한국에 왔다. '널리 여성을 구하는 시설'이라는 의미인 보구녀관은 1887년 10월에 설치된 우리나라 최초의 여성 전문병원이었다. 로제타는 보구녀관을 운영하면서 이화학당에서 생리학과 약물학을 가르치기도 했다. 그때 학생 중의 한 명이 김점동이었고, 그녀는 이화학당을 졸업할 무렵에 로제타의 의료 통역 겸 보조로 일하게 되었다.[2]

[그림 2] 우리나라 최초의 여성 전문병원인 보구녀관

2 로제타 홀에 대해서는 박정희, 『닥터 로제타 홀: 조선에 하나님의 빛을 들고 나타난 여성』(다산초당, 2015)을 참조.

김점동이 처음부터 의사라는 직업을 선호한 것은 아니었다. 통역은 좋아했지만 수술 보조는 꺼려했던 것이다. 당시에 김점동이 많은 노력을 기울였던 것은 성경 공부였다. 그녀는 1891년 1월에 프랭클린 올링거(Franklin Ohlinger) 목사로부터 '에스더(愛施德, Esther)'라는 이름으로 세례를 받았으며, 이때부터 '김에스더'로 불렸다. 그러던 어느 날, 김점동은 로제타가 주관한 언청이 수술을 보조하면서 의사를 달리 생각하게 되었다. 언청이라고 놀림을 받던 아이가 고운 입술을 가진 귀여운 아이로 변모하는 모습을 보고 의사의 중요성을 실감했던 것이다. 이를 계기로 김점동은 반드시 혼자 힘으로 수술을 할 수 있는 의사가 되겠다고 결심했다.

의료 선교사 로제타 홀을 따라

김점동이 신앙은 물론 의료에도 관심을 가지게 되면서 로제타와 김점동의 사이는 더욱 가까워졌다. 두 사람은 1892년에 동대문에 설치된 보구녀관의 분원으로 함께 갔다. 당시에 김점동은 수술을 보조하는 것을 물론 약을 짓거나 환자를 간호하는 일도 담당했다. 같은 해에 로제타는 캐나다 출신으로 같은 직업을 가진 윌리엄 홀(William James Hall, 1860~1894)과 결혼하여 로제타 홀(Rosetta Sherwood Hall)이 되었고, 홀 부부는 평양 선교를 위한 기지 개척의 임무를 맡게 되었다.

김점동이 나이를 먹자 가족들은 그녀의 결혼을 걱정하기 시작했다. 당시에는 심신이 멀쩡한 여자가 16세가 될 때까지 결혼을 안 하는 것은 개인은 물론 집안의 수치로 간주되었다. 이 문제는 홀 부부의 중매에 의해 해결될 수 있었다. 제임스 홀은 자신에 의해 기독교로 개종한 박여선(朴汝先, 1868~1900)을 신랑감으로 추천했고, 로제타는 박여선을 김점동에게 소개했다. 박여선과 김점동은 서로 마음이 잘 맞아 1893년 5월 5일에 약혼한 후 5월 24일에 결혼식을 올렸다. 김점동의 나이는 17세, 박여선의 나이는 26세였다. 장소는 정동교회였고, 비용은 이화학당이 부담했다. 한국인으로는 최초의 서양식 교회 결혼식으로 전해진다. 박여선의 영문명이 'Yousan Pak'으로 표기되는 바람에 그의 이름은 한때 박유산(朴裕山)으로 알려지기도 했다. 1897년 10월 13일에는 학업을 위해 미국에 거주 중인 조선인 21명의 명단이 작성되었는데, 거기에 "박여선, 박여선처(朴汝先妻)"가 기록되어 있었다.[3]

결혼 직전에 김점동은 로제타에게 다음과 같은 편지를 보냈다. "저는 남자를 결코 좋아하지 않을 뿐 아니라 바느질도 잘 못 합니다. 그러나 우리 관습은 결혼을 해야 합니다. 이 점은 저도 어쩔 수 없습니다. 하나님께서 박 씨를 저의 남편으로 삼고자 하시면, 저의 어머니가 그를 좋아하지 않는다 해도 저는 그의 아내가 될 것입니다. 그의 지체가 높고 낮음이 무슨 소용이 있겠느냐고 어머님께 말씀드리겠습니다. 저는 부자거나 가난하거나 지체가 높고 낮음을 개의치 않습니다. 제가 예수님의 말씀을 믿지 않는 사람과 결혼하지 않을 줄 당신은 알고 있지 않습니까. 제가 결혼한다고 생각하니 참 묘한 느낌이 듭니다."[4]

결혼 후에도 김점동은 의학 공부를 소홀히 하지 않았다. 그녀는

---

3 이방원, 『박에스더: 한국 의학의 빛이 된 최초의 여의사』(이화여자대학교출판문화원, 2018), 71쪽.

4 셔우드 홀(김동열 옮김), 『닥터 홀의 조선회상』(좋은 씨앗, 2003), 121쪽.

진료소에 있는 모든 약의 이름을 익혔고, 처방전에 따라 약을 조제할 수 있었으며, 대부분의 질병과 증상에 대해서도 익숙해졌다. 수술 보조의 역할도 충실히 수행하여 제법 이름을 날리기도 했다. 홀 부부 사이에는 아들인 셔우드(Sherwood Hall, 1893~1991)가 태어났는데, 그는 평생 동안 김점동을 이모처럼 따랐다.

1894년 5월에 홀 부부는 평양으로 선교 활동을 떠났고, 박여선-김점동 부부도 동행했다. 로제타 홀은 평양에서도 여성을 위한 의료 활동을 시작했으며, 김점동은 예전과 마찬가지로 로제타를 열심히 도왔다. 그러나 같은 해 8월에 청일전쟁이 발발하면서 평양이 전쟁터로 변하자 선교 단체들은 서울로 돌아올 수밖에 없었다. 그러던 중 윌리엄 홀은 다시 평양으로 가서 부상자와 환자를 돌보다가 발진티푸스에 걸렸고, 1894년 11월에 34세의 젊은 나이로 세상을 떠나고 말았다. 제임스 홀이 사망할 당시에 로제타는 이디스(Edith Margaret Hall, 1895~1898)를 임신한 상태였다. 로제타 홀은 자신의 고향으로 돌아가기로 결심하면서 김점동에게 미국에서 의학을 공부해 보라고 권했다. 결국 1894년 12월에 홀 모녀는 박여선-김점동 부부와 함께 뉴욕 주 리버티로 향했다.

©wikipedia
[그림 3] 서울 마포구 합정동 양화진 외국인 선교사 묘원에 자리 잡은 홀 부부의 가족묘

미국에서 받은 근대 의학 교육

김점동은 로제타 홀의 지도를 바탕으로 기본적인 의학 이론을 배웠고 현장 실습의 경험을 쌓긴 했지만, 의과 대학에 들어가기 위해서는 더 많은 준비가 필요했다. 1895년 2월 1일에 김점동은 리버티의 공립 학교에 입학하여 중등 교육 과정을 밟았는데, 이때부터 남편의 성을 따라 '에스더 박'(Esther Kim Pak)로 불렸다. 박여선-김점동 부부는 생활비와 학비를 벌기 위해 고단한 삶을 살아야 했다. 박여선은 로제타 홀의 친정인 셔우드가의 농장에서 막노동을 했으며, 김점동도 1895년 9월부터 뉴욕시의 유아 병원(Nursery and Child's Hospital)에서 1년 남짓 근무했다.

1896년 10월 1일, 김점동은 볼티모어 여자 의과 대학(현재 존스홉킨스 대학)에 최연소 학생이자 한국인 최초의 학생으로 입학했다. 1882년에 개교한 볼티모어 여자 의과 대학은 2년제 교육 기관으로 출발했으나 점차 3년제와 4년제로 학제를 늘려갔다. 김점동이 입학한 1896년은 4년제 교육 과정이 처음으로 도입된 때였다.

볼티모어 여자 의과 대학의 교육은 상당히 충실했던 것으로 평가된다. 김점동은 1학년 때 물리학, 화학, 생리학, 발생학, 약리학 등을, 2학년 때에는 병리학, 위생학, 해부학, 조직학, 세균학 등을 배웠다. 3~4학년 때에는 외과, 소아과, 부인과, 안과, 이비인후과 등의 임상 의학을 공부하면서 의사로서의 자격을 갖추어 나갔다. 김점동은 월요일부터 토요일까지 계속 이어지는 강의와 실습 중에서도 성가대 활동에 참여하는 등 적극적으로 대학 생활에 임했다. 그녀는 대학에서 라틴어도 공부했는데, 한국 여성으로서는 처음 있었던 일로 전해진다.

김점동이 학업을 계속할 수 있었던 데는 남편 박여선의 도움이 컸다. 박여선은 상당한 학구열을 가지고 있었지만 아내의 재능과 의지가 더 강하다는 것을 인정하면서 자신의 꿈을 접었다. 그는 계속해서 셔우드가의 농장 일을 하면서 김점동의 학업을 지원했다. 박여선은 1899년부터 볼티모어로 가서 아내와 함께 살았지만, 그곳에서도 식당 일을 하며 돈벌이를 했다. 아마도 남편의 헌신적인 협조가 없었더라면 의사가 되겠다는 김점동의 꿈은 이루어지지 않았을런지도 모른다. 이런 면에서 박여선은 마리 퀴리를 적극적으로 도와주었던 피에르 퀴리(Pierre Curie)를 떠올리게 한다.

그러나 하늘이 시기라도 했던지, 박여선이 폐결핵에 걸리는 커다란 시련이 닥쳐왔다. 당시만 해도 폐결핵은 별다른 치료약이 없어 고치기 어려운 병이었다. 1899년 4월 27일에는 한 기독교 잡지에 김점동의 생활을 전하는 글이 실렸다. "박에스더는 볼티모어 여자 의과 대학에서 3년 차의 과정을 완수하고 있다. 그녀는 성적이 우수한 학생으로 기독교인 모두에게 존경을 받고 있으며, 우리들은 졸업 후 그녀가 한국 선교 활동에서 중요한 역할을 담당할 것이라고 기대하고 있다. 그녀의 남편은 폐결핵에 걸려 병원에 있다. 그녀는 독지가의 기부금을 받고 있으나, 모자라는 남편의 병원비와 생활비를 벌어야만 하는 힘든 환경 속에서도 하나님에 대한 믿음으로 이겨내면서 활기 있게 생활하고 있다."[5]

김점동은 의학 공부, 남편의 병간호, 병원비와 생활비 벌기 등과 같은 이중삼중의 고통을 극복해야 했다. 이러한 김점동의 노력에도

5 이방원, 『박에스더』, 100쪽.

불구하고 박여선은 끝내 회복하지 못한 채 1900년 4월 28일에 세상을 떠나고 말았다. 김점동의 마지막 졸업 시험 3주 전이었다. 박여선은 볼티모어의 로렌 파크 공동묘지에 묻혔다. 그의 묘비에는 '내가 나그네가 됐을 때 나를 맞아들였고'라는 마태복음 구절이 새겨져 있다.

김점동은 1900년 5월에 졸업 시험을 우수한 성적으로 통과했으며, 같은 해 6월에 볼티모어 여자 의과 대학을 졸업하면서 의사(Medical Doctor, MD) 자격을 얻었다. 한국 최초의 여성 양의사가 되었던 것이다. 게다가 우리나라 여성이 대학 수준의 과학을 공부한 전례가 없었으므로 김점동에게 '한국 최초의 여성 과학자'라는 타이틀을 붙이는 것도 자연스러워 보인다.

김점동은 남녀를 통틀어서 한국에서 세 번째로 양의사가 된 인물로 평가되고 있다. 김점동에 앞서 양의사 자격을 취득한 사람으로는 서재필(徐載弼, 1864~1951)과 김익남(金益南, 1870~1937)이 있다. 서재필은 1892년에 컬럼비아 의과 대학(현재 조지워싱턴대학)을 졸업했으며, 김익남은 1899년에 도쿄지케이의원(東京慈惠醫院) 의학교를 이비인후과 전공으로 졸업했다. 서재필은 귀국 후 《독립신문》을 창간하는 등 계몽운동을 벌였던 반면, 김익남은 의학교 교관, 대한제국의 첫 군의장(軍醫長), 의사연구회 회장으로 활동하면서 한국의 의료계를 이끌었다. 상당 기간 동안 김점동은 한국의 두 번째 양의사로 알려져 왔지만, 의사학(醫史學)을 전공한 황상익 교수가 김익남을 발굴하면서 김점동은 세 번째 양의사가 되었다.[6]

6 김익남에 대해서는 황상익, 『김익남과 그의 시대: 개화기 한국 최초의 의사·의학교수·군의장』(청년의사, 2017)을 참조.

©wikipedia
[그림 4] 강원대학교 의학 전문 대학원 앞에 세워진 김익남의 동상

김점동은 약 6년 동안의 미국 생활을 접고 1900년 10월에 귀국했다. 같은 해 12월에 창간된 우리나라 최초의 신학 잡지인 《신학월보》 창간호에는 다음과 같은 기사가 실렸다. "부인 의학박사 환국하심. 박여선 씨 부인은 6년 전 이화학당을 졸업한 사람인데, 내외가 의사 로제타 셔우드 홀씨를 모시고 미국까지 가셨더니 공부를 잘하시고 영어를 족히 배울뿐더러 그 부인이 의학교에서 공부하여 의학사 졸업장을 받고 지난 10월에 대한에 환국하였다. … 미국에 가셔서 견문과 학식이 넉넉하심에 우리 대한의 부녀들을 많이 건져내시기를 바라오며 또 대한에 이러한 부인이 처음 있게 됨을 치하하노라."[7]

7　이방원, 『박에스더』, 107~108쪽.

귀신같은 인술을 가진 여성

김점동이 유학을 하는 동안 로제타는 자녀를 기르면서 맹인용 문자인 점자(點字)를 익혔다. 또한 로제타는 남편의 숭고한 죽음이 헛되지 않도록 미국에서 모금 운동을 벌였다. 이를 바탕으로 1897년 2월에는 제임스 홀을 기념하는 기홀병원(記忽病院, The Hall Memorial Hospital)이 평양에 설립되었다. 로제타는 다시 한국으로 돌아와 선교와 의료에 헌신했으나 이번에는 온 가족이 이질에 걸리는 고난을 겪었다. 결국 1898년 5월에는 네 살배기 딸 이디스가 세상을 떠나고 말았다. 이디스는 양화진 외국인 선교사 묘원으로 옮겨져 아버지의 옆자리에 묻혔다.

로제타는 강인한 여성이었다. 그녀는 수많은 고통을 신앙으로 극복하면서 자신이 해야 할 일을 담담하게 추진해 나갔다. 1898년 6월에는 평양의 해외여선교부 건물 한편에 광혜여원(廣惠女院)을 설치하여 여성을 위한 진료 활동을 개시했다. 1899년에는 병사한 어린 딸을 기려 이디스 마가렛 어린이 병동(Edith Margaret Children Wards)을 신축했다. 이 병동에서는 어린이 진료 사업과 함께 한국 최초의 여성 맹인 학교가 시작되었다. 당시에 로제타는 한국의 상황에 적합한 점자를 만들어 『성경』의 4복음서를 점역(點譯)하기도 했다.

김점동은 1900년 10월 귀국 후 평양에서 로제타와 함께 일했다. 두 사람은 10개월 동안 진료소와 왕진을 통해 2,414건의 치료를 했는데, 김점동이 치료한 건수가 약간 많았던 것으로 전해진다. 이제 김점동은 자신의 멘토인 로제타 홀에 버금가는 전문 의사가 되었던 것이다. 많은 사람들은 김점동을 매우 자랑스럽게 생각했고, 그것은 로제타의 경우에도 마찬가지였다.

1901년에 김점동은 서울로 돌아와 보구녀관의 책임자로 부임했다. 보구녀관을 운영하고 있던 의료 선교사 엠마 언스버거(Emma Ernsberger)가 동대문의 볼드윈 진료소로 자리를 옮기자 여성 해외 선교회가 김점동을 후임으로 임명한 결과다. 이제 김점동은 병원을 책임지고 환자를 진료하는 지위로 올라서게 되었다. 그녀는 의료 시설이 없는 곳으로 왕진도 다녔으며, 미신적 치료에 의존하는 환자들에 대한 교육도 실시했다. 김점동은 간호선교사 마가렛 에드먼즈(Margaret J. Edmunds)가 1903년에 우리나라 최초의 간호원 양성소(The Nurses' Training School)를 설립하는 데도 힘을 보탰다.

1902년에는 한국에서 콜레라가 창궐하여 많은 사람들이 목숨을 잃었다. 김점동은 환자들의 집을 직접 방문하여 약을 주고 치료를 하는 열성을 보였다. 또한 업무 시간이 끝난 뒤에도 진료를 마다하지 않았고 일요일이나 휴가 때도 환자들을 치료했다. 1902년에 김점동이 담당한 치료 건수는 130여 건의 왕진, 1,230건의 초진, 2,017건의 재진 등을 합쳐 총 3,377건으로 집계되고 있다. 당시에 김점동에게는 두 명의 조수가 있었는데, 그중 한명은 동생인 김배세(金背世, 1886 ~1944)였다. 김배세는 1910년에 세브란스 병원 간호원 양성 학교를 최초로 졸업한 인물이 된다.

1903년 3월에 김점동은 평양의 의료 선교사로 임명되었다. 김점동은 로제타 홀과 함께 광혜여원을 중심으로 왕성한 의료 활동을 벌였으며,

치료 건수는 1903년 4,857건, 1904년 8,638건으로 집계되고 있다. 당시 광혜여원에는 매년 60명 정도의 입원 환자들이 있었는데, 그중 20여 명이 수술을 받았다. 김점동과 로제타는 방광질 누관폐쇄수술(방광과 질 사이에 비정상적으로 존재하는 누관을 없애주는 수술)과 같은 고난도의 수술도 성공적으로 실시했다. 사람들은 김점동이 수술로 환자를 치료하는 모습을 보고 "귀신이 재주를 피운다"는 반응을 보이기도 했다.

김점동은 환자를 진료하는 과정에서 한국 사람들의 의료 관행에 문제가 있다는 점을 깨닫게 되었다. 당시 한국인들은 병에 걸리면 민간 요법으로 치료하다가 더 심해지면 무속이나 한의사에게 의지했다. 그것도 별 효과가 없을 때 마지막으로 찾는 곳이 병원이나 진료소였다. 김점동은 한국인들이 무지나 미신에 젖어 질병이 더욱 심해지는 안타까운 사례도 많이 접했다. 방광질루를 치료한답시고 불로 지지는 바람에 방광벽과 주변 조직이 망가지기도 했고, 콜레라를 물리치는 방법으로 고양이 그림을 부적으로 사용하는 경우도 있었다.

1905년 10월 4일에 김점동은 볼티모어 여자 의학교의 교수인 W. 루이스(W. Milton Lewis)에게 보낸 편지에서 다음과 같이 썼다. "한번은 발작이 있는 아이를 치료한다고 기름에 절인 빈대를 먹인 증례를 본 적도 있습니다. 우리는 이런 무지한 개념들과 싸우면서 일해야 합니다. 이런 일은 매우 신경을 거슬리게 합니다. 한국에서는 환자를 다이어트시켜야 한다는 생각이 아예 있지도 않습니다. 장 출혈이 있는 어린이에게도 아이가 원하기만 하면 어머니는 날밤과 날옥수수, 사탕을 마구 줍니다. 이런 이들을 진료하는 것은 얼마나 어려운 일인지요."[8]

---

8 이방원, 『박에스더』, 147쪽.

33세의 짧은 삶을 마감하다

김점동은 자신의 몸을 돌보지 않고 의료와 선교에 매진하는 바람에 건강을 잃기 시작했다. 그녀는 1905년부터 남편과 마찬가지로 폐결핵을 앓았으며, 몇 달 동안 중국 옌타이(烟臺)에 휴양을 가기도 했다. 김점동은 이전과 같은 왕성한 활동을 벌이지는 않았지만 마지막 순간까지 최선을 다했다. 건강이 좀 나아지면 로제타의 의료 활동을 도왔고, 병이 악화되면 번역이나 선교 업무를 수행했다.

1909년 4월 28일에는 '초대 여자외국유학생 환영회'가 경희궁에서 개최되었다. 대한제국 정부가 해외유학 후 귀국하여 다방면에서 활동하고 있는 여성들을 치하하기 위한 자리였다. 박에스더(김점동), 윤정원(尹貞媛), 하란사(河蘭史, 원래 이름은 김란사) 등 세 명이 주인공이었다. 윤정원은 외국의 곳곳을 유학하면서 음악과 외국어를 배운 후 관립 한성고등여자학교에서 교편을 잡았으며, 하란사는 미국 웨슬리안 대학을 졸업한 후 이화학당 기숙사 사감과 영어 교사를 맡고 있었다. 환영회는 700여 명이 참가하여 대성황을 이루었고 주인공 세 명은 고종 황제로부터 은장(은메달)을 수상했다.

그러나 김점동의 건강은 점점 악화되었다. 그녀는 1909년 가을에 성경학교에서 봉사하는 것을 마지막으로 더 이상 사회적인 활동을 할 수 없었다. 건강이 악화된 김점동은 서울에 있던 둘째 언니 신마리아의 집으로 옮겨 투병하던 중 1910년 4월 13일에 33세의 젊은 나이로 세상을 떠나고 말았다. 같은 해 5월 27일에는 김점동의 생애와 업적을 기리는 추도 모임이 청년회관에서 열렸다.

김점동은 한국의 여성들이 의학에 도전하는 본보기로 작용했다. 1917년에는 허영숙(許英肅)이 도쿄여자의학전문학교를 졸업하여 한국인으로서는 두 번째로 의학교를 졸업한 여성이 되었다. 1918년에는 김영흥(金英興), 김해지(金海志), 안수경(安壽敬)이 경성의학전문학교(경성의전)를 졸업하고 의사 자격을 얻어 최초의 국내파 여의사로 활동하기 시작했다. 이후에도 일본과 조선에 있던 여러 교육 기관들을 통해 한국인 여의사가 계속해서 배출되었다. 특히 1928년에는 로제타 홀을 중심으로 우리나라 최초의 여성 의학 교육 기관인 조선여자의학강습소가 세워졌으며, 그것은 경성여자의학강습소를 거쳐 1938년에 경성여자의학전문학교(경성여의전, 현재 고려대학교 의과 대학)로 확대되었다.

김점동의 뒤를 이어 과학자의 꿈을 키운 여성들도 속속 등장했다. 일제 강점기를 통해 모두 17명의 여성이 과학기술을 전공하여 대학을 졸업한 것으로 집계되고 있다. 국가별로는 국내 4명, 일본 2명, 미국 11명이었고, 전공별로는 의약학 12명, 이공학 4명, 농학 1명이었다. 그 중 송복신(宋福信)은 1929년 미국 미시간대에서 공중 보건학으로 박사 학위를 받아 한국 과학계 최초의 여성 박사가 되었고, 김삼순(金三純)은 1933년에 일본 홋카이도 제국 대학의 식물학과를 졸업한 후 1966년에 일본 규슈대학에서 농학 전공으로 박사학위를 받았다.[9]

9 김삼순에 대해서는 선유정, 김근배, 「한국에서의 느타리버섯 연구 궤적: 재배기술의 돌파구를 연 김삼순」, 《한국과학사학회지》 제44권 1호 (2022), 35~64쪽을 참조.

©이화의료원
[그림 5] 1908년 보구녀관 간호원양성소를 1회로 졸업한 이그레이스와 김마르다

김점동이 죽은 후에도 그녀와 홀 가문의 인연은 계속되었다. 로제타 홀의 아들인 셔우드 홀은 이모처럼 따랐던 김점동의 죽음을 안타까워하면서 결핵을 치료하는 의사가 되기로 결심했다. 그는 캐나다에서 결핵 전문의 자격을 취득한 후 1926년에 한국으로 돌아와 황해도 해주에 해주구세요양원을 세워 결핵 퇴치 운동을 주도했다. 셔우드 홀은 1932년에 우리나라 최초의 크리스마스 실(Christmas seal)을 해주구세요양원의 이름으로 발행하기도 했다. 이런 식으로 김점동의 인생은 셔우드 홀의 크리스마스 실로 이어졌다.

돌이켜 보면, 김점동이 척박한 구한말의 풍토에서 한국 여성 의학의 문을 열고 참된 의술을 베푼 것은 참으로 기적 같은 일이라 할 수 있다. 그것은 오늘날까지도 여성 의학도 혹은 여성 과학도의 꿈을 키우는

©대한결핵협회
[그림 6] 1932년에 해주구세요양원이 발행한 크리스마스 실과 1953년에 대한결핵협회가 발행한 크리스마스 실

학생들에게 귀감이 될 만하다. 김점동은 2006년에 '과학기술인 명예의 전당'에 헌정되었으며, 2008년에는 이화여자대학교 의과 대학 동창회가 '자랑스런 이화의인(梨花醫人) 박에스더상'을 제정했다.

한국의 근대 건축을 개척하다,

박길룡

박길룡(朴吉龍, 1898~1943)은 자신이 활동하던 일제강점기에 이미 '건축대가(建築大家)'라는 평가를 받았던 인물이다. 박길룡에게는 '최초의' 혹은 '선구적인'과 같은 수식어가 따라다닌다. 한국인으로서는 서구식 근대 건축 교육을 처음 받았고, 건축가 최초로 기사(技師) 자리에 올랐으며, 선구적으로 개인 건축 사무소를 개설했고, 조선건축기사협회 이사장을 처음으로 지냈다. 사실상 박길룡은 일본인이 장악한 건축계에서 한국인에게 거의 유일한 희망이었다. 그는 일제 강점기의 어려운 시절에 근대 건축의 밑거름을 마련했으며 우리나라 건축이 나아가야 할 방향을 제시했다. 박길룡은 1930년대 과학 대중화 운동에 앞장 선 과학 계몽가이기도 했다.

©「SPACE(공간)」, 제6호 (1967.4.)
[그림 1] 일제 강점기에 우뚝 선 조선인 건축가, 박길룡

물장수하며 마련한 학비

박길룡의 본관은 밀양 박씨이며, 호는 일송(一松)이다. 그는 1898년 11월 20일에 경성부(현재 서울시) 예지동 278번지에서 태어났다. 영세한 미곡상 박명옥의 2남 3녀 중 장남이었다. 오늘날로 치면, 예지동은 카메라 상가와 시계 상가가 밀집해 있는 종로 4가에 해당한다. 당시 예지동 사람들은 '위항인(委巷人)'으로 불렸는데, 위항은 꼬불꼬불한 작은 길 주변에 작은 집들이 모여 있는 곳을 뜻한다.

박길룡은 신흥보통학교를 다녔는데, 10살 무렵부터 배달부와 행상을 했다. 새벽에는 물 배달, 오후에는 쌀 배달을 했고 저녁에는 머리빗을 팔면서 수업료를 마련했다고 한다. 그는 온갖 궂은일을 하면서도 쾌활한 성격과 좋은 성적을 유지했다. 또한 남을 배려할 줄 알고 포용력이 강했기 때문에 친구들이 많았다. 이러한 경험 덕분인지 박길룡은 훗날 매사에 성실하고 리더십이 강한 사람으로 성장하게 된다.

©wikipedia
[그림 2] 경성공업전문학교는 1916년에 출범한 후 1922년에 경성고등공업학교(경성고공)로 개칭되었으며 1944년에 다시 원래 이름으로 돌아갔다.

박길룡은 1916년에 김정현, 이기인과 함께 경성공업전문학교(경성공전) 건축과에 입학했다. 박길룡은 경성공전을 다니는 동안 일본인 학우들을 제치고 급장(반장)을 도맡아했다. 그는 경성공전 재학 중에 첫 부인 신거복과 결혼했다. 1923년에는 훗날 유명한 소설가가 되는 용구를 보았고, 이어 정애, 용무가 태어났다. 박길룡은 두 번째 부인인 김금인과 인애, 용철을 두었으니 박길룡의 자식은 모두 3남 2녀이다.

박길룡은 1919년 3월 15일에 경성공업전문학교 건축과를 2회로 졸업했다. 조선인으로는 이기인과 함께 첫 번째 졸업생이었다. 김정현은 중도에 탈락했다. 당시 경성공전에 다니던 조선인 30여 명 중에 20명이 독립 만세 시위에 참여했다고 하는데, 박길룡에 대한 언급은 없다. 한 집안의 가장이자 아래로 네 명의 동생이 있는 처지라 3·1운동에 참여하지 않았던 것으로 추측된다. 참고로 '박제된 천재 시인'으로 평가되는 이상(본명 김해경)은 1926년에 경성공전 건축과에 입학한 후 1929년에 수석으로 졸업했다.

박길룡의 초기 시절에 대해 친구 김정현은 다음과 같이 회고했다. "길룡은 나와 어릴 때부터 친한 친구다. 종로4가 현 한일극장 뒷골목에 서로 마주보는 집에서 같이 자란 소꿉동무다. 고인의 부친은 집 옆에서 미곡상을 하시고 그 앞이 우리들의 놀이터가 되곤 하였다. 더욱이 우리는 동갑이기에 뜻이 잘 맞았다. 우리는 같이 신흥초등학교(현재는 없음. 당시의 위치는 현 중부시장 뒤)를 졸업하였다. … 그 후 계속 같이 지냈는데 그 당시만 해도 사농공상의 관념이 잔존하던 시기였기 때문에 건축을 공부한다는 것은 이단시되었으나 둘이서 타협 끝에 내가 공업전문 입학 원서 2장을 사다가 같이 써낸 것이 건축 공부의 시초가 된 것이다. 입학 시험을 같이 치르고 또 같이 입학되었다. …
나는 의전에도 합격되었으나 같은 학교를 다니기 위해 건축과로 갔다.
졸업에 임박해서 내 개인 사정으로 헤어져 나는 만주와 동경에서
지냈는데, 공평동의 사무실을 개설하고부터 다시 친분이 두터워졌다."[1]

조선 총독부의 '오토바이' 건축 기술자

박길룡은 경성공전을 졸업한 이듬해인 1920년 12월에 조선
총독부에서 건축을 담당하는 기수(技手)가 되었다. 3·1운동 이후에
일제가 '문화정책'이란 미명 하에 조선인에게도 약간의 기회를
제공하기 시작했고, 박길룡도 그 덕을 본 셈이었다. 조선 총독부에서
건축을 담당하는 기구는 1910~1911년 회계국 영선과(營繕科),
1912~1920년 토목국 영선과, 1921~1923년 토목부 영선과,
1924~1929년 내무국 건축과, 1929~1945년 회계과 건축계로
변해왔다. 이 중에서 건축과가 설치된 1924~1929년은 대규모 관청의
건설이 절정기에 달했던 시기에 해당했다.

기수는 하급 관리로 '판임관(判任官)'으로도 불렸다. 기수 위로는
사무관과 기사, 아래로는 촉탁(囑託)과 고원(雇員)이 있었다. 사무관은
행정을 관할하는 관료에 해당했고, 기사는 건축 실무의 전반을
책임지는 직책이었으며, 촉탁은 건축 실무, 고원은 각종 사무를
담당하는 임시직이었다. 조선 총독부에서 건축을 담당하는 부서에는
2~5명의 기사, 평균 60명의 기수, 10~20명의 촉탁이 근무했다고

1 김정동, 「한국 근대 건축의 소나무, 일송 박길룡」, 『근대 건축 기행』(푸른역사, 1999), 80~81쪽.

한다.[2] 박길룡은 1920~1932년의 12년 동안 기수로 재직하면서 자신의 역량을 유감없이 발휘했다. 특히 그는 매우 빠르고도 정확한 설계 도면을 그려내는 능력을 보였으며, 이에 따라 '오토바이' 혹은 '재봉틀'과 같은 별명을 얻었다고 전해진다.

조선 총독부가 주관한 건축에 설계자의 이름을 올리는 경우는

©「SPACE(공간)」, 제6호 (1967.4.)
[그림 3] 박길룡이 1929~1931년에 설계한 건축물인 북단장(맨 위, 왼쪽 아래)과 이문당(현 신민당 당사)

드물었기 때문에 박길룡이 설계를 맡은 건물이 무엇인지 정확히 알기는 어렵다. 그나마 알려진 건물은 1926년에 완공된 조선 총독부 청사와 1931년에 준공된 경성제국대학 본관 정도이다. 박길룡이 조선

2 윤인석, 「한국의 건축가, 박길룡(1): 건축수업과 활동」, 《건축사(建築士)》 1996년 7월호, 72쪽.

총독부 공사에 참여했다는 사실은 1996년에 중앙 돔을 해체할 때 동판 상량문이 발견되면서 확인되었다. 동판 상량문에는 전·현직 총독과 건축 기술자 53명의 명단이 새겨져 있었는데, '기수 박길룡'이 조선인으로는 유일하게 포함되었다.

박길룡은 1920년대 후반부터 자신의 존재감을 본격적으로 드러내기 시작했다. 그는 조선 총독부 일과를 마친 후에 부업(아르바이트)으로 조선인이 의뢰한 주택과 사무소를 설계했다. 1920년에 회사령이 폐지된 후 성장한 조선인 자본가들이 박길룡에게 일감을 제공했던 셈이다. 1929~1931년에 박길룡이 설계한 건축물로는 김연수 주택(1929년), 조선생명보험사옥(1930년), 김명진 주택(1931년), 종로백화점 동아(1931년), 동일은행 남대문지점(1931년) 등이 있다. 당시에 지어진 대부분의 관공서 건물이 권위적이고 위압적이었던 반면, 박길룡은 대중 친화적이면서 독특한 형식미를 갖춘 건물을 설계했다.

1932년 5월 7일에 박길룡은 조선인 최초로 최고 기술자의 자리인 '기사'로 승진했다. 이에 대해 당시 조선인 기사는 없었으며, 박길룡이 받은 기사는 퇴직을 앞둔 사람을 대우하기 위한 '참(參)기사'였다는 견해도 있다. 그가 기사가 된 지 이틀 만에 퇴직했다는 점도 이러한 견해에 힘을 실어주고 있다.

박길룡건축사무소의 설립

박길룡은 조선 총독부를 퇴직할 무렵에 개인 건축사무소의 설립을 구상했으며, 1932년 5월 7일에 기사로 승진하면서 건축대서사(建築代書士, 오늘날의 건축사에 해당) 자격을 받았다. 그 동안 자신이 쌓아온 경험과 인맥을 활용한다면 자영업으로도 충분한 승산이 있다고 판단했던 셈이다. 당시에는 조선인이 형성한 자본에 의해 상가와 사무소에 관한 건축이 활발히 이루어지고 있었다. 또한, <장군의 아들>이란 영화에서 잘 드러나듯, 일제 강점기의 종로는 일본 상권이 아무리 설쳐대도 감히 넘볼 수 없었던 민족의 자존심이었다. 박길룡은 1932년 7월 7일에 '박길룡건축사무소'를 열었다. 소재지는 관훈동 197번지였는데, 1층은 박길룡의 집이었고 2층이 건축사무소였다고 한다.

박길룡건축사무소는 오랫동안 조선인이 개업한 최초의 건축 사무소로 간주되어왔다. 이에 따라 1932년 7월 7일은 "우리 건축인이 최초로 독자적인 건축 연대를 갖되 된 날"로 평가되기도 했다.[3] 그러나 최근의 연구 결과에 따르면, 박길룡에 앞서 이훈우(李醺雨)가 개인 건축 사무소를 차렸던 것으로 확인되고 있다. 《동아일보》 1921년 3월 18일자와 《개벽》 1921년 10월호에 이훈우건축사무소에 대한 광고가 실렸다는 것이다. 그는 1910년대에 일본의 관립고등공업학교를 졸업한 후 박길룡보다 10여 년 앞서 건축 설계 활동을 벌였고, 천도교대신사출세백년기념관과 조선일보사 평양 가옥을 포함한 실제 건축물도 여럿 남겼던 것으로 전해진다.[4]

조선인으로서 누가 개인 건축 사무소를 최초로 차렸는가 하는 문제는

---

3 김정동, 「한국 근대 건축의 소나무, 일송 박길룡」, 83쪽.

4 김현경, 유대혁, 황두진, 「건축가 이훈우에 대한 연구」, 《건축역사연구》 제29권 3호 (2020), 37~50쪽.

계속 탐구되어야 하겠지만, 일제 강점기에 사회적 영향력을 발휘한 거점이 박길룡건축사무소였다는 점은 부인할 없는 중요한 사실이다. 박길룡건축사무소는 “하루에 집 한 채씩을 설계한다”는 소문이 나돌 정도로 대단한 성장을 구가했다. 전성기에는 8명의 소원(所員, 직원)이 근무하고 있었다. 경성공전 후배를 비롯한 조선인들이었고, 일본인은 한 명도 없었다. 직원들의 이름으로는 김순하, 전창일, 김관정, 이병문, 오영섭, 김한섭 등이 확인된다. 장연채, 유원준, 유상하 등은 조선총독부에 근무하면서 박길룡건축사무소에서 부업으로 설계 일을 거들었다.

©대경성도시대관
[그림 4] 1932년 현 종로구 공평동에 문을 연 박길룡건축사무소

박길룡건축사무소는 언제나 조선인 건축가들로 붐볐다. 조선인 선후배 건축가들이 모여 건축에 관한 책자를 발간했고 건축의 동향과 미래에 관한 토론을 벌였다. 서로 화합을 다지며 세상 돌아가는 이야기를 하다가 울컥하기도 했다. 박길룡건축사무소는 몇몇 사람들의 일터가 아니라 식민지 조선의 건축가들이 응집했던 근거지였던 셈이다. 이를 통해 박길룡은 당시 조선인 건축가들의 리더로 자리잡을 수 있었다.

박길룡이 건축사무소를 운영하면서 설계한 건축물에는 한청빌딩(1935년), 구영숙소아과의원(1936년), 화신백화점(1937년), 경성여자상업고등학교(1937년), 김덕현 주택(1938년), 보화각(1938년), 전용순 주택(1939년), 평양대동공업전문학교(1940년), 혜화전문학교(1943년), 이문당(1943년) 등이 있다. 그 중 김덕현 주택은 친일파 윤덕영이 딸과 사위를 위해 지어준 집인데, 이후에 박노수 주택을 거쳐 종로구립 박노수미술관으로 거듭났다. 평양대동공업전문학교는 사회주의를 꿈꾼 자본가 이종만이 설립한 학교로 해방 후에는 김일성대학에 통합되었다. 보화각은 간송 전형필이 세운 최초의 사립 박물관으로 1966년부터 간송미술관과 한국민속미술연구소가 되었다. 이처럼 박길룡의 고객은 친일파, 사회주의자, 민족주의자 등을 망라한 다양한 집단을 포괄하고 있었다.

박길룡의 대표적인 건축물로 꼽히는 것은 1937년 11월 종로 네거리에 준공된 화신백화점이다. 친일 자본가 박흥식은 민족을 내세워 조선인 고객을 끌어들이기 위해 화신백화점을 신축하는 작업을 벌였다. 화신백화점은 지하 1층 지상 6층으로 당시에 가장 규모가

©wikipedia
[그림 5] 1940년 화신백화점

큰 건물이었으며, 엘리베이터와 에스컬레이터까지 갖추었다. 얼마나 볼거리가 많았던지 당시 경성 인구의 80퍼센트가 화신백화점을 구경했던 것으로 전해진다. 박길룡은 화신백화점의 건축가로 유명세를 날렸는데, 그의 장남 박용구는 "아버지와 같이 길거리에 나사면 몇 걸음 못가 계속 아는 분을 만나 동행에 짜증이 나곤했다"고 회고하기도 했다.[5] 참고로 1930년대 인구 30만 명의 경성에는 미쓰코시(현재 신세계백화점), 화신, 조지야(현재 롯데 영플라자), 미나카이, 히라다 등 5개의 백화점이 자리 잡고 있었다.

김소연은 2017년에 발간한 『경성의 건축가들』에서 화신백화점에 대해 다음과 같이 썼다. "1937년 11월, 종로 네거리에 준공된 건물은 묵직하고 당당했다. 서양 고전주의 양식을 철근 콘크리트 구조로 지은 지하 1층 지상 6층 건물이었다. 화강석을 두른 1층 쇼윈도 앞은 구경꾼들로 북적댔다. 대리석 출입구는 모던 보이와 모던 걸이 팔랑거리며 드나들었다. 5층까지 쭉 뻗은 기둥은 그리스 신전 기둥을 사각 틀에 넣고 납작하게 눌러놓은 듯했다. 기둥 사이로 촘촘하게

5 이주헌, "박길룡", 한겨레신문사 문화부, 『발굴 한국현대사 인물 3』 (한겨레신문사, 1992), 30쪽.

들어간 좁고 긴 창문 때문에 건물은 더 높아 보였다. 6층은 간결한 아치와 처마 장식으로 변화를 주었다. 옥상에 정원과 전망대가 있었다. 건물 최상부에 설치된 대형 전광판에서는 광고와 뉴스가 흘러나왔다. 실내에는 최신식 엘리베이터와 에스컬레이터, 대식당과 그랜드 홀, 상설 화랑, 사진관, 미용실과 스포츠 시설이 들어섰다. 전기, 난방, 환기, 급배수, 위생시설도 최첨단이었다. 경성 인구의 80퍼센트가 이 건물을 구경했다고 한다. 얼마나 크고 볼거리가 많은지 아침에 들어가면 해가 져서야 나온다는 둥, 말도 못하게 큰 하얀 돌집이라는 둥, 심지어 금칠한 건물이라는 둥, 별의별 우스갯소리가 돌았다."[6]

안타깝게도 박길룡의 대표작인 화신백화점은 현재 남아 있지 않다. 최초의 근대적 건축 교육을 받은 한국인 건축가의 작품이지만 역사적 유물로 지정되지 못했던 것이다. 목원대학교의 김정동 교수를 비롯한 여러 건축인들이 '화신백화점 보존 운동'을 벌이기도 했지만, 화신백화점은 1988년에 서울시의 종로 도로 확장 계획에 따라 모두 헐리고 말았다.

발명과 과학의 진흥을 위하여

박길룡은 1924년에 공업 지식을 보급하고 발명 정신을 향상시킬 목적으로 설립된 발명학회의 창립회원으로 이름을 올렸다. 발명학회는 당시 진행 중이던 물산 장려 운동에 발맞추어 조선인이 소유한 중소기업의 발명과 경영에 도움을 주고자 했다. 발명학회의 설립을 주도한 인물은 경성공전 요업과 출신의 김용관(金容瓘,

---

6　김소연, "최초이자 최고 건축가의 이면, 박길룡", 『경성의 건축가들: 식민지 경성을 누빈 'B급' 건축가들의 삶과 유산』 (루아크, 2017), 27~28쪽.

1897~1967)이었는데, 박길룡은 한 살 위인 김용관과 친구 사이처럼 지냈다. 발명학회는 6개월 동안 운영된 후 유명무실해졌다가 1932년부터 다시 활기를 되찾았다. 1932년 6월 1일 김용관, 박길룡, 현득영 등이 박길룡건축사무소에 모여 발명학회를 재건하기로 결의한 덕분이었다. 이어 김용관은 변호사 이인을 후원자로 영입했다. 이인은 민족 운동 사건에 대한 변호로 이름을 날리고 있었고, 변리사 자격도 가지고 있었다. 그는 훗날 대한민국 제헌 국회의원과 초대 법무부 장관을 역임하게 된다.

발명학회는 1933년 6월에 기관지로 《과학조선》을 창간했다. 《과학조선》은 발명과 과학의 중요성을 사회에 알리고 과학기술 지식을 대중에 보급하는 역할을 맡았다. 《과학조선》은 1944년 1월까지 발간되었으며, 우리나라 최초의 종합 과학 잡지로 인정받아 2013년에 등록문화재로 지정된 바 있다. 박길룡은 '발명학회 이사장'이란 직함으로 창간사를 썼으며, 이후에도 지구의 역사, 우주론, 생활의 과학화 등에 관한 글을 기고했다. 1933년 6월호의 「창간에 제(際)하야」, 1933년 7/8월호의 「지구생성사」, 1935년 6월호의 「우주에 관한 고찰」, 1935년 8/9월호의 「생활의 과학화에 대하야」 등이 그것이다.

「창간에 제하야」에서 박길룡은 세계가 서로 다투며 잘 살기 위해 노력하고 있는데, 조선 사람들만 조용하다고 진단했다. 이어 그는 조선 사람들도 세계 경쟁에 뛰어들지 않을 수 없는데, 그러기 위해서는 과학기술이 절대적으로 필요하다고 역설했다. 박길룡은 발명학회가 《과학조선》을 창간한 목적으로 일반인에 대한 과학의 보급, 발명가의 과학상식 증진, 학생들의 발명 정신 고양 등을 들었다.[7] 또한 박길룡은 「생활의 과학화에 대하야」에서 조선에서 특히 신경을 기울여야 할 것은 아동 교육이라고 강조했다. "아동에게 대한 과학적 교육을 등한시하지 말고, 각 가정에서는 부모부터 과학지식의 소양을 가질 것과 아동 유희에 대한 교육적 완구 선택에 힘쓸 것과 사회적 과학기관 창설 및 발명 지도·장려 기관의 확충을 도모할 것 등이다. 다음으로 아동에게 대한 일상어도 있는 대로 그들의 의기(意氣)를 꺾지 말고 조장하여 장래 훌륭한 인격자가 되도록 힘쓰는 것이 필요하다고 생각한다."[8]

©한국민족문화대백과사전
[그림 6] 1933년 6월에 발간된
《과학조선》 창간호

발명학회는 1933년 10월 26일에 종로의 YMCA 회관에서 발명 강연회를 성황리에 진행했다. 1934년에 들어와 발명학회는 매년 '과학주간'을 설치하여 대중적인 과학기념행사를 벌이기로 했으며,

7 박성래, 『인물과학사 1: 한국의 과학자들』 (책과 함께, 2011), 337쪽.

8 황지나, 「"과학조선 건설"을 향하여: 1930년대 과학지식보급회의 과학데이를 중심으로」 (전북대학교 석사학위논문, 2019), 61쪽.

찰스 다윈(Charles R. Darwin)의 기일인 4월 19일을 '과학데이'로 정했다. 1934년 4월 16~25일에는 제1회 과학데이 행사가 거국적으로 개최되었는데, "한 개의 시험관은 전 세계를 뒤집는다"라는 구호가 전국을 뒤덮었다. 이어 1934년 7월 5일에는 "생활의 과학화! 과학의 생활화!"를 목표로 내건 과학지식보급회가 창립되었다. 과학지식보급회의 회장은 윤치호, 부회장은 이인이었고, 김용관, 박길룡, 현득영은 이사로 등재되었다. 고문으로는 조만식, 송진우, 여운형, 김성수 등과 같은 명망가들이 위촉되었다. 과학지식보급회가 주관한 1935년 제2회 과학데이 행사에서는 김억이 작사하고 홍난파가 작곡한 '과학의 노래'가 연주되었다. 과학데이 행사는 1938년까지 계속되었다.

박길룡은 1930년대 과학 운동을 후원하는 데도 적극적이었다. 《과학조선》의 여기저기에는 박길룡건축사무소에 대한 광고가 실려 있다. 가령 《과학조선》 1933년 7/8월호에는 '건축공사설계감독/박길룡건축사무소/경성부관훈동 197의8/전화(광화문) 1564번'이란 4줄짜리 광고가 나와 있다. 박길룡은 발명학회와 과학지식보급회를 위해 기부금도 여러 차례 내놓았다. 예를 들어 1934년에 제1회 '과학데이' 행사가 열렸을 때 박길룡은 200원을 기부했다. 300원을 낸 윤치호와 이인을 이어 박길룡은 최대 기부자 3등으로 기록되었다. 당시 《과학조선》 1부가 20전이었으므로, 박길룡은 1,000부의 값을 기증했던 셈이다.[9] 또한 박길룡은 1936년 과학데이를 통해 진행된 발명가 표창 시상식의 심사위원을 맡기도 했다.[10]

---

9 박성래, 『인물과학사 1: 한국의 과학자들』, 337~338쪽.

10 황지나, 「"과학조선 건설"을 향하여」, 67쪽.

건축 활동의 관리와 전파에 바친 열정

박길룡은 감투도 많이 썼다. 1938년에는 조선인 최초로 사단 법인 조선건축회의 이사가 되었다. 조선건축회는 조선에서 활동하던 일본인 건축가들이 1922년에 조직한 단체로 《조선과 건축(朝鮮の建築)》이란 기관지를 발간했다. 창립 회원은 대부분 일본인이었고, 조선인으로는 건축과 무관한 박영효, 송병준, 이완용이 명예 회원으로 위촉되었을 뿐이다. 또한 박길룡은 1941년에 경기도 건축대서사 조합장이 되어 경기도 전역의 건축 행위를 관리하는 역할을 맡았다. 조선건축기사협회의 유일한 조선인 회원으로 1941년에 이사장까지 올랐던 인물도 박길룡이었다.

1926년부터 박길룡은 《조선일보》, 《동아일보》, 《조선문 조선(朝鮮文朝鮮)》, 《실생활》, 《조선과 건축》 등을 통해 건축에 대한 다양한 글을 집필했다. 그의 주된 글감은 조선의 건축 상황을 고찰하고 선진국의 건축 동향을 감안하여 현재의 건축물을 어떻게 개량을 것인가에 맞춰져 있었다. 박길룡은 서양 건축이나 일본 건축을 맹목적으로 흉내 낼 것이 아니라 우리의 전통문화를 바탕으로 외래문화를 소화해야 한다는 점을 강조했다. 사실상 박길룡이 제안한 주택 개량 방안은 절충식에 가까웠는데, 외관과 구조는 서양식, 온돌과 가구는 조선식, 실내 공간은 일본식에 해당했다. 가령 변소(화장실)는 서양 것이 편하지만 주택 난방은 우리의 온돌이 최고라는 식이었다.

박길룡은 1929년 5월 16일자 《조선일보》에 기고한 글에서 다음과 같이 썼다. "요사이 걸핏하면 문화주택, 문화주택 합니다. 그러나 문화주택이라는 것은 그나마 문화에 적합한 문화주택이어야 할 것이오. 따라서 문화주택이라고 그저 양옥집이나 일본 주택만은 아닐 것 같습니다. 첫째, 그 나라, 그 민족, 그 향촌, 그 도시인의 감정과 더 나아가 그 나라의 통일된 특수한 정서가 드러나지 않으면 안 됩니다. 그리고 우리들의 문화주택이라고 하면 그것은 결코 집치장을 말함이 아니라 가난한 우리 조선 사람에게 소비가 덜 되고 쓸모 많고 미관(美觀)이 좋아야 하겠습니다. 그리고 무엇보다도 돈 적게 드는 것이 제일 좋을 것 같습니다."[11]

박길룡은 외부 잡지나 신문에 기고하는 것을 넘어 단행본을 출간하고 건축신문을 발행하기도 했다. 그는 자신이 집필한 글을 바탕으로 1937년에 『재래식 주가(住家) 개선에 대하야』라는 단행본을 자비로 출판했다. 이어 1941년 4월 15일에는 타블로이드판 4면으로 매월 발간된 신문인 《건축조선》을 창간했다. 《건축조선》은 우리나라 건축가에 의한, 우리말로 된 최초의 건축 신문에 해당한다.

일제 말기에 박길룡의 이름은 전시단체에도 올랐다. 1940년에 일제는 황민 사상을 전파하고 전쟁 분위기를 고양하기 위해 '국민총력조선연맹'을 결성했는데, 박길룡은 1941년에 문화부 위원, 1943년에 후생부 위원으로 위촉되었다. 또한 1943년 4월에는 대동아공영권 건설을 목표로 표방한 단체인 견지공평정회(堅志公平町會)의 정총대(町總代)가 되었다. 박길룡이 이러한 직책을 자발적으로 선택한 것인지 아니면 부득이 이름만 올려놓은 것인지는 분명하지 않다. 또한 그가 전시단체에서 구체적으로 무슨 일을 담당했는지에 대해서도 알려진 바가 없다.

---

11 박길룡, 「잘 살려면 집부터 고칩시다(1)」, 《조선일보》(1929. 5. 16).

박길룡은 1942년부터 이화여자전문학교의 촉탁 강사로 초빙되어 가사전수과(家事專修科)에서 주택 독본 과목을 담당했다. 1943년에는 혜화전문학교(현재 동국대학교) 건축을 맡아 외관 디자인을 손보고 있었는데, 그것이 최후의 작품이 되고 말았다. 그는 1943년 4월 27일 오전에 이화여자전문학교에서 강의를 하던 중에 뇌일혈로 쓰러졌고, 건축사무소로 옮겨졌으나 깨어나지 못한 채 작고하고 말았다. 당시 박길룡의 나이는 45세에 불과했다. 가장 왕성하게 활동할 수 있는 나이라 안타깝기 그지없다. 종로초등학교에서 장례식을 마친 그는 서울 망우리 묘역(109709번)에 잠들었다.

박길룡은 사망 직전까지 『조선어 건축용어집』의 발행을 위해 110장가량의 미완성 원고를 작성해 놓았던 것으로 전해진다. 박길룡이 세상을 떠난 직후인 1943년 5월에 조선건축회는 《조선과 건축》 특집호를 통해 고인의 업적을 기렸다. 경성부윤 후루이치(古市進)와 견지공평정회 부총대 무라이(村井力次)도 조사(弔詞)를 썼다. 그의 분신에 다름없는 박길룡건축사무소는 후배인 김세연에 의해 이름을 그대로 유지한 채 1945년까지 운영되었다.

돌이켜보면, 박길룡은 일본인이든 조선인이든 누구에게나 두루 인정을 받은 성공한 건축가였다. 그는 식민 권력을 바탕으로 성장했지만 나름의 방식으로 조선인의 정체성을 유지했다. 또한 박길룡은 후배 건축가들이 백발이 되어서도 가장 많이 추억했던 사람이었다. 그는 단순한 건축 전문가가 아니라 조선인 건축가들을 포용한 리더였던 것이다.

라디오 국산화의 주역,

김해수

우리나라의 기술 발전에 실제로 기여한 인물을 찾기는 쉽지 않다. 여러 사람의 집단적인 노력을 통해 기술이 개발되었기 때문에 특정한 개인이 어느 정도 기여했는지를 판단하기가 어려워서다. 게다가 해당 사업을 주관한 기업의 대표나 정부의 고위 관료가 부각되는 경향이 커서 실무 엔지니어의 이름이 알려지는 경우는 흔치 않다. 이러한 상황은 최근에 한국의 산업화에 기여한 엔지니어들이 자서전이나 회고록을 발간함으로써 조금씩 개선되고 있다. 1959년에 금성사(현재 LG전자)에서 국산 라디오 1호를 개발한 김해수(金海洙, 1923~2005)가 이러한 예에 속한다. 그의 자전적 회고는 딸 김진주에 의해 『아버지의 라디오』라는 책으로 2005년에 발간된 바 있다.[1]

[그림 1] 금성사 생산과장
시절의 김해수

1 이하의 논의는 송성수, 『사람의 역사, 기술의 역사』 제2판 (부산대학교출판부, 2015), 442~453쪽을 보완한 것이다.

전기 공학을 섭렵한 조선인

김해수는 1923년에 건어물 교역상을 하던 김종옥의 8남매 중 막내로 태어났다. 원래 고향은 경남 거창이었지만, 3살 때 집안이 경남 하동으로 이주하게 됨으로써 하동을 고향으로 여기면서 자랐다. 아버지는 사업은 계속 잘 되는 편이었고, 덕분에 김해수는 별다른 어려움 없이 어린 시절을 보낼 수 있었다.

김해수는 1937년 보통학교를 졸업한 후에 일본 도쿄로 유학을 갔다. 당시에 그의 둘째 형인 김장수는 도쿄에서 전구 공장을 운영하고 있었다. 김해수는 갑종 중학교인 릿쇼(立正)학교의 입학 시험에 단번에 합격했다. 그는 늘 상위권의 성적을 유지했으며 일본인 친구들과도 잘 지내는 편이었다. 중학교 2학년 때 우에노에 있는 과학 박물관을 견학하면서 전기 공학에 흥미를 느꼈고 손수 라디오를 조립하기도 했다. 형님의 전구 공장 덕분에 김해수는 전기 공학과 더욱 가까워질 수 있었다.

김해수는 의사가 되기를 원했던 형님의 반대를 무릅쓰고 1940년에 동경고공(東京高工)의 전기 공학과에 입학했다. 그는 학교에서는 주로 강전(强電)에 대한 공부와 실습을 했고, 방과 후에는 혼자서 라디오와 단파 송수신기를 조립하면서 약전(弱電)의 원리를 익혔다. 그는 "학창 시절에 강전과 약전을 두루 섭렵한 공부가 평생을 통해 내 운명에 결정적인 영향을 미치게 될 줄은 미처 알지 못했다"고 술회한 바 있다.[2] 강전과 약전은 전류의 세기에 따라 편의상 구분된 개념으로 강전은

---

2 김해수, 『아버지의 라디오: 국산 라디오 1호를 만든 엔지니어 이야기』 (느린 걸음, 2007), 58~59쪽.

에너지를, 약전은 신호를 주로 다룬다.

1943년 봄에 동경고공의 졸업반이던 김해수는 인천 조병창의 전기 주임으로 갑작스런 발령을 받았다. 태평양 전쟁에서 열세에 몰린 일본 군부의 정책에 따른 것이었다. 하지만 그는 조병창에 부임하자마자 그곳을 탈출해서 강원도 산골로 숨어들었다. 조선인의 자존심으로 패망해가는 일제에 대한 협력을 거부한 셈이었다. 다행스럽게도 김해수는 강원도 금화군에 있던 창도(昌道) 광산의 전기 주임으로 일할 수 있었고, 후지모토(藤本) 소장의 도움으로 인천 조병창에서 도주한 문제를 해결할 수 있었다. 김해수는 창도 광산에서 6개월 정도 근무한 뒤 경상북도 봉화군에 있던 다덕(多德) 광산으로 자리를 옮겼다.

기술에는 좌익과 우익이 없다

식민지 말기에 여러 곳을 전전하던 김해수에게도 해방은 찾아왔다. 그는 1945년 9월 에 하동으로 돌아왔다. 당시에 김해수는 아직 20대 초반이었지만, 부모님을 비롯한 일가친척 등 수많은 식솔을 먹여 살려야 하는 처지에 놓이게 되었다. 때마침 일본인이 운영하던 라디오 가게가 매물로 나왔고 김해수를 이를 헐값에 인수한 후 '창전사(創電社)'라는 간판을 내걸었다. 조악한 부품들로 조립된 전시 보급형 라디오들은 고장이 잦았기 때문에 일거리는 무궁무진했다. 김해수는 불량 라디오들을 척척 수리해냄으로써 경남 지방 일대에서 스타 엔지니어로 떠올랐다. 당시에 그는 해방 직후의 혼란 속에서 설립된 몇몇 중학교에서 과학 교사직을 임시로 맡기도 했다.

김해수의 주변에는 친구들이 많았는데, 그중에서 각별했던 사람은 강대봉이었다. 강대봉이 좌익 성향을 지닌 민주청년동맹(민청)의 지도자 격이었기 때문에 김해수는 민청이 주도하는 집회나 공연 등에 필요한 무대장치 일체를 설치하는 일을 맡았다. 그는 민청에 대항하는 우익 단체인 민족청년동맹(족청)으로부터 동시에 협조 요청을 받아 가끔은 그쪽 일을 거들어주기도 했다. 김해수는 어느 편이 됐든 기술적 서비스는 공평하게 제공하는 것이 엔지니어의 임무라고 생각했다.

1947년에 김해수는 3명의 친구들과 함께 좌익 청년 활동의 핵심으로 몰려 소위 '하동군청 방화 사건'에 무고하게 연루됨으로써 모진 시련을 겪었다. 형사들은 3주간에 걸친 무자비한 고문으로 방화범이라는 억지 자백을 받아내려 했다. 김해수는 끝까지 버텼으며, 결국 무죄 판결을 받았다. 그러나 감옥에서 나오자마자 각혈(咯血)을 했다. 그는 고문 후유증으로 얻은 폐결핵 때문에 전남 완도군의 소안도에서 요양을 하는 신세가 되었다.

1950년 9월에 김해수는 부산으로 거처를 옮겼다. 국제시장 인근의 창선동에 화평전업사(和平電業社)를 개업하고 새로운 삶을 시작했다. 조카인 김동훈이 합세하여 일을 도왔는데, 그는 1960년에 금성사에 입사하여 1984년까지 근무했다. 화평전업사 시절에 김해수는 우연히 해군의 원자력 개발 사업에 개입하기도 했고, 미군 PX 내의 라디오 수리점에 대한 위탁 운영을 맡아 꽤 많은 돈을 벌었다.

1950년대에 부산이 라디오의 조립과 수리에서 최적의 조건을 형성하고 있었다는 점도 주목할 필요가 있다. 한국 전쟁을 거치면서 미군 물품들이 부산을 중심으로 급증했을 뿐만 아니라 밀무역을 통해 일본산 제품들이 부산으로 대거 유입되었던 것이다. 당시에 부산의 광복동 일대는 서울 청계천 주변의 장사동과 함께 한국 전자 산업의 요람이 되었던 공간이었다. 더 나아가 부산 광복동의 여건이 서울 장사동보다 더욱 우수했다는 평가도 있다. 이와 관련하여 소위 '장사동 키드'의 한 명으로 훗날 미국 유학 후에 한국반도체를 창립했던 강기동은 다음과 같이 회고했다. "청계천은 주로 일제 시대의 고물들을 취급했으나 광복동은 최신 미제나 일제 일용품들을 다루었고 잡지만 전문으로 하는 노점도 많았다."[3]

김해수는 1954년 3월에 강대봉의 동생인 강강자와 결혼식을 올렸다. 1955년 8월에 두 사람 사이에는 첫 딸인 김진주가 태어났다. 그러나 전축 공장 등의 새로운 사업을 벌였다가 큰 실패를 맛보았고, 설상가상으로 지병인 폐결핵이 악화되어 생사의 기로에 서게 되었다. 1956년에 그는 늑골 절제수술을 받았으며, 한쪽 폐를 더 이상 쓸 수 없는 상태로 평생을 살아야만 했다.

국산 라디오가 개발되기까지

1958년 가을에 김해수는 락희화학공업사(樂憙化學工業社, 현재 LG화학)가 낸 '고급 기술 간부 모집'이라는 광고에 접했다. 락희화학의 자회사로서 전자 제품 전문 회사인 금성사가 회사를 주도해 나갈 간부 기술자를 채용한다는 것이었다. 그때 몰려든 응모자들은 무려 2천 명에 달했는데, 최종 합격자는 김해수를 포함해서 3명이었다. 김해수는 수석 합격자이자 실무 경험이 가장 많은 사람으로 국산

3 강기동, 『강기동과 한국 반도체』 (아모르문디, 2018), 57쪽.

라디오를 설계하는 책임을 맡았다.

오늘날 LG그룹의 모태가 되는 락희화학은 1947년 부산에서 구인회(具仁會, 1907~1969)가 설립했다. 락희화학은 화장품 사업과 치약 사업에서 잇따라 성공하여 우리나라를 대표하는 화학 업체로 성장했다. 당시에 '동동구리무'로 불린 럭키크림과 국내 최초의 튜브형 치약인 럭키치약은 전국 곳곳에서 날개 돋친 듯 팔려나갔다. 구인회 사장은 여기에 만족하지 않고 PVC 파이프, 비닐장판, 폴리에틸렌필름 등으로 사업을 계속해서 확장해 나갔다.

©LG
[그림 2] LG그룹을 창업한 구인회. 그는 지수보통학교 출신인데, 조홍제 효성그룹 창업주와 이병철 삼성그룹 창업주도 같은 학교를 다녔다.

1957년 초 어느 날, 구인회 사장을 비롯한 락희화학 임직원들이 반도호텔에서 회동을 가졌다. 그 날에 화제가 된 것은 기획부장 윤욱현이 가지고 있던 전축이었다. 윤욱현은 LP 레코드를 하이파이 전축에 걸어 재생한 음악이 마치 눈앞에서 오케스트라가 연주하는 것으로 착각할 만큼 황홀했다고 말했다. 그는 독일인과 친분이 있었고 영어도 잘했기 때문에 각종 전자 기기에 대한 외국 잡지도 받아보고 있었다. 구인회는 "우리가 그거 만들면 안 되는 거요?"라고 물었고, 윤욱현은 "라디오도 못 만드는데 어찌 전축을 만들겠습니까?"라고 응수했다.[4]

구인회는 윤욱현에게 라디오 국산화에 대한 검토를 지시했지만 이에 대한 반대 의견도 만만치 않았다. 미군 PX를 통해 산뜻한 외제 라디오가 쏟아져 나오고 있는데, 아무런 경험도 없는 상황에서 위험을 무릅쓸 필요가 있느냐는 것이었다. 이에 대해 윤욱현 기획부장을 비롯한 찬성론자들은 라디오 케이스가 플라스틱으로 만들어지기 때문에 자체 기술로 감당할 부분이 적지 않으며, 핵심 기술은 외국에서 유치하면 된다고 맞섰다. 라디오 국산화에 대한 찬반양론이 팽팽히 맞서는 가운데 구인회는 다음과 같은 의견을 피력했다. "우리가 영원히 PX에서 외국 물건만 사 쓰고 라디오 하나 몬 맹글어서 되겄나. 누구라도 해야 할 거 아닌가. 우리가 한번 해보는 기라. 먼저 하는 사람이 고생도 되겄지만 고생하다 보면 나쇼날이다, 도시바다 하는 거 맹키로 안되겄나."[5]

---

4 김영태, 『비전을 이루려면 Ⅰ: 연암 구인회』 ((주)LG, 2012), 310~311쪽.

5 김영태, 『비전을 이루려면 Ⅰ』, 313쪽.

1958년 4월에는 윤욱현을 주축으로 마련된 '종합 전자기기 생산공장 건립안'이 채택되었다. 기계와 시설을 도입하기 위해 1차로 8만 5,195달러의 예산이 책정되었으며, 기술고문 겸 공장장으로는 기계공학을 전공한 독일인 H. 헨케(H. W. Henke)가 선임되었다. 구인회는 1958년 10월에 금성합성수지공업사를 금성사로 개칭하면서 라디오 국산화 사업을 본격적으로 추진했다. 곧이어 연지동 플라스틱 공장 건너편에 있던 금성합성수지공업사의 건물이 전자 제품 공장으로 개조되었다.

©LG

[그림 3] 부산 연지동에 있었던 금성사의 라디오 공장

헨케와 김해수는 제품 설계를 놓고 상당한 논쟁을 벌였는데, 이에 대해 김해수는 다음과 같이 회고했다. "라디오의 부품을 조립하고 배선을 할 섀시의 기본구조를 결정하려면, 먼저 라디오의 바깥 상자, 즉 캐비닛의 모양이 결정되어야 했다. 나는 각종 자료를 수집한 끝에 최신형 일제 라디오를 모방해서 옆으로 길고 나지막한 몸체의 전면에 투명 다이얼판을 붙인 세련된 형태의 라디오 캐비닛 그림을 그려서 헨케 씨에게 보냈다. … 내가 제안한 모델에 대해서 그는 한마디로

'안 돼(No Good)!'라고 잘라 버리더니, 원래 그가 생각하고 있던 캐비닛의 모양을 나에게 설명했다. 그것은 유럽 중세의 고딕 양식을 따른 교회 건물처럼 아래위로 긴 상자의 윗면이 둥그스름한 구조였다. 나는 그를 한참 동안 설득하면서 '라디오의 설계를 맡겼으면 캐비닛의 디자인까지 맡겨야 하지 않느냐'고 항변하였으나 서로의 의견이 팽팽히 맞서기만 할 뿐이었다."[6]

이러한 논쟁을 해결하기 위해 윤욱현이 나섰다. 회사 간부 전원의 투표를 통해 라디오 캐비닛의 모양을 결정하자는 합의가 도출되었다. 투표 결과 김해수가 만든 견본이 절대 다수의 지지를 얻었다. 그 후에도 헨케와 김해수 사이에는 크고 작은 의견다툼이 끊이지 않았고, 결국 헨케는 계약기간을 다 채우지 못한 채 금성사를 떠나고 말았다. 헨케가 사임하기 직전에 구인회 사장은 김해수에게 "만약에 미스터 헨케가 없더라도 자네가 중심이 되어서 우리 기술자들만 데리고 회사를 이끌어 나갈 수 있겠는가?"라고 물었고, 김해수는 자신 있게 "그렇습니다."라고 대답했다고 한다."[7]

국산 라디오를 설계하는 과정에서 참고 모델로 삼은 것은 산요 라디오였다. 금성사의 기술진은 산요 라디오를 분해하고 해석하는 과정을 통해 라디오에 대한 기술을 익혔고, 필요한 경우에는 일본의 기술자들에게 접촉하여 관련 정보를 얻어냈다. 이처럼 후발 기업이나 후발국이 완성품을 출발점으로 삼아 기술을 학습하고 개발하는 방법은 '역행 엔지니어링(reverse engineering)'으로 불린다. 마침내

6 김해수, 『아버지의 라디오』, 145~146쪽.

7 김해수, 『아버지의 라디오』, 149쪽.

김해수가 주축이 된 금성사 기술진은 1959년 8월에 국산 라디오 1호의 시제품을 완성하기에 이르렀다.

최초의 국산 라디오 A-501

금성사의 첫 라디오는 'A-501'이란 모델명으로 1959년 11월 15일에 출시되었다. A는 교류(Alternating Current, AC)의 첫 글자에서 따왔고, 5는 5구식 진공관 라디오를, 01은 제품 1호를 뜻했다. 당시에 김해수는 라디오 캐비닛에 대한 디자인은 물론 금성사의 상징인 왕관 모양의 샛별 마크와 'Gold Star' 로고까지 창안했다. 세부적인 디자인은 서울미대 회화과 졸업반이던 박용귀가 맡았는데, 그는 우리나라에서 공업디자인을 개척한 인물로 평가되고 있다.

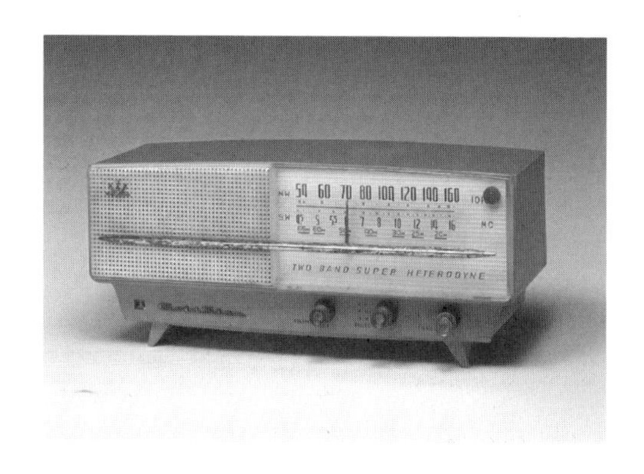

[그림 4] 최초의 국산 라디오로 평가되는 A-501

1959년 금성사의 라디오 생산량은 87대였고, 가격은 2만 환이었다. 2만 환이 금성사 대졸 신입사원의 3달 치 월급에 해당했다고 하니, 초창기 라디오가 상당한 고가의 제품이었다는 점을 알 수 있다. 그러나 A-501의 가격은 미군 PX에서 흘러나온 외제 라디오의 약 2/3에 지나지 않았다. 당시 최고급 라디오로 인기를 누렸던 미국의 제니스

라디오는 암시장에서 45만 환에 팔렸는데, 이는 쌀 50가마의 가격에 해당했다.

A-501이 출시되기 직전인 1959년 11월 4일에 《국제신보》는 다음과 같은 기사를 실었다. "우리나라 최초의 국산 라디오가 드디어 쇼윈도에 나타나게 된다. 그동안 라디오 생산에 필요한 제반 시설을 갖추어 오던 금성주식회사는 마침내 대량 생산의 단계에 들어갔으며 오는 11월 15일경 전국 상점에 일제히 공급하게 되었다. … 구매자에게 가장 큰 관심사로 되어 있는 가격은 외국산보다 3할 내지 4할 정도 싸게 팔 예정이라고 한다. … 아직까지는 진공관, 스피커, 바리콘 등 전속 부품의 약 3분의 1을 미국 및 서독에서 수입하고 있으나 그 외의 일체 제조 과정은 우리 손으로 만들어지고 있다. … 우리나라의 전력 사정을 고려해서 50볼트의 낮은 전압에서도 소리를 들을 수 있도록 설계된 것이 특징이며, 처음부터 국산 부품을 60%나 사용한 것은 기록될 만한 일이다."[8]

금성사의 A-501은 우리나라 최초의 국산 라디오로 평가되고 있지만, 그 이전에도 라디오를 생산한 국내 기업들이 있었다. 천우사와 삼양전기가 이러한 예에 속한다. 1957년에 천우사는 네덜란드 필립스의 제품을 모델로 삼아 라디오를 조립했으며, 연간 수천 대의 국산 라디오를 생산할 수 있는 공장도 갖추었다. 천우사는 공장 시설에서 라디오를 생산한 효시라 볼 수 있지만, 단순한 부품만 스스로 제작했고 판매 실적이 7천 대 정도에 머물렀다는 한계를 보였다. 삼양전기는 일본의 산요와 기술 제휴를 해서 1957년에 라디오 생산을

8 금성사, 『금성사 25년사』 (1985), 156~157쪽; 김해수, 『아버지의 라디오』, 147쪽.

시작했다. 삼양 라디오는 산요의 설계도와 부품을 가져다가 단순히 조립만 한 것으로 케이스에 삼양전기란 상표만 붙여 판매했다고 여겨진다.[9]

천우사, 삼양전기, 금성사 중에 어느 회사가 라디오를 처음 국산화했는가에 대한 명확한 기준은 없지만, 금성사의 A-501이 국산 1호로 인정받은 것은 “부품 국산화 비율 60% 이상”이라는 암묵적 기준이 적용되었기 때문으로 여겨진다. 또한 천우사와 삼양전기는 자사의 제품이 국산 최초라고 적극적으로 주장하지 않았던 반면 금성사는 A-501이 국산 라디오의 효시라는 점을 계속 강조했다. 1959년 12월에 제작된 〈대한 늬우스〉 244호도 이러한 견해에 힘을 실어 주었다. ‘최초의 국산 라듸오’라는 제목으로 3분 37초 동안 금성사의 라디오 공장과 작업 광경을 보여주었던 것이다. 정부가 제작하는 뉴스가 전국적으로 상영됨으로써 A-501은 ‘최초의 국산 라디오’라는 수사를 거머쥐게 되었다.[10]

1959년은 우리나라 전자 산업 혹은 전자 정보통신 산업의 원년으로 평가되기도 한다. 이에 관하여 한국 전자 산업 40년의 발자취를 다룬 『끝없는 혁명』은 다음과 같이 쓰고 있다. “우리나라 전자 정보통신 산업의 태동 시점을 A-501의 개발을 기준으로 한다는 것에 적지 않은 이견이 있을 줄 안다. 한성-제물포 간 전신이 개통된 구한말(1885년)을 기점으로 보자는 사람이 있는가 하면 … 해방 후

---

9 김동광, 『라디오 키즈의 탄생: 금성사 A-501 라디오를 둘러싼 사회문화사』 (궁리, 2021), 27~31쪽. 천우사의 라디오 사업과 그 맥락에 관한 자세한 논의는 장영민, 「냉전기 한국 라디오 수신기의 생산과 보급」, 《언론정보연구》 제56권 4호 (2019), 76~88쪽을 참조

10 .김동광, 『라디오 키즈의 탄생』, 31~37쪽.

우리나라 최초의 라디오방송인 기독교방송(CBS)의 개국(1954년) 또는 최초의 텔레비전 방송인 KORCAD-TV의 개국(1956년) 시점을 우리나라 전자 정보통신 산업 원년으로 봐야 한다는 이론도 만만치 않다. … 그러나 결정적으로 산업의 형성 요소인 공급과 수요, 그리고 상품 가운데 공급(방송국)과 수요(청취자와 시청자)는 있는데 상품(라디오와 TV)이 없었다는 점에서 역시 이론(異論)의 하나에 불과하다고 볼 수밖에 없다. 바로 이런 이유로 해서 금성사가 A-501을 개발하여 시판한 1959년은, 비록 그 규모나 행색이 초라했을지라도 우리나라 전자 정보통신 산업이 산업적 요소를 두루 갖추고 태동한 원년이 되는 것이다."[11]

라디오 보급의 길을 터준 박정희

금성사는 A-501에 이어 3개월 내외의 간격을 두고 7종의 추가 모델을 잇달아 출시했다. A-401, B-401, A-502, A-503, TP-601, T-701, T-702가 그것이다. 그중에 A-401은 A-501을 간소하게 만든 것이었고, TP는 트랜지스터 포터블 라디오, T는 트랜지스터 라디오를 의미했다. 그러나 이러한 모델들은 A-503을 제외하고는 모두 2~5개월 만에 단종되고 말았다. 제품의 성능이나 사양이 수입 라디오에 비해 크게 떨어졌기 때문이었다.

국산 라디오를 생산하고 보급하는 길은 멀고도 험난했다. 대량 생산 체제를 구축하는 데 필요한 연관 산업의 기술 수준이 워낙 취약해서 부품의 불량과 생산성이 끊임없이 문제를 일으켰다. 더구나 일본과 미국에서 유입되는 밀수품이 범람하고 있었기 때문에 국산 라디오에

11 서현진, 『끝없는 혁명: 한국 전자산업 40년의 발자취』 (이비커뮤니케이션, 2001), 12~13쪽.

대한 시장의 반응은 냉담했다. 당시 금성사 생산과장이던 김해수는 영업 업무까지 맡아 전국을 돌아다녔지만 별다른 성과를 거둘 수 없었다.

금성사의 라디오 공장에는 재고가 수북하게 쌓여만 갔다. 당시의 재고 창고 안에는 반품으로 처리된 라디오가 무려 2천 대나 방치되어 있었다고 한다. 금성사가 계속해서 적자를 기록하자 "락희화학이 번 돈을 금성가가 다 까먹는다"는 여론도 생겨났다. 급기야 구인회 사장은 1961년 5월에 "1년만 더 해 보고 안 되면 그때 가서 문을 닫기로 하자"고 제안하기도 했다.

이러한 난관을 타개하는 데 결정적인 역할을 한 사람은 5 · 16 군사 정변을 일으켜 권력의 핵심으로 부상한 박정희 장군이었다. 1961년 가을에 부산 연지동의 금성사 라디오 공장은 거의 가동을 멈춘 상태였는데, 국가재건최고회의 의장을 맡고 있던 박정희가 예고도 없이 공장을 방문했던 것이다. 김해수는 라디오 생산 현황을 상세히 보고하면서 밀수품의 유통을 막아야 우리나라 전자 산업이 살아날 수 있다는 점을 역설했다.

"우리나라에서 일본과 같은 전자 공업이 크게 일어나려면 일제 밀수품과 미제 면세품 라디오의 유통을 막아야 합니다. 그렇게만 되면 금성사를 당장이라도 살릴 수 있으며, 우리나라의 전자 공업도 탄탄대로로 나아갈 수 있습니다. … 장군께서는 오늘 저녁이라도 광복동에 즐비한 여러 라디오 가게의 진열장을 살펴봐 주십시오. 마치 외제 라디오의 박람회장처럼 무엇이든지 있지만, 국산 라디오는 단 한

대도 끼워주지 않는 현실을 보시게 될 것입니다."[12]

박정희의 금성사 방문을 계기로 상황은 극적으로 바뀌었다. 얼마 지나지 않아 국가재건최고회의는 '밀수품 근절에 관한 최고회의 포고령'을 선포했다. 밀수가 마약, 도벌(盜伐), 깡패, 사이비 기자 등과 함께 '5대 사회악(社會惡)'으로 규정되는 가운데 강력한 단속이 잇따랐다. 이어 1962년 7월에는 공보부 주관으로 전국의 농어촌에 라디오 보내기 운동을 전개한다는 발표가 있었다. 박정희 정부의 대국민 홍보 수단으로 라디오가 선택된 것이었다.

당시 전국적으로는 약 90만 대의 라디오가 보급되어 있었는데, 대부분 대도시에 집중되어 농어촌 시골 마을의 1/3에는 단 한 대의 라디오도 없었다. 라디오와 마찬가지로 신문에 대한 시장도 대도시를 중심으로 형성되어 있었다. 신문을 구독할 만한 경제적 여력을 갖춘 사람들이 많지 않았으며 신문이 시골 마을로 전달되는 데도 많은 시간이 걸렸다. 게다가 당시의 신문은 한자와 한글을 혼용하고 있었는데, 신문에 들어있는 한자를 읽을 수 없는 사람도 많았다. 이에 반해 라디오는 글자가 아닌 말을 통해 즉각적으로 메시지를 전달할 수 있는 이점을 가지고 있었다.

농어촌 라디오 보내기 운동을 매개로 국산 라디오는 날개 돋친 듯 팔리기 시작했다. 국산 라디오의 판매 대수는 1960년만 해도 수천 대에 지나지 않았지만, 1962년 한 해에만 13만 7천여 대로 급속히 증가했다. 농어촌 라디오 보내기 운동은 1963년까지 계속되었고

12 김해수, 『아버지의 라디오』, 161~162쪽.

이를 통해 전국에 보낸 라디오는 20만 대를 넘어섰다. 이 운동에 대해 김해수는 다음과 같이 평가했다. "군사혁명에 대한 홍보와 지지 세력 확대를 도모했던 박정희 장군의 의도와 전자 공업의 발전을 추구하던 시대의 요구가 절묘하게 맞아떨어졌던 게 아닌가 싶다."[13]

한국 전자 산업의 기틀을 다지다

금성사는 라디오에 이어 1960년 3월에 선풍기, 1961년 7월에는 전화기를 국내 최초로 생산했다. 김해수는 1961년 하반기에 금성사가 중점 사업으로 추진한 텔레비전의 개발과 생산을 책임지게 되었다. 1961년 12월에 금성사는 일본의 히타치와 기술 제휴 계약을 체결했고, 이를 바탕으로 1962년 1월부터 3개월 동안 김해수를 포함한 6명의 기술자가 히타치의 요코하마 공장에서 기술 실습을 받았다. 김해수는 귀국 직후에 부산시 동래구 온천동에 종합전자기기공장을 신축하는 작업을 관할했으며, 1963년 10월에는 동래공장 완공과 함께 공장장에 부임했다. 김해수가 각종 전자 제품의 개발과 생산을 총괄하는 가운데 금성사는 1965년에 냉장고와 전기밥솥의 국산화에도 성공했다.

금성사는 텔레비전 생산 설비를 갖추고 시운전까지 시도했지만, 텔레비전의 국내 생산에 대한 여론은 부정적이었다. 당시의 언론은 텔레비전 생산이 차관에 대한 의존을 심화시키고 좋지 못한 전력 사정을 더욱 악화시킨다고 주장하면서 아직 한국에서는 텔레비전이 사치품에 불과하다고 덧붙였다. 이에 대응하여 1965년 초에 금성사는

---

13 김해수, 『아버지의 라디오』, 163쪽. 농어촌 라디오 보내기 운동에 관한 자세한 논의는 김희숙, 「라디오의 정치: 1960년대 박정희 정부의 농어촌 라디오 보내기 운동」, 《한국과학사학회지》제38권 3호 (2016), 425~451쪽을 참조.

‘TV 수상기 국산화 계획 및 전기 제품 수출 대책에 관련한 건의서’를 정부 당국에 제출하면서 “신문, 라디오와 같이 사회생활에 필수적인 매스컴의 매개체인 TV 수상기만이 미개척 분야로 남아 있는 실정”이라고 강조했다. 결국 한국 정부는 같은 해 12월에 제한된 범위 내에서 금성사의 텔레비전 생산을 허용하기에 이르렀다. 텔레비전 국산화율이 50%를 넘어서야 하며, 부품 수입은 라디오 등 다른 전기 전자 제품을 수출해서 벌어들이는 외화만큼만 허용한다는 것이었다.[14]

금성사는 1965년 9월에 히타치와 텔레비전의 생산에 관한 기술 도입 계약을 맺었다. 기술 도입 내용은 기술 자료의 제공, 기술 지도 및 훈련, 기술자의 파견 등으로 되어 있었으며, 계약 기간은 10년이었다. 이러한 기술 도입 계약에 따라 금성사는 7명의 숙련된 기술자들을 히타치에 보냈는데, 그들의 임무는 텔레비전 생산 기술을 충실히 이해하고 습득하는 데 있었다. 금성사의 해외 연수 요원들은 함께 아파트에 기거하면서 매일 저녁 자신들이 수집한 정보와 교육받은 내용을 서로 상의하고 복습하는 집단적 토론을 통해 빠른 속도로 관련 기술을 익혀 나갔다. 또한 금성사는 텔레비전 생산 설비를 구축하고 작동시키는 과정에서 일본에서 파견된 기술자들로부터 많은 도움을 받았다. 이러한 과정을 통해 국내 기술자들의 지식과 경험이 축적됨에 따라 1년이 지난 뒤에는 일본 기술자들의 활용이 크게 줄어들기에 이르렀다.

금성사는 1966년 8월에 국내 최초로 텔레비전 수상기 500대를 생산했다. 모델명은 VD-191이었는데, V는 진공관(Vacuum), D는 데스크 타입(Desk type), 19는 19인치, 1은 첫 번째 생산품이라는

14 금성사, 『금성사 35년사』, 260~261쪽; 서현진, 『끝없는 혁명』, 114~116쪽.

의미였다. 최초의 국산 텔레비전은 폭발적인 인기를 누렸다. 당시 텔레비전 한 대의 가격이 쌀 25가마에 해당하는 68,000원이었음에도 불구하고 공급이 모자라서 공개 추첨을 통해 당첨자에게만 판매하는 진풍경이 벌어졌다. 금성사는 1차 생산량인 500대로는 수요를 감당할 수 없어 생산능력을 1,500대 수준으로 상향 조정하여 연말까지 1만 대를 생산했다. 박정희 대통령은 금성사의 텔레비전이 한국 전자 공업 발전에 큰 기폭제가 되었다는 소식을 듣고 금성사 동래공장을 방문하여 격려하기도 했다. 금성사는 1969년까지 모두 9종의 텔레비전 모델을 개발하여 3만 3천여 대의 텔레비전을 생산했다.

[그림 5] 최초의 국산 텔레비전, 금성사의 VD-191

1967년에는 금성사가 본사를 서울로 이전했고, 김해수는 기획부장으로 승진하여 가족과 함께 상경했다. 그는 기획부의 하부 조직으로 약전과, 강전과, 통신과를 설치했다. 그 중 약전과는 경북 구미의 전자 공장을 잉태한 모태가 되었고, 강전과는 금성산전의 기반이 되었으며, 통신과는 금성통신의 산파 역할을 담당했다. 금성사 기획부장으로 재직하는 동안 김해수는 국내 최상급의 인재들을 거느리면서 중요한 전자 산업 프로젝트를 이끌어갔다. EMD 방식의

전화 교환기를 국산화하기 위해 서독의 지멘스와 교섭을 주도한 인물도 김해수였다. 금성사는 텔레비전에 이어 1968년 에어컨, 1969년 세탁기 등을 잇달아 국산화하면서 우리나라를 대표하는 전자 업체로 자리 잡았다.

산업화와 민주화의 길목에서

김해수는 1969년에 금성사를 그만두고 삼화콘덴서로 자리를 옮겨 5년 동안 전무로 활동했다. 당시에 그는 니치콘과 기술 제휴를 맺어 전해콘덴서를 생산하는 일을 맡았으며 페라이트 코어(Ferrite core)의 국산화를 추진했다. 1974~1980년에는 몇몇 재일교포들과 함께 한국트랜스, 신한전자, 대한노블전자, 한국음향, 경인전자, 한국금석, 한륙전자, 한국다이와 등 8개의 회사를 설립했다. 한일 합작으로 전자 부품을 생산하는 이들 회사를 통해 김해수는 우리나라 전자 부품의 국산화율을 제고하는 데 크게 기여했다. 그는 1978년에 국무총리실 소속으로 '중화학공업 10개년 계획'을 수립하는 팀의 민간 위원으로 활동했으며, 1979년에는 우리나라 전자 산업의 기틀을 닦아온 공로를 인정받아 대통령 산업포장을 수상했다.

김해수는 1980년에 삼신정기공업사(이후에 MAGMA로 명칭 변경)를 창업하여 자신이 직접 발명한 자력정(磁力錠)을 생산하기 시작했다. '마그마'라는 상표의 자석식 열쇠가 인기를 얻기 시작하자 비슷한 이름의 싸구려 제품들이 난립했다. 자금력은 점점 바닥을 드러냈고, 결국 1983년에는 회사의 문을 닫고 말았다. 그 후 김해수는 큰 누님을 위해 거제도 옥녀봉 자락에 지은 조그마한 절인 이진암에서 머물렀다. 김해수는 이진암에서 기력을 회복하는 한편 그곳의 대소사를 관장하기도 했다.

김해수는 1987년에 서울로 올라와 전자 부품과 기계 시설에 대한 무역 대리점인 신기상역을 개업했다. 그가 금성사 재직 시절에 도움을 주었던 가와다케(川竹保夫)의 제안과 지원에 힘입어 사업 일선에 복귀했던 것이다. 과거의 경험과 인맥을 바탕으로 사업을 조금씩 키워가고 있을 무렵, 김해수는 딸과 사위의 문제로 세무 사찰을 받는 고초를 당했다. 김해수의 딸 김진주는 이화여대 약학과를 졸업한 후 1982년에 노동 운동가인 박노해(본명 박기평)와 결혼했다. 박노해는 필명으로 '박해받는 노동자 해방'에서 따온 것으로 전해지며, 그는 1984년에 『노동의 새벽』이란 시집을 발간하여 이름을 날렸다. 그러던 중 1991년 봄에 박노해와 김진주는 소위 '사노맹(사회주의노동자동맹) 사건'에 연루되어 경찰에 체포되었고, 김진주는 4년 동안, 박노해는 7년 5개월 동안 옥살이를 했다.

당시의 상황에 대해 김해수는 다음과 같이 회고했다. "내 딸과 사위가 감옥에 있는 동안 나는 거실 한가운데 영광스럽게 걸어두었던 박정희 대통령의 '산업포장'을 거두어 서랍 속에 고이 모셔두기로 했다. 모든 것이 변화하는 20세기 말에는 그 상장의 의미도 빛이 바래고 말았다는 생각이 들어서였다. '조국 근대화의 주역'으로 산업 현장에서 심혈을 바쳤던 우리 세대는 위대했지만, 대한민국 정부가 수립된 이래로 수많은 사람들이 민주주의를 위해 겪었던 고통을 강요하거나 외면해온 죄를 짓기도 했다. 그 때문에 우리는 다음 세대에게 '민주화의 주역'이라는 임무를 떠넘기게 됨으로써 우리 사회가 더욱 엄청난 대가를 치러야 했던 것이다."[15]

15 김해수, 『아버지의 라디오』, 230쪽.

김해수는 말년에 신기상역을 막내아들에게 넘겨주고 자서전을 준비하다가 2005년 8월 21일에 83세의 일기로 세상을 떠났다. 그 후 2년 뒤에 김진주는 아버지의 원고를 정리하여 『아버지의 라디오』를 세상에 선보였다. 책의 말미에 김진주는 김해수에 대해 다음과 같이 썼다.

"아버지의 생애를 돌이켜보면 눈물겹다. … 아버지는 유능한 엔지니어로 직장에서 존중받는 위치에 있었음에도 책상 서랍 속에 항상 사직서를 써 놓고 일을 하셨다. 그만큼 경영진과 마찰을 빚을 일이 많았던 까닭이었다. 기술의 혁신을 통해 공공의 이익에 봉사하는 기업을 이루고자 했던 엔지니어의 바람은 이윤 추구를 위해 사람을 도구화하고 때로는 비리조차 불사했던 구시대 기업인들의 행태와 불화할 수밖에 없었던 것이다. 결코 적당히 타협하고 넘어가지 않는 강직한 성품 때문에 아버지 스스로 얼마나 힘겨웠을지, 그런 아버지에게 힘이 되기는커녕 오히려 상처만 안겨드렸던 지난 일들이 회한으로 쌓여 가슴을 아프게 한다. 그리고 아버지와 함께했던 모든 시간이 그리움으로 되살아난다."[16]

16 김해수, 『아버지의 라디오』, 233~234쪽.

가난한 목공에서 동명그룹의 총수로,

강석진

한국의 합판 산업은 1960년대와 1970년대에 전성기를 구가했다. 합판은 1964~1972년에 우리나라 총수출액의 10% 이상을 담당했으며, 한국은 1970~1981년에 합판 수출량에서 세계 1위를 차지한 국가였다. 당시에 합판 산업을 대표하는 기업으로는 강석진(姜錫鎭, 1907~1984)이 이끌었던 동명목재를 들 수 있다. 그는 맨손에서 시작해 목재 왕국의 건설로 나아간 입지전적 인물이자 정권의 교체를 배경으로 한순간에 몰락한 비운의 인물이었다. 1970년대를 통해 목재왕, 수출왕, 납세왕의 3관왕으로 승승장구했던 그는 1980년에 들어와 동명그룹이 해체되는 아픔을 겪었다.[1]

©동명문화학원
[그림 1] 목재왕, 수출왕, 납세왕의 3관왕을 차지한 동명 강석진

1 이하의 논의는 송성수, 「부산의 산업발전을 이끈 혁신기업가를 찾아서」, 이민규 엮음, 『2020 지역과학기술정책 총서』 (부경대학교 과학기술정책 전문인력 육성지원 사업단, 2021), 17~23쪽을 보완한 것이다.

가난에서 벗어나기 위한 집념

강석진은 1907년 12월 21일에 경북 청도군 풍각면 덕양동에서 태어났다. 아버지 강병우와 어머니 서순득 사이의 3남 2녀 중 막내아들이었다. 강석진의 집안은 할아버지 때만 해도 한해 수확량이 500섬을 넘어설 정도로 부유했다. 그러나 일제의 강점으로 가세가 기울기 시작했고 소송까지 겹쳐 하루아침에 빈털터리가 되고 말았다. 이에 따라 강석진은 어린 시절에 극도의 빈곤 속에서 자라날 수밖에 없었다. 그의 마음은 "어떻게 해서라도 돈을 벌어야 한다. 그리하여 지긋지긋한 가난에서 벗어나야겠다"는 생각으로 가득 차 있었다.[2]

강석진은 1923년에 청도보통학교(현재의 청도초등학교)를 졸업한 후 사람이 많이 사는 대도시인 부산으로 향했다. 부지런히 일자리를 찾아 헤매다가 부산 좌천동에 있던 일본 사람이 경영하는 가구점에 발길이 닿았다. 이 가구점은 원목을 켜서 여러 종류의 가구를 만들어 판매하는 곳으로, 강석진은 심부름꾼 겸 견습공으로 일하게 되었다. 몇 년을 지내는 사이에 강석진의 기능과 기술은 날로 발전하여 선배 기술자들을 능가하는 수준에 이르렀고, 그는 주인으로부터 많은 칭찬과 파격적인 대우를 받았다.

가구 기술에 자신이 생기자 강석진은 새로운 도전에 나섰다. 그동안 모든 돈을 창업 자금으로 삼아 손수 사업을 벌여 성공해보겠다는 것이었다. 널브러진 대팻밥을 긁어모아 이불을 삼고 군고구마 한두 개로 끼니를 때우면서 푼푼이 아껴 모든 돈이 자그마치 400원(현재의 4,000만 원 상당)이었다고 한다. 1925년 4월 1일,

2 동명문화연구원 편, 『동명 강석진, 그 생애와 사상』(세종출판사, 2003), 17쪽.

강석진은 좌천동에 10평 남짓한 규모로 가구점을 겸한 제재소를 세웠다. 회사 이름은 동명제재소(東明製材所)였는데, 이것이 나중에는 동명목재상사(東明木材商社)의 모태가 된다. 동명은 '동이 트는 새벽처럼 번영하라'는 뜻으로 만년에 강석진은 이를 아호(雅號)로 사용했다.

성실과 품질로 이루어낸 신용

일제 강점기의 제재업은 일본인들의 전유물이어서 조선인들이 진입하는 것이 쉽지 않았다. 강석진은 10여 명의 종업원을 채용한 후 옷소매를 걷어붙이고 함께 일했다. 손수 판자와 각목을 자르고 톱질과 대패질은 물론 못질까지 하면서 정성을 다해 목재와 가구를 만들어냈다. 그 결과 동명제재소에서 만든 목재의 품질이 우수하고 가구가 견실하다는 소문이 퍼졌다. 부산은 물론 경남과 경북 일대에서도 목재와 가구 주문이 쇄도했다.

범일동에 있던 한 초등학교의 일본인 교장 선생님은 동명제재소의 단골 손님이었다. 그는 "조센징[조선인]이면서도 저렇게 정직하고 약속을 잘 지키며 신의 있는 사람은 처음 본다"고 하면서 강석진을 매우 칭찬했다. 교장 선생님은 강석진이 책걸상이나 교구를 납품한 후 돌아갈 때면 어김없이 현관까지 직접 나와서 "애썼다", "고맙다"는 말을 했다. 교장 선생님은 청년 강석진을 마치 자신의 양아들처럼 챙겨주었다고 한다.[3]

---

3 동명문화연구원 편, 『동명 강석진, 그 생애와 사상』, 21쪽.

강석진은 화장대와 양복장을 비롯한 서양식 가구에도 손길을 뻗쳤다. 그러던 어느 날, 강석진은 종업원을 불러 세운 후 완성된 양복장을 망치로 부수고 말았다. 이에 대해 강석진의 사촌동생으로 동명목재 부사장을 지낸 강기수는 다음과 같이 회고했다. "다 만들어 놓은 양복장이 제대로 만들어지지 못했다는 이유로 직원들을 모아놓고 망치로 두들겨 부숴버린 일이 있었죠. 보통 사람의 눈으로 보면 흠잡을 데 없을 정도로 잘 만들어진 것처럼 보였는데도 최고가 아니라는 이유였습니다. 하여간 고객의 요구에 만족시킬 제품을 만들겠다는 고집이야말로 타의 추종을 불허했죠. 이후 제품이 좋아지지 않을 수 있었겠습니까?"[4]

강석진의 뛰어난 사업 감각은 마케팅에도 나타났다. 당시는 지금과 달리 기업이나 제품에 대한 홍보가 대부분 벽보를 통해 이루어졌다. 강석진은 회사 광고가 눈에 잘 띄도록 도로변에 있는 가로수나 전봇대를 활용하는 방안을 강구했다. 적당한 크기의 양철판에 붓글씨로 '동명제재소'라고 쓴 후 종업원들을 동원하여 가로수나 전봇대에 달게 했던 것이다. 동명제재소가 적힌 양철판은 경남, 경북은 물론 전남까지 확산되었다고 한다.

사업이 번창하면서 기존의 제재소로는 주문을 감당하기 어렵게 되었다. 강석진은 더 큰 공장을 마련하기 위해 평소에 눈여겨 보아두었던 범일동 일대의 부지를 매입하고자 했다. 가구 공장이

4 김태현, 「아! 부산의 꿈, 동명목재. 그 숨결을 찾아서」, 한국학중앙연구원, 『한국향토문화전자대전』(2013), available at https://terms.naver.com/entry.nhn?docId=2827146&cid=55772&categoryId=55808

밀집한 지역에 제재소를 차리면 시간과 비용이 절감된다는 계산도 깔려 있었다. 그러나 일본인 소유주는 막무가내로 부지를 팔려고 하지 않았다. 강석진은 3년 동안 끈질기게 찾아가서 설득했다. 결국 일본인 소유주는 강석진의 집념과 인내에 감복한 나머지 땅을 내놓기에 이르렀다. 강석진은 범일동의 새 부지에 공장을 짓고 시설을 설치하던 중에 해방을 맞이했다.

제재 사업에서 합판 사업으로

1945년 11월에는 범일동 공장이 완공되었지만 동명제재소의 사업은 상당한 애로를 겪었다. 이전에는 원목을 강원도, 백두산, 일본 등지에서 구입했는데, 일본이 물러나고 남북이 갈라지면서 원목을 구입하기가 쉽지 않았다. 게다가 일본인들이 철수하면서 버리고 간 목재가 부둣가에 널려 있어 제재소에 주문하는 물량도 감소했다. 공장 이전과 시설 설치로 막대한 자금이 투입된 데다 장사도 잘 되지 않아 운영자금마저 고갈되는 사태가 빚어졌다. 급기야 강석진은 집을 담보로 은행에서 돈을 빌리고 사채까지 끌어다 공장을 운영하게 되었다.

1949년 1월에 동명제재소는 동명목재상사로 거듭났다. 이름만 바꾼 것이 아니라 주력 업종도 바뀌었다. 제재 사업에 이어 합판 사업을 벌이고자 했던 것이다. 강석진이 합판 사업에 눈을 돌리게 된 이유는 기본적으로 원자재의 효용을 극대화하기 위해서였다. 원목 구하기가 어려워진 상황에서 규격에 맞는 판재나 각목을 켜낸 뒤에 남은 토막이나 자투리를 최대한 활용하자는 것이었다. 이와 같은 아이디어는 강석진의 몸에 배어 있던 절약 정신이 발현된 것으로도 풀이할 수 있다.

강석진은 머지않아 합판 사업이 크게 성공할 것으로 확신했다. 당시만 해도 합판은 건축자재로 일반화되지 못했다. 그러나 판재가 귀해지고 각목이 모자라다 보면 합판과 같은 대체 자재에 대한 수요가 증가할 것이었다. 그때를 대비해서 합판의 제조 기술과 생산 공정을 연구하고 개발하여 우수한 합판을 만들어 내면 크게 성공할 수 있다는 것이 강석진의 생각이었다. 그는 꾸준한 연구 개발을 통해 질 좋고 가벼우면서도 미관상으로도 좋은 합판을 만들고자 했다.

이러한 확신에도 불구하고 강석진의 도전이 곧바로 성과를 내지는 못했다. 오히려 동명목재는 1949년 내내 상당한 위기의 국면을 맞이했다. 강기수는 당시의 상황을 다음과 같이 전하고 있다. "일반인들이 집을 짓기 위해 합판을 사 가는 경우는 거의 없었고 대전에 있는 흑판 공장(칠판 공장)에서 합판을 사가는 것이 전부였습니다. 공장에 합판이 3만 2,500매나 재고로 쌓여 있었고 극심한 자금난으로 어찌할 바를 몰랐습니다."[5]

1950년에 발발한 6·25 전쟁은 동명목재에게 호기로 작용했다. 미군이 한반도에 들어오면서 전쟁 물자 조달의 일환으로 합판에 대한 수요가 늘어나기 시작했다. 미국인에게는 이미 합판이 건축 자재로 익숙해져 있었던 것이다. 동명목재에게 더욱 중요했던 것은 전후 복구 사업이었다. 재건과 복구는 건축경기의 활성화를 뜻하는 것으로 이를 통해 합판에 대한 수요가 급속히 증가했다. 동명목재의 합판은 날개 돋친 듯 팔려나갔고 200여 명의 종업원들은 주문을 제때 맞추느라

5 서영조, 「용당 목재황재」, 부산광역시 편, 『부산발전 50년 역사이야기(상)』(휴먼컬처아리랑, 2015), 177쪽.

철야 작업을 할 지경이었다.

1957년이 되면서 동명목재는 제법 큰 회사가 되었다. 강석진은 동명목재에 부사장 직제를 신설하고 전문가를 영입함으로써 보다 탄탄한 경영체제를 확립했다. 더 나아가 급증하는 수요에 적절히 대응하기 위해 공장을 이전하기 위한 구상에 들어갔다. 그는 원목을 하역하고 공장까지 운반하기가 용이한 곳, 원목을 쌓아 둘 수 있는 넓은 저목장(貯木場)을 만들 수 있는 곳, 원목을 싣고 오는 선박의 접안이 용이한 곳 등을 새로운 이전지의 조건으로 삼았다. 강석진은 부산시 남구 용당동 바닷가에 있는 60여만 평의 광대한 부지에 주목하여 그 일대를 연차적으로 사들였다.

1959년에 동명목재는 한 차례의 홍역을 치루기도 했다. 9월 추석 때 태풍 사라가 영남 지방을 강타했던 것이다. 판잣집을 비롯한 각종 건축물이 유실되고 추수기에 접어든 농작물도 힘없이 쓰러졌다. 범람하는 탁류는 동명목재의 범일동 공장 인근의 광무교도 덮쳤다. 회사의 집기들이 급류에 떠내려갔고 모터 몇 개에도 물이 들어갔다. 신선대 저목장의 원목은 부산항을 거쳐 포항과 대한 해협까지 흘러갔고, 유실된 원목이 영도 부근의 민가를 덮치기도 했다. 동명목재의 전 직원은 일심동체가 되어 복구에 나섰고 1주일 만에 원래의 상태로 회복할 수 있었다.

품질과 연구에 대한 열정

1959년에 동명목재는 인도네시아에서 열대 지방의 원목인 라왕(羅王)을 수입하기 시작했다. 국내의 한정된 원자재로는 수요를 감당할 수 없었기 때문이다. 이때 생각지도 않았던 반가운 선물이 날아들었다. 우리나라 군대가 동명목재에게 합판의 납품을 요청했고 주한 미군도 이를 뒤따랐던 것이다. 강석진은 공장을 이전하기에 적기라고 판단한 후 용당동 507번지 일대를 부지로 선정했다. 1960년 4월에는 부지 조성을 위한 공사가 시작되었고, 같은 해 1960년 11월에는 몇몇 생산 설비가 설치되어 가동에 들어갔다.

때마침 미국에서 동명목재의 합판을 수입하고 싶다는 연락이 왔다. 동명목재가 생산한 합판의 질이 좋을 뿐 아니라 가격도 저렴하다는 정보를 주한 미군을 통해 입수했던 것이다. 미국의 바이어가 요구한 것은 미장합판(美粧合板)이었다. 미장합판은 합판의 겉면을 플라스틱 계열의 재료로 덮어 강도, 내화성, 내구성 등을 강화한 것이었다. 이 제품을 제대로 만들 수 있을까 하는 염려도 있었지만, 강석진은 제품의 고급화와 기술의 축적을 위한 호재로 생각했다. 일본에서 고급 합판 시방서(示方書, specification)를 구입하여 열심히 연구했으며 품질 검사를 위해 일본인 검사원을 초빙하기도 했다. 결국 동명목재는 1961년 5월에 미국으로 26만 3천 달러의 합판을 수출하는 데 성공했다.

용당동 일대에는 계속해서 새로운 공장이 건설되었다. 1963년 12월에는 최신 설비를 갖춘 제1합판공장이 완공되었는데, 당시로서는 동양 최대의 합판 공장이었다. 1967년에는 제1가공합판공장, 포르마린공장, 제2합판공장, 1968년에는 제2가공합판공장, 1972년에는 파티클보드공장, 1973년에는 고무롤러공장과 페인트공장, 1974년에는 제3합판공장과 화학가공공장이 준공되었다. 이로써 동명목재는 합판의 대량 생산 체제를 처음으로 구축했으며, 세 곳의 합판 공장으로 일일 17만 장을 생산하는 능력을 보유했다. 길이로 환산하면 418.8킬로미터에 달했는데, 그것은 경부 고속 도로에 버금가는 엄청난 양이었다.

1964년에는 원목 공급이 중단되어 작업을 할 수 없는 시기가 있었다. 이 틈을 활용하여 강석진은 직원들에게 원가 의식, 절삭 교육, 작업의 표준화, 인간 관계 등에 대한 교육을 실시했다. 곧이어 강석진은 10년 후 동명목재의 앞날을 설계하면서 회사의 경영방침을 정했다. ① 품질의 고급화, ② 공생공영, ③ 정찰제 운영, ④ 경영의 내실화, ⑤ 노사일체 등이 그것이다. 그는 품질의 고급화를 제일 중요한 방침으로 삼을 정도로 품질 경영에 각별한 주의를 기울였다.[6]

강석진은 세계 제일의 명품을 만들겠다는 신념으로 직원들에게 제품 생산에 대한 책임감을 강조했다. 그는 직원들이 스스로 품질에 주의를 기울일 수 있도록 실명제를 도입했다. 동명목재에서 생산되는 합판은 생산 라인마다 고유한 표시를 해서 불량품이 나오면 어느 라인에서 누가 만든 합판인지 알 수 있게 했던 것이다. 이에 대한 대가로 강석진은 업계 최고의 급여를 보장했다. 직원들에게 제품 생산의 책임을 묻는 대신 그들의 급여 문제를 책임졌던 셈이다. 강석진은 급여 날짜를 절대로 어겨서는 안 된다는 원칙을 세우고 이를 계속해서 준수했던 것으로 전해진다.

강석진의 품질 경영은 지속적인 연구 개발로 이어졌다. 합판의 품질을

6 천덕호, 『동명 강석진 전기』 (동명문화학원, 1994), 74쪽.

좌우하는 가장 중요한 요소는 접착제였다. 화공약품으로 만들어진 기존의 접착제는 냄새가 많이 나고 눈을 따갑게 하는 문제점을 가지고 있었다. 이러한 문제점을 해결하기 위해 동명목재는 콩과 밀가루를 합성하여 '콩풀'이라는 접착제를 개발했다. 여기에 만족하지 않고 동명목재는 요소 수지, 석탄산 수지, 메라민 수지, 초산비닐에밀존, 아크릴 수지 등 제품의 종류에 따라 각각 다른 접착제를 계속 개발했다. 더 나아가 합판을 제조하는 과정에서 생기는 폐기물을 활용하여 새로운 상품을 만들기도 했다. 나무토막이나 판자 껍질을 잘게 부수어 톱밥과 농축 접착제로 버무린 후 고열로 압축하여 처리한 '파티클 보드'가 그러한 예에 속한다.

[그림 2] 파티클 보드의 단면

전성기를 맞이한 동명목재왕국

1964년에 동명목재의 수출액은 4천만 달러를 넘어섰고, 강석진은 박정희 대통령으로부터 수출무역진흥상을 받았다. 동명목재의 성장은 계속되었다. 매출액은 1965년 50억 원에 달했던 것이 1970년의 약 100억 원을 거쳐 1976년에는 500억 원을 넘어섰다. 종업원 수는

1969년에 약 4천 명이었고 1970년대 후반에는 7~8천 명에 이르렀다. 1977년을 기준으로 동명목재는 부산, 서울, 경북, 경남 등 전국적으로 77개의 대리점을 두고 있었는데, 동명목재의 합판을 더 많이 공급받기 위한 대리점 사이의 경쟁도 치열했다. 한국의 합판 생산량에서 동명목재는 1970년 31.2%, 1973년 24.6%, 1977년 22.1%를 차지했다. 부산이 차지하는 비중은 같은 시기에 각각 58.1%, 57.9%, 61.2%를 기록했다.

또한 동명목재는 1968년부터 1971년까지 4년 연속으로 전국 수출액 1위를 달성했으며, 1977년에는 합판 수출액 1억 달러를 돌파했다. 동명목재가 동탑산업훈장, 은탑산업훈장, 금탑산업훈장을 모조리 받는 바람에 한국 정부는 새로운 상까지 만들어야 했다. 이에 대해 2008년 12월 3일자 《국제신문》은 다음과 같은 기사를 실었다. "1960년대 합판을 생산하던 동명목재상사는 국내 최고의 수출기업이었다. 동명목재의 수출 독주가 해마다 이어지자 수출의 날이 다가오면 상공부가 골머리를 앓아야 했다. 훈·포장 수상자에겐 더 나은 상훈이 아니면 더 이상 줄 수 없기 때문이다. 1968년 동명목재가 최고상인 금탑산업훈장을 받은 터라 꾀를 내 이듬해부터 1972년까지 '최고 수출의 상', '수출특별유공상'이란 규정에도 없는 상을 만들었다."[7]

동명목재의 성장을 배경으로 강석진은 많은 돈을 벌었다. 그는 적어도 1967년, 1968년, 1974년에 개인으로서는 우리나라 최고의 고액납부자가 되었다. 강석진의 납세액은 1967년 3억 9,797만 원,

7 서영조, 「용당 목재황재」, 181쪽.

1968년 3억 9,593만 원으로 2위 납세자보다 2~3배가 많았다. 1974년 6월 22일자 《동아일보》의 보도에 따르면, 1974년 강석진의 납세액은 8억 1,134만 원이었으며, 그 뒤를 이어 조중훈(대한항공), 권철현(연합철강), 서정귀(호남정유) 등이 차지했다. 강석진은 사업개척, 일자리 제공, 세금 납부를 기업가의 본분으로 보았다. "기업하는 사람의 본분은 많은 사업을 일으켜 많은 사람들에게 일자리를 제공하면서 생계를 보장해 주고 세금을 납부해 국가 운영을 뒷받침하는 데 있다"는 것이었다.[8]

1974년도 종합소득세 신고소득금액 순위

단위: 천 원

순위	성명	주된 소득 장소	신고 소득금액	자진 납세액
1	강석진	동명목재	4,785,473	811,342
2	조중훈	대한항공	1,490,524	501,700
3	권철현	연합철강	425,125	145,129
4	이상순	원풍산업	367,571	91,954
5	단사천	한국v제지	305,909	86,841
6	전중윤	삼양식품	301,944	75,498
7	주창균	일신산업	293,987	78,586
8	서정귀	호남정유	288,478	93,718
9	장병희	영풍광업	278,896	67,772
10	최기호	영풍상사	278,634	68,094

강석진은 1974~1979년에 동명목재를 바탕으로 여러 회사를 차례로 설립하여 소위 '동명그룹'을 형성했다. 1974년에 접착제의 자체 생산을 위해 동명산업을 출범시키는 것을 필두로 동명해운(1977년), 동명개발(1977년), 동명중공업(1978년), 동명식품(1979년) 등을

8 윤미영, 『찬란한 유산: 강석진과 동명목재상사』 (한국학술정보, 2011), 74쪽.

잇달아 설립했던 것이다. 동명그룹 산하의 기업들은 창원에 소재한 동명중공업을 제외하면 모두 부산에 연고를 두고 있었다. 부산은 강석진에게 제2의 고향이었고, 그는 누구보다 부산을 아꼈다. “어려서부터 부산에 자리 잡고 자수성가한 그는 부산을 고향으로 여겼다. 그는 유난히 부산을 사랑했다. … 사업에서 얻은 이익을 부산발전에 환원하려 했다. 서울로 가면 회사도 잘 되고 돈도 더 번다고 너도나도 떠들어댔지만 그는 눈도 깜짝하지 않았다.”[9]

ⓒ동명문화학원
[그림 3] 동명그룹 및 동명문화학원의 발전 계획을 설계하는 강석진 선생

함께 잘 사는 사회를 위하여

강석진은 경제적 여유가 생기면서 지역발전과 사회봉사에도 앞장섰다. 1962년 5월부터 1964년 8월까지 부산상공회의소(부산상의) 제4대 회장에 대한 잔여 임기를 수행했고, 1967년 8월부터 1976년 6월까지 제6대, 제7대, 제8대 회장을 연속으로 맡았다. 그는 11년이 넘는 기간 동안 부산상의를 이끌어간 역대 최장수 회장이었다. 강석진은 부산상의 회장으로 재임하는 동안 부산은행, 부산데파트,

9 동명문화연구원 편, 『동명 강석진, 그 생애와 사상』, 113쪽.

부산투자금융, 부산항만부두관리협회 등의 설립을 주도했다.

1963년에 부산이 직할시로 승격되자 강석진은 부산탑(부산 재건의 탑)의 건립을 추진했다. 부산탑은 1963년 12월 14일에 서면 로터리에 세워졌으며, 1980년 부산 지하철 1호선 건설 공사 때 철거되어 현재 부산광역시시립박물관에 축소한 모형이 설치되어 있다. 부산탑의 초석에는 찬여자(贊與者, 기부금을 낸 인사) 15명의 이름도 새겨져 있는데, LG그룹을 일으킨 구인회와 삼성그룹 창업주 이병철도 포함되어 있다. 또한 강석진은 1967~1980년에 대한민국 팔각회(八角會) 총재에 취임하여 철저한 국가관의 확립과 호국 사상의 고양에도 힘썼다. 그밖에 1968년부터 5년간 자신과 별다른 관계도 없는 부산대학교 기성회장직을 맡아 대학의 발전에 힘을 보탰다.

강석진이 가장 많은 열정을 쏟았던 봉사활동은 'BBS 운동(Big Brothers and Sisters Movement)'이었다. 그 운동은 청소년 선도와 보호를 목적으로 1904년에 미국에서 시작되어 전(全)세계로 뻗어나갔다. 강석진은 1964년 11월부터 1980년 6월까지 15년 7개월 동안 BBS 부산연맹의 회장을 맡았다. 그는 회장에 취임하자마자 불우 청소년 200명을 선발하여 1인당 3천 원의 생업자금을 지급했다. 이어 부산진구 양정동에 직업소년회관을 세웠고 동구 좌천동에 BBS 부산연맹 회관을 건립했다. 또한 각계의 협조를 얻어 불우 청소년들의 직장을 알선했으며 직업소년들에게 한 사람당 200원이 입금된 예금 통장을 만들어주기도 했다. 연맹 산하 조직으로 대학생 지도위원회를 만들어 불우한 청소년들과 연결시켰으며, 연맹회관에 야간 학교 강좌를 개설하여 배움의 길도 열어 주었다. 이러한 헌신적인 BBS

운동으로 강석진에게는 'BBS의 대부', 'BBS 할아버지'와 같은 별명이 생겼다. 그는 1978년까지 67회에 걸쳐 26,569명을 대상으로 1억 9,103만 원의 생업자금을 지급했다.[10]

1974년 1월 29일, 강석진은 대만 최고의 학술 기관인 중화학술원에서 명예 철학 박사 학위를 받았다. 중화학술원은 그 이유를 다음과 같이 설명했다. "선생은 … 어려서부터 성신(誠信)을 지키고 목재업을 경영하여 뛰어난 재능을 발휘하셨습니다. 그동안 수출을 많이 하여 한국 경제 발전에도 크게 기여했으며, 회사 이윤을 사회에 환원하여 가난한 평민을 돕는 데도 큰 관심을 가졌습니다. … 본원은 자유민주주의 정신을 열애하여 정의를 신장하며 생산 사업과 교육 사업에 열중하고 문화 교육에도 치력하는 선생의 정신을 높이 기립니다. 이에 본원은 원무 회의의 의결을 거쳐 선생께 명예 철학 박사 학위를 드리어 경의를 표하는 바입니다."[11]

강석진은 독실한 불교 신자로 1971년부터 부산 불교신도회 제2대 회장도 맡았다. 그는 경남 진해시 해군사관학교에 호국사, 부산시 광안동 군수기지사령부에 금련사를 건립했다. 1976년에는 공동묘지에 묻힌 부모님을 안치하여 생전에 못한 효도를 다하기 위해 용당동의 용마산 기슭에 동명불원(東明佛院)을 지었다. 그러나 부모 묘에 대해 '호화 분묘'라는 논란이 일었고, 강석진은 동명불원을 부산시에 헌납하는 조치를 취했다.

---

10 이선희, 「맨땅에 일군 목재왕국 신화」, 『시민을 위한 부산 인물사: 근현대편』 (선인, 2004), 144쪽.

11 동명문화연구원 편, 『동명 강석진, 그 생애와 사상』, 174~175쪽; 윤미영, 『찬란한 유산』, 49~50쪽.

1977년에 강석진은 학교법인 동명문화학원을 설립하여 이사장에 취임했다. 그는 기업경영을 외아들인 강정남(姜政南)에게 맡기고 학원 일에 전념했다. 동명문화학원은 1978년에 동원공업고등학교, 1979년에 동원공업전문대학을 개교했고, 두 학교는 오늘날 부산항만물류고등학교와 동명대학교로 이어지고 있다. 부산의 또 다른 합판 업체인 성창기업이 1981년에 부산외국어대학을 설립한 점도 흥미롭다.

그러나 동명그룹의 영광은 오래가지 못했다. 국제 원목 가격이 폭등하면서 채산성이 약화되었고, 무리한 기업 확장으로 재정 출혈이 심각해졌다. 설상가상으로 1979년 10·26 사태 이후 정권을 잡은 신(新)군부 세력은 정경유착에서 발생한 비리와 부조리를 척결한다는 명분 아래 강석진을 반(反)사회적 악덕 기업인으로 몰아세웠다. 강석진은 1980년 2월에 동명목재 사장직에 복귀해 세 차례에 걸쳐 재무부와 제일은행에 정상화 건의서를 제출했지만 아무런 소용이 없었다. 결국 동명목재는 1980년 6월 27일에 문을 닫았고, 동명그룹에 속한 모든 기업들도 해체되고 말았다. 남은 것이라곤 학교법인 동명문화학원뿐이었다.

이후 강석진은 사회의 모든 활동을 접고 자신이 설립한 학원의 발전상을 지켜보면서 세월을 보냈다. 그는 1984년 10월 29일에 향년 77세로 세상을 떠났다. 그가 마지막으로 남긴 말은 "내가 왜 악덕 기업인이란 말인가"라는 탄식의 한마디였다고 한다.

동명대학교는 2008년에 '동명 강석진 인터넷기념관'을 개설했으며, 그의 유지를 계승한 사람에게 시상하는 '동명(東明)대상'을 제정했다. 2013년에는 강석진에게 명예 경영학 박사 학위를 수여했다.

한국의 철강 산업을 만들다,

박태준

요즘에는 반도체가 '산업의 쌀'로 불리지만 그 원조는 철강이다. 철강은 건설 산업, 조선 산업, 자동차 산업, 가전 산업 등의 발전에 필수적인 소재이기 때문에 철강 산업은 여러 산업 중에 근본이 되는 기간산업(基幹産業)의 성격을 띤다. 산업화에 착수한 대부분의 나라들이 제철소를 먼저 세우려고 하는 것도 이러한 까닭이다. 효과적인 산업화를 위해서는 적절한 철강재가 공급되어야 하며 거꾸로 다른 산업의 발전은 철강 산업의 성장을 촉진하는 거름으로 작용한다. 우리나라의 경우에는 이러한 선(善)순환 관계가 형성되어 왔기 때문에 급속한 산업화가 가능했다.

우리나라의 철강 산업은 1970년대의 포항제철소 건설 사업과 1980년대의 광양제철소 건설 사업을 매개로 급속한 성장세를 구가했다. 1970년에 50만 톤에 불과했던 철강 생산량은 1975년 253만 톤, 1980년 856만 톤, 1985년 1,354만 톤, 1990년 2,312만 톤을 거쳐 1995년에는 3,677만 톤을 기록했다. 또한 우리나라를 대표하는 철강업체인 포스코(Pohang Iron & Steel Co., Ltd., POSCO)는 1983년에 세계 11위로 부상한 후 1990~1992년 3위와 1993~1997년의 2위를 거쳐 1998년, 1999년, 2001년에는 세계 1위에 등극했다. 상전벽해(桑田碧海)와 같은 변화의 중심에는 25년 동안 포스코를 이끌어온 청암(青岩) 박태준(朴泰俊, 1927~2011)이 있었다.[1]

1 포스코의 옛날 명칭은 포항종합제철주식회사인데, 이 글에서는 해당 기업의 명칭을 편의상 '포스코'로 통일하고자 한다. 1968년에 공기업으로 창립된 포항종합제철은 2000년에 완전히 민영화된 후 2002년에 포스코로 이름을 바꾸었다.

©포스코역사박물관
[그림 1] 1970년 4월 1일, 포항제철소 착공식에 참석한 박태준 사장, 박정희 대통령, 김학렬 부총리

군인의 길을 선택한 공학도

박태준은 1927년 10월 24일(음력 9월 29일)에 경상남도 동래군 기장면 임랑리(현재 부산시 기장군 장안읍 임랑리)에서 태어났다. 6남매 중 장남이었다. 박태준을 존경하는 포항 출신의 작가 이대환은 당시의 임랑리를 다음과 같이 묘사했다. "백사장을 따라 오막조막 늘어선 초가, 그 앞의 창창한 바다, 달음산에서 내려와 마을 가장자리로 흘러 바다에 스며드는 맑은 내, 백사장에 뒹구는 누렁이 몇 마리 … 전기도, 상수도도 없었다. … 이 갯마을에 푸짐한 것이라고는 가난과 파도 소리뿐."[2]

박태준은 어린 시절을 임랑에서 보내다가 1933년 9월에 어머니와 함께 부관 연락선(釜關連絡船)에 몸을 실었다. 가난을 이기기 위해 2년 먼저 일본으로 건너갔던 아버지가 가족들을 불렀던 것이다. 박태준의 가족은 시즈오카현 아타미에 정착했고, 이듬해 4월 박태준은 아타미의 다가심상소학교에 입학했다. 2학년 때 하쓰시마 원영(遠泳) 대회에 참여하고 3학년 때 달리기에서 1등을 하는 등 박태준은 건강한 아이로 자랐다. 1936년 11월에는 아버지가 직장을 옮기면서 나가노현 이야마로 이사를 갔다.

2 이대환, 『세계 최고의 철강인, 박태준』(현암사, 2007), 18쪽.

박태준은 1940년 봄에 이야마북중학교에 진학했다. 중학교 시절에 박태준은 유도를 잘하고 하모니카를 즐겼던 것으로 전해진다. 1학년 때 교내 수영 대회에 참가하여 1등을 했지만 조선인이란 사실 때문에 2등이 되는 아픔도 겪었다. 박태준이 중학교 2학년이던 1941년에는 태평양 전쟁이 터졌다. 전선이 확대되자 일본은 철 부족으로 허덕이게 되었고, 박태준은 중학교 4학년 때 제철(製鐵) 현장에 근로 봉사로 불려나가 소결로 공장에서 일했다. 그는 소결로 작업에 빨리 익숙해졌으며 월간 생산량 우승자로 뽑히기도 했다.

중학교 졸업이 다가오면서 박태준은 진로를 고민하기 시작했다. 그는 징병으로 끌려가지 않기 위해 대학에 진학하기로 마음먹었다. 조선인으로는 대학 입학이 쉽지 않았는데, 다행히 아버지 회사의 사장이 박태준을 서류상 양자로 입적시켜 주었다. 박태준은 하루 4시간을 자면서 공부에 매진한 결과 1945년 4월에 와세다 대학 이공학부에 입학할 수 있었다. 그는 1947년 3월에 와세다 대학의 전문부 공과를 중퇴했으며, 세부 전공은 기계 공학이었다.

1945년 8월에 일본이 패망하고 조국이 광복되자 박태준의 가족은 귀국길에 올랐다. 박태준은 1946년에 서울로 가서 학교나 직장을 알아보았지만 별다른 성과가 없었다. 그는 다시 고향으로 내려와 농사를 거들고 책을 읽으면서 세월을 보내는 처지가 되었다. 그러던 중 오랜만에 부산 시내를 다녀오면서 국방 경비대가 병사들 중에 사관학교 후보생을 발탁한다는 정보를 접했다. 그는 1948년 5월에 국방 경비대에 자원했으며, 훈련 도중에 남조선경비사관학교(현재 육군사관학교) 6기 생도로 선발되었다. 그때 박태준은 박정희와 처음 만날 수 있었다. 탄도학을 가르치던 박정희 교관은 수학 실력이 우수한데다 자기 규율에 엄격한 박태준 생도를 눈여겨보았다.

박태준은 1948년 7월에 육군 소위의 계급장을 달았다. 그는 1950~1953년의 한국 전쟁에 참전하여 각종 전투를 지휘했으며, 그 공로를 인정받아 충무무공훈장, 은성화랑무공훈장, 금성화랑무공훈장을 받았다. 1954년에는 육군대학을 수석으로 졸업한 후 육군사관학교(육사)의 교무처장을 맡아 진해에서 태릉으로 육사를 이전하는 작업을 추진했다. 같은 해 12월 20일에는 이화여대 정외과 출신의 장옥자와 결혼식을 올렸다. 맞선을 본 지 두 달 만이었고 결혼식 장소는 부산의 백화당예식장이었다.

박태준과 박정희의 인연은 계속되었다. 1957년에는 1군 참모장이던 박정희가 박태준을 1군 산하 25사단 참모장으로 불렀으며, 1960년에는 박태준이 부산군수기지사령부 사령관 박정희의 인사 참모가 되었다. 박태준은 1961년 5·16 군사 정변 때 박정희의 권유로 거사 명단에서 빠졌다가 이후에 국가재건최고회의의 의장 비서실장과 상공 담당 최고위원을 맡았다. 박태준은 1963년 12월 12일에 15년 동안의 군대 생활을 마무리하고 육군 소장으로 예편했다. 당시에 그는 미국의 워싱턴 대학으로 유학을 떠날 준비를 하고 있었다.

1964년 1월에 박태준은 박정희의 부름을 받았다. 한일관계 정상화를 위한 대통령 특사로 일본에 다녀오라는 것이었다. 당시에 박태준은 박정희가 준 격려금을 바탕으로 셋방살이 신세를 면할 수 있었다. 박태준은 곧장 일본으로 건너가 야스오카 세이토쿠(安岡正篤)를 포함한 주요 인사들과 접촉했으며, 박정희의 권고로 선진 철강 업체를 견학하면서 정보를 수집했다. 이때 형성된 인맥들은 포항제철소 건설 사업을 추진할 때 상당한 도움이 되었다.

대한중석을 거쳐 포스코로

1964년 12월에 박태준은 대한중석(현재 대구텍)의 사장으로 발탁되었다. 대한중석은 1960년대 초반에 한국의 연간 총수출액 3천만 달러 중에서 500~600만 달러를 차지할 정도로 중요한 기업이었지만, 오랜 기간 동안 정치자금의 구설수 속에서 적자 상태를 벗어나지 못하고 있었다. 박태준 사장은 인재의 적재적소 배치, 투명 인사의 원칙 확립, 현대적 관리 기법의 도입, 사원의 후생 복지 개선 등을 통해 부임 1년 만에 대한중석을 흑자 기업으로 탈바꿈시켰다. 특히 그는 강원도 상동광산을 직접 찾아가 현장의 문제점을 살폈으며, 중석(텅스텐)의 매장 분포도를 조사해 장기적인 발전 전략을 수립했다.

당시 한국 정부의 가장 중요한 현안 과제 중의 하나는 종합 제철 사업이었다.[3] 박정희는 1965년 5월에 미국 순방 길에 피츠버그의 코퍼스(Koppers) 사를 방문하여 프레데릭 포이(Frederick Foy) 회장과 면담했다. 이에 대한 후속조치로 1966년 12월에는 코퍼스 중심의 다국적 연합체인 대한국제제철차관단(Korea International Steel Associates, KISA)이 결성되었다. 1967년 4월에는 한국 정부와 KISA가 종합 제철 사업에 관한 예비 협정을 체결했고, 같은 해 7월에는 포항이 종합 제철소의 입지로 선정되었으며, 9월에는 대한중석이 종합 제철 사업의 실수요자로 결정되었다.

---

3 우리나라 종합제철사업의 추진 경위에 대해서는 송성수, 「한국 종합제철사업계획의 변천과정, 1958~1969」, 《한국과학사학회지》 제24권 1호 (2002), 3~34쪽을 참조.

박정희 정부는 산업화를 추진하면서 민간 기업을 사업 주체로 삼는 경향을 보였지만, 종합 제철 사업의 경우에는 대한중석과 같은 기존의 공기업을 활용하는 행보를 보였다. 그 배경으로는 대한중석의 자금 사정이 양호했고 인적 자원이 우수했다는 점을 들 수 있다. 이보다 더욱 중요한 이유는 박정희가 종합 제철 사업을 맡아 책임을 완수할 적임자로 박태준을 염두에 두고 있었다는 점에서 찾을 수 있다. 이와 관련하여 1962년에 국가재건최고회의 최고위원을 지냈던 이맹기는 박정희가 박태준을 선택한 이유로 다음의 세 가지를 들었다. 첫째, 박태준은 와세다 대학에서 기계 공학을 배운 사람으로 제철소 건설에 필요한 고도의 수리 개념을 가지고 있었다. 둘째, 안보 전략의 차원에서 제철소의 필요성을 인식하고 사명을 다할 수 있는 사람을 찾기 어려웠다. 셋째, 박정희는 자기 소신을 굽히지 않고 관철시킬 수 있는 뱃심 있는 사람이 필요했는데, 박태준 외에는 적당한 인물이 없었다.[4]

한국 정부는 1967년 10월에 KISA와의 기본 협정을 체결했다. 제1단계의 제철소 규모를 연산 60만 톤으로 결정하면서 설비 공급과 공장 건설에 관한 일반 원칙을 도출했다. 같은 해 11월에는 박태준을 위원장으로 하는 종합제철사업추진위원회가 구성되어 정부의 지원 범위와 신설 기업의 형태를 논의했다. 1968년 4월 1일에는 대한중석을 모태로 하여 포항종합제철주식회사가 출범했는데, 창설 요원은 박태준 사장을 포함한 39명이었다. 당시 박태준의 나이는 만 40세였다.

포스코 초창기의 임원에는 금속 공학 박사 두 명도 있었다. 윤동석 박사와 김철우 박사가 그들이다. 윤동석은 서울대 금속 공학과 교수를

4 이맹기, “열린 마음의 큰 그릇”, 안상기 편, 『우리친구 박태준』 (행림출판, 1995), 52쪽.

지내면서 한국금속학회 회장을 역임했으며, 1968~1970년에 포스코의 전무이사를 맡았다. 김철우는 동경대 생산기술연구소에 근무하면서 한국의 종합 제철 사업에 관여했고, 1971~1973년에 포스코의 상무이사로 재임했다. 두 사람은 철강 분야의 전문가로서 포스코 초창기의 기술적 업무를 이끌었으며, 우수한 기술 인력을 확보하는 데도 크게 기여했다. 오늘날의 상황에 빗대면, 윤동석과 김철우는 포스코의 최고기술책임자(Chief Technology Officer, CTO)였던 셈이다.

우여곡절 끝에 성사된 종합 제철 사업

포스코는 창립 직후에 윤동석 전무를 포함한 8명의 요원으로 설비의 사양과 가격을 다루는 GEP(General Engineering Plan) 교섭단을 결성했다. 포스코가 GEP 협상을 전개하는 과정에는 한국과학기술연구소(Korea Institute of Science and Technology, KIST)의 김재관 박사, 동경대의 김철우 박사 등이 자문을 제공하기도 했다. 1968년 11월에는 GEP가 확정되었으며, 같은 해 12월에 포스코와 KISA는 추가 협정을 체결했다. 그러나 뜻밖에도 세계은행(IBRD)은 1968년 11월에 한국의 종합 제철 사업이 타당성이 결여되어 있다는 보고서를 발간했다. 한국의 산업 발전 단계나 자금 동원 능력을 고려할 때 종합 제철소를 건설하는 것은 시기상조라는 진단이었다. 1968년 5월부터 공장 부지와 사회 간접 자본을 조성하는 공사에 착수했던 포스코로서는 매우 난감한 상황을 맞이하게 되었다.

포스코에 관한 많은 기록들은 이러한 난관이 박태준의 소위 '하와이 구상'에 의해 돌파되었다고 전한다. 박태준은 1969년 1월 31일에 미국으로 건너가 코퍼스의 포이 회장과 면담을 가졌으나 차관 조달이 불가능하다는 점을 확인하는 것에 그쳤다. 면담이 끝난 후에 포이는 박태준에게 하와이에 있는 부사장의 별장에서 휴식을 취하도록 권유했고, 박태준은 하와이에서 종합 제철 사업의 장래를 고심하던 중에 대일 청구권 자금을 활용할 가능성에 착안했다. 한일 국교 정상화 과정에서 주로 농림 수산 부문에 투자하기로 합의되었던 대일 청구권 자금의 일부를 종합 제철 건설 자금으로 전용하는 방안에 주목했다는 것이다.

하와이 구상은 1989년에 발간된 『포항제철 20년사』에 처음 등장한 후 이후에도 지속적으로 재생산되었다. 그러나 박태준의 하와이 구상에 대해서는 몇몇 의문이 제기된 바 있으며, 대일 청구권 자금을 전용한다는 구상이 박태준이 아닌 다른 사람에 의해 처음 제안되었다는 주장도 있다. 다른 각도에서 보면 대일 청구권 자금을 활용하는 방안이 누구에 의해 구상되었는가 하는 문제가 핵심적인 것은 아니다. 사실상 당시에 종합 제철 사업 계획의 추진 경위를 이해하고 있었던 사람이라면 누구든지 대일 청구권 자금에 주목할 가능성이 높았다.

대일 청구권 자금에 대한 아이디어를 처음 제시한 인물로는 당시 경제기획원 투자진흥관을 맡고 있었던 양윤세가 거론되고 있다. 그는 2013년에 발간된 『코리언 미러클』을 통해 다음과 같이 전언했다. "10년에 걸쳐 받기로 한 청구권 자금은 매년 한일회담을 통해서 자금의 용처를 의논한 후 나눠서 받는 식으로 진행됐습니다. 1년에

몇천만 달러씩 받아봐야 결국은 몇 년도 지나지 않아 소진되고 말 것입니다. 생산적 시설이 아무것도 남지 않아서 허망하다고 늘 생각했어요. 그래서 내가 김학렬 부총리한테 얘기했어요. '청구권 자금 앞으로 몇 년 치 남은 것으로, 예를 들어 제철이나 조선 사업을 하면 어떻겠느냐?' 그랬더니 그 얘기를 듣고 '내가 올라가서 각하께 잘 말씀을 드려 보겠다'고 그러더군요." 이에 대해 상공부 장관과 대통령 비서실장을 역임했던 김정렴은 "양윤세 국장의 보고를 들은 김 부총리가 이 아이디어를 적극적으로 박 대통령께 건의를 드렸던 것으로 알아요"라고 회고했다.[5] 또한 상공부 차관보와 경제제2수석비서관을 지냈던 오원철은 "양윤세 투자진흥관이 일본 청구권 자금을 요청하면 가망성이 있을 것 같다는 제안을 했다"고 기록했다.[6]

1969년 5월 22일에 박정희는 종합 제철 사업의 돌파구를 찾기 위해 대책 회의를 소집했고, 6월 3일에는 일명 '종합 제철 건설 기획 실무전담반'으로 불린 종합 제철 사업 계획 연구 위원회가 발족되었다. 연구 위원회는 정부, KIST, 포스코 등에서 차출된 15명의 위원으로 구성되었으며, 위원장은 경제기획원의 정문도 차관보가 맡았다. 연구 위원회의 작업은 공식적으로는 경제기획원이 총괄하고 있었지만 실질적으로는 KIST가 주도했다. 그것은 금속가공실장 김재관과 경제분석연구실장 윤여경이 종합 제철 사업의 골간이 되는 기술성과 경제성을 검토했다는 점에서 확인할 수 있다. 특히 김재관 박사는 연구 보고서 작성의 책임을 맡아 새로운 사업 계획을 종합하는 데 핵심적인

5 육성으로 듣는 경제기적 편찬위원회, 『코리언 미러클』 (나남출판, 2013), 271쪽.

6 오원철, 『한국형 경제건설: 엔지니어링 어프로치』 제2권 (기아경제연구소, 1996), 232쪽.

역할을 담당했다.[7]

©포스코역사박물관
[그림 2] 일본철강연맹의 회장이자 야와타제철의 사장인 이나야마 요시히로(稻山嘉寬)를 만나고 있는 박태준(1969년)

종합 제철 사업 계획 연구위원회는 약 2개월의 작업을 바탕으로 1969년 7월 22일에 '신(新)사업계획'을 완성했다. 신사업 계획은 KISA와의 협정을 포기하고 대일 청구권 자금으로 제철소 건설을 추진하기로 했으며, 포항제철소 제1단계를 1969년 내에 착공한 후 1972년 7월에 완공하기로 했다. 생산 규모의 경우에는 KISA와의 협정에서 60만 톤으로 되어 있던 것을 규모의 경제를 갖춘 103만 2천 톤으로 확대했다. 신사업 계획은 1967년 7월에 『종합제철공장건설을 중심으로 하는 한국제철공업개발에 관한 연구보고서』로 발간되었다. 그것은 일본어와 영어로 번역되어 새로운 차관 조달선으로 지목된 일본과 협상을 추진할 수 있는 근거로 작용했다.

포항제철소 1단계의 규모를 103만 톤으로 확정한 것에 대해 김재관

7 KIST가 한국 철강산업의 발전에 기여한 바에 대해서는 송성수, 「한국과학기술연구소(KIST)의 철강공업 초기 발전에 관한 기여 분석: 포항제철소 건설 사업의 기획 및 지원을 중심으로」, 《기술혁신연구》 제27권 5호 (2019), 75~97쪽을 참조.

박사는 다음과 같이 술회했다. "더러 포항제철소 1기 설비 규모가 연산 100만 톤이나 110만 톤이 아닌 103만 톤이냐고 묻는 사람들도 있었어요. 물론 그렇게 할 수도 있었습니다. 그러나 103만 톤이라는 숫자는 어림잡아 도출한 숫자가 아닙니다. 지금으로 치자면 컴퓨터 시뮬레이션 작업을 한 것이나 마찬가지였어요. … 한국의 경제 성장에 따른 국민 소득 증가 추이, 자동차를 비롯한 중화학공업 확대 등 사회적 여건 변화, 수출 중심의 경제 확대와 이로 인한 경제적 여건의 변화, 철강 수요 변동 추이, 전후방 관련 산업 추이 등 많은 요소를 모두 고려하고 거기에 가중치를 두어 복잡한 수식을 풀어낸 결과가 103만 톤이었습니다. 그래서 나로서는 103만 톤을 늘리지도 줄이지도 않고 그대로 두고자 했습니다. 기술자의 집착이라고 해도 좋습니다."[8]

1969년 8월 6일에는 정부, 포스코, KIST 등의 핵심 관계자들로 구성된 실무 교섭단이 일본으로 파견되었다. 박태준을 비롯한 포스코의 요원들은 일본의 철강 3사인 야와타제철, 후지제철(두 회사는 1970년 3월에 합병되어 신일본제철로 변경됨), 일본강관의 사장을 만나 한국의 신사업 계획에 대한 검토를 요청했다. 일본의 철강 업계는 긍정적인 반응을 보였고 일본의 중공업계도 적극적인 참여 의사를 개진했다. 박태준은 8월 22일에 귀국하여 김학렬 부총리에게 교섭 결과를 보고했는데, 김학렬은 일본 철강 3사의 사장들이 서명한 문서를 받아오라고 요청했다. 박태준은 다시 일본으로 가서 철강

---

8 우재욱, 「김재관 전 KIST 실장: 포항 1기 103만톤은 KIST의 독자적 설계안 … 자부심 느껴」, 《포스코신문》 (2014. 12. 4). 김재관에 대해서는 홍하상, 『뮌헨에서 시작된 대한민국의 기적: 한국 산업화의 설계자 김재관』 (백년동안, 2022); 송성수, 「김재관의 한국 산업화에 관한 기여: 철강공업, 자동차공업, 국가표준을 중심으로」, 《한국과학사학회지》 제45권 3호 (2023), 595~617쪽을 참조.

3사 사장들의 사무실과 별장을 찾아다니며 "103만 톤 사업 계획을 검토한 결과 일응(一應) 타당성이 있다고 생각한다"는 요지의 각서를 받았다. 박태준은 그 각서를 제3차 한일각료회담을 위해 일본에 온 김학렬에게 전달했으나 김학렬은 '일응' 자를 빼 줄 것을 주문했다. 박태준은 다시 관계자들을 일일이 설득하여 수정된 각서를 준비했다.

1969년 8월 26~28일에는 제3차 한일각료회담이 개최되었는데, 일본 측이 종합 제철 사업의 몇 가지 문제점을 거론하자 김학렬은 일본 철강 3사의 협조 각서를 제시하는 것으로 대응했다. 제3차 한일각료회담은 일본 정부가 조사단을 파견하여 한국의 종합 제철 사업의 타당성이 인정될 경우에 이를 적극적으로 지원하겠다는 내용의 공동 성명서를 채택하는 것으로 마무리되었다. 1969년 9월에는 두 차례에 걸쳐 일본 조사단이 파견되었으며, 일본 조사단은 시설 규모, 시설 내역, 건설 비용, 공사 시기 등에 관한 검토를 바탕으로 한국이 제시한 103만 톤 규모의 종합 제철소가 경제적 타당성을 가지고 있다고 평가했다. 결국 1969년 12월 3일에는 '포항종합제철건설에 관한 한일간 합의서'가 체결되었고, 이를 계기로 포항제철소 건설 사업은 본격적인 궤도에 오를 수 있었다.

제철보국과 우향우 정신

포스코는 1969년 12월 15일에 일본의 철강 3사와 기술 협력 계약을 체결했으며, 그 계약에 따라 일본의 기술 용역팀은 'JG(Japan Group)'로 불리게 되었다. JG와의 협상을 통해 설비 사양이 정해지자 포스코는 설비 구매를 위한 작업을 추진하고자 했다. 그러나 대일 청구권 자금은 구매 협상, 계약 서명, 구매 집행 등에서 매우 복잡한 체제로 운영되었으며, 상업 차관을 활용하려면 계약 당사자와 협의한 후에 추가로 정부의 승인을 받아야 했다. 게다가 당시 정치권의 실력자들은 특정 업체를 설비 공급자로 거론하면서 포스코가 설비를 구매할 때 일정 비율의 리베이트를 정치 자금으로 제공하라는 압력을 가했다.

©포스코역사박물관
[그림 3] 일명 '종이 마패'로 불리는 설비구매 재량권 부여 문서

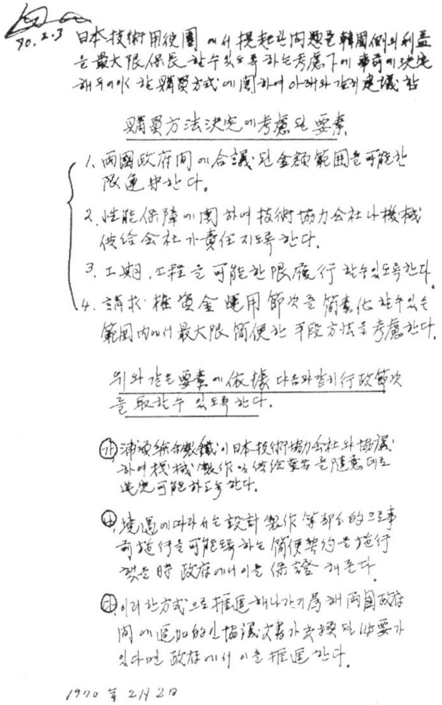
70.2.3 日本技術用役團에서 提起한 問題를 韓國側의 利益을 最大限 保障할 수 있도록 하는 考慮下에 事前에 決定해 주어야 할 購買方式에 關하여 아래와 같이 建議함

購買方法決定에 考慮될 要素

1. 兩國政府間에 合議된 金額範圍를 可能한 限 遵守한다.
2. 性能保障에 關하여 技術協力會社나 機械供給會社가 責任지도록 한다.
3. 工期, 工程을 可能한 限 履行할 수 있도록 한다.
4. 請求權資金 運用節次를 簡素化할 수 있는 範圍內에서 最大限 簡便한 手段方法을 考慮한다.

위와 같은 要素에 依據 다음과 같이 行政節次를 取할 수 있도록 한다.

㉮ 浦項綜合製鐵이 日本技術協力會社와 協議하여 機械製作 및 供給業者를 隨意대로 決定 可能하도록 한다.

㉯ 境遇에 따라서는 設計製作等 部分的으로 事前遂行을 可能토록 하는 簡便契約을 遂行했을 時 政府에서 이를 保證해 준다.

㉰ 이러한 方式으로 推進해 나가기 爲해 兩國政府間에 追加的인 協議文書가 交換될 必要가 있다면 政府에서 이를 推進한다.

1970年 2月 2日

이러한 문제에 직면하여 박태준은 1970년 2월에 박정희 대통령을 찾아가 청구권 자금 운용 절차의 간소화, 설비 공급사 선정에 대한

재량권 인정, 수의 계약에 대한 정부의 보증 등을 골자로 하는 건의서를 제출했다. 박정희는 "포항제철과 관련된 일은 박 사장이 독자적인 판단에 따라 소신껏 처리할 것"을 지시하면서 박태준이 작성했던 건의서에 친필로 서명해 주었다. 소위 '종이 마패'로 불린 이 문건은 포스코가 설비를 구매하는 과정에서 재량권을 행사하고 정치권의 압력을 배제하는 데 요긴하게 사용되었으며, 박정희가 사망한 직후인 1979년 12월에 『포항제철 10년사』가 편찬되면서 공개되었다. 사실상 포스코가 설비 구매에서 정치권의 압력을 배제할 수 없었더라면 포항제철소 건설 사업을 성공적으로 진행하기는 어려웠을 것이고, 더 나아가 구입한 설비의 성능이 보장되지 않아 제철소가 높은 생산성을 달성할 수 없었을 것이다. 이와 관련하여 "포항제철이 설계 용량의 100%를 초과하여 철강재를 생산할 수 있었던 것은 기계가 바른 말을 했기 때문"이라는 지적도 있다.[9]

1970년 4월 1일에는 박정희, 김학렬, 박태준 등이 참석한 가운데 포항제철소 기공식이 열렸다. 곧이어 박태준은 김용각, 안병화, 백덕현, 김학기, 이상수 등 5명의 간부 사원으로 설비 구매 업무를 전담하는 조직인 설비구매팀을 구성했다. 일명 '포항제철 특공대' 혹은 '포항제철 결사대'로 불린 설비구매팀은 1970년 여름 내내 일본과 한국을 왕래하면서 설비 사양, 계약 금액, 성능 보장, 운송 조건 등과 같은 수많은 문제를 해결해야 했다. 당시 설비구매팀의 사정과 관련하여 『포항제철 25년사』는 다음과 같이 기록하고 있다. "그들의 출장비는 1인당 하루 10달러 정도였기 때문에 숙소는 호텔이 아닌 여관이었고 끼니는 주로 라면으로 때워야 했다. 그들은 옷을 손수 세탁해야 하는

9 권영기, 「박태준의 포철 장기집권(23년)」, 《월간조선》1991년 4월호, 130쪽.

초라한 행색을 하고 있으면서도 값비싼 설비를 구매한다고 동경 거리를 누비고 다녔으니 그 모양새는 실로 가관이었다."[10]

김학기의 장남인 김중현은 아버지가 2019년에 사망한 후 유품을 정리하다가 다음과 같은 편지를 발견했다. 1970년에 박태준이 '김학기 부장 부인께'라는 제목으로 보낸 편지였다. "환절기에 얼마나 고생이 많으십니까? 더욱히[더욱이] 김 부장이 해외에 주재하는 기간이 길어져서 가정에 여러 가지 불편을 많이 드리고 있는 것으로 압니다. 그러나 김 부장은 현재 동경에서 국가나 회사를 위해 대단히 중요한 일을 훌륭하게 수행하고 있습니다. 이제부터 길어도 1개월 이내이면 대개 결론이 나리라고 믿습니다마는 회사에서 충분한 지원을 해드리지 못하고 있는 형편에다 침식(寢食) 환경 모다[모두] 불편한 데서 고생을 하고 있습니다. 기회 있으신 데로[대로] 가정에서 격려의 말씀이나 전해 주셨으면 고맙겠습니다. 생활에 조금이나마 보탬이 될까 생각하여 미의(微意)를 동봉합니다. 자제분들과 더부러[더불어] 건강하시고 행복하시길 빕니다."

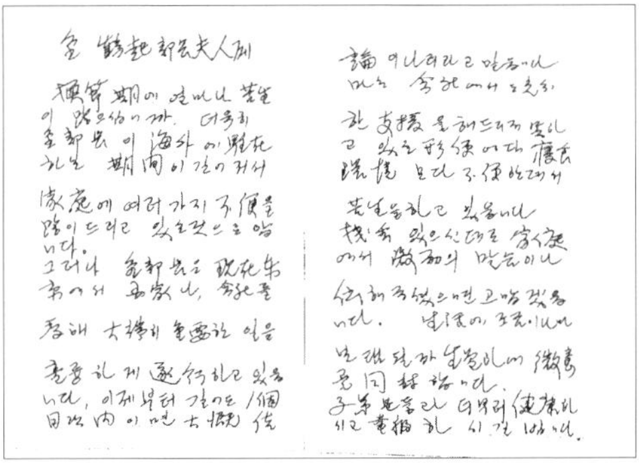

©김중현
[그림 4] 박태준이 김학기의 부인에게 보낸 편지(1970년)

10 포항제철, 『영일만에서 광양만까지: 포항제철 25년사』 (1993), 196~197쪽.

©포스코역사박물관
[그림 5] 박태준이 포스코 직원들에게 교육하는 장면

포항제철소 건설 사업을 상징하는 단어로는 '제철보국(製鐵報國)'과 '우향우(右向右) 정신'을 들 수 있다. 포스코의 창업 이념인 제철보국은 단기간 내에 세계적 수준의 제철소를 건설하고 양질의 철강재를 값싸게 대량으로 공급하여 국민 경제 발전에 이바지한다는 점과 이러한 국가적 소명을 받은 포스코의 직원이라면 마땅히 개인적인 생활을 희생하면서라도 맡은 바 과업을 완수할 수 있는 공인(公人)으로서의 책임 의식을 가져야 한다는 점을 주요 내용으로 삼고 있었다. 특히 박태준은 포항제철소 건설 사업이 "선조의 피의 대가"인 대일 청구권 자금에 의해 추진되고 있다는 점을 강조하면서 "모든 노력을 기울여 건설 공사에 매진해 줄 것"을 당부했다. 이러한 최고 경영자의 의지에 부합하여 포스코 직원들 사이에는 '우향우 정신'이라는 용어가 생겨나 급속히 확산되었는데, 그것은 건설 현장의 오른쪽에 있는 영일만에 투신할 각오를 가지고 제철소 건설 공사에 임한다는 의미를 가지고 있었다.[11]

11 박태준, 「박태준 회고록: 불처럼 살다 ③」, 《신동아》1992년 6월호, 454~455쪽.

포항제철소 건설 공사에서 가장 심각한 문제점으로 등장한 것은 열연 공장의 공기 지연이었다. 박태준은 1971년 8월 20일에 "첫 번째 공사가 늦어지면 연쇄적으로 다음 공사에 영향을 미치며 공기가 지연되면 연료 공급 업체와의 장기계약에도 문제가 생긴다"고 지적하면서 "9월 중에는 무조건 하루에 700㎥의 콘크리트를 타설하라!"는 특단의 조치를 강구했다. 이로써 '열연비상(熱延非常)'으로 명명된 비상 작업 체제가 가동되었고 건설 요원은 물론 관리 및 행정 분야의 직원까지 총동원되는 철야 작업이 전개되었다. 그동안의 실적과 열연 공장의 구조로 보아 하루에 250~450㎥의 콘크리트를 타설하는 것이 합리적이었지만 포스코는 24시간 돌관 공사(突貫工事)에 의해 700㎥를 타설하는 것을 목표로 삼았다. 열연비상 동안 포스코 직원들은 격일제로 밤을 새고 1일 책임량을 채우지 못한 감독의 정기 승급을 중지시켰다. 또한, 졸고 있는 운전 기사를 깨우고 흩어져 있는 인부들을 찾아다니며 레미콘은 물론 리어카까지 동원하는 등 전쟁터와 같은 분위기를 연출했다. 결국 열연비상이 선포된 후 2개월 만에 5개월 분량의 콘크리트가 타설됨으로써 10월 28일에는 지연된 공기가 완전히 만회될 수 있었다.

기업의 초기 성장 과정에는 최고 경영자의 역할이 매우 중요한 것으로 평가되고 있는데, 박태준은 단순한 최고 경영자가 아니라 조직 구성원의 '역할 모델(role model)'로 인식되었다. 그는 포항제철소 건설 현장에 상주하면서 누구보다도 열심히 일했고 문제가 발생할 때마다 현장을 직접 찾아다니며 그것을 해결하는 데 크게 기여했다. 또한 박태준이 다른 대기업의 일반적인 최고 경영자와는 달리 경영상의 지식뿐만 아니라 기술적 지식을 많이 보유하고 있었기 때문에 그의 판단과 지시는 상당한 권위를 가지고 있었다. 이러한 점은 다음과 같은 지적에서 단적으로 드러난다. "박태준 회장이 선진 제철 기술에 대한 정보를 누구보다 앞서서 수집하고 소화하기 때문에 공장의 책임자나 전문가들도 이론에 있어서까지 번번이 나가떨어진다. 열 가지 질문에 두 가지를 답변할 수 없다는 것이다. 이러니 포철의 사원들은 아랫사람이나 윗사람이나 박 회장 앞에서는 벌벌 떨지 않을 수가 없는 것이다."[12]

첫 쇳물을 얻기까지

박태준은 포항제철소 건설 공사를 진두지휘하는 한편 직원들의 해외 연수에도 각별한 관심을 기울였다. 초창기의 포스코가 제철소 운영에 필요한 기술을 습득한 가장 중요한 통로는 해외 연수였는데, 그것은 "공장의 성공적인 건설이나 정상 조업이 가능했던 것은 무엇보다도 해외 위탁교육의 결과라고 할 수 있다"는 기록에서 단적으로 드러난다.[13] 1973년까지 해외연수를 받았던 직원 수는 총 597명이었으며, 이는 전체 직원 수인 3,973명의 15.0%에 해당했다.

포스코는 후보자를 2배수로 선정한 후 준비 교육 결과에 따라 절반을 탈락시킴으로써 해외 연수 대상자들을 엄선했다. 그들은 3~6개월에 걸쳐 다양한 준비 교육을 받았는데, 여기에는 일상 회화 및 전문 용어에 대한 외국어 교육, 외국의 역사 및 지리에 대한 상식, 철강에 대한 기초 지식, 해당 분야의 전문 지식 등이 포함되어 있었다. 더 나아가 포스코는 해외 연수 요원을 대상으로 "현재 자신이 맡은 일이 회사와 국가를

---

12 오효진, 「박태준: 포항제철 회장」, 『정상을 가는 사람들』 (조선일보사, 1987), 317쪽.

13 포항제철, 『포항제철 7년사』 (1975), 526쪽. 포스코의 해외연수와 기술학습에 관한 자세한 논의는 송성수, 「포항제철 초창기의 기술습득」, 《한국과학사학회지》 제28권 2호 (2006), 329~348쪽을 참조.

위해서 얼마나 중요한 일인지"에 대하여 정신 교육을 실시했으며, "연수 기관과의 계약사항인 커리큘럼이나 일정표에 구애받지 말고 맨투맨 작전으로 상대방의 기술을 빠짐없이 배워 오라"고 주문했다.

포스코 초창기에 열연 분야의 해외 연수팀을 인솔했던 김종진은 당시의 분위기를 다음과 같이 전하고 있다. "박[태준] 회장님은 일본에 가서 그자들이 가르쳐주는 기술만 배워 오는 것이 아니라 가르쳐주지 않는 기술까지 모조리 눈에 담아 오라고 하셨습니다. 눈으로 담아 오라는 말씀은 수단 방법 가리지 말고 훔쳐 오라는 것 아닙니까? 그런데 그 당시에 무엇이 중요하고 무엇이 값비싼 것인지 알 수가 있었겠습니까? 도둑도 큰 도둑이 되려면 보석을 감정할 정도가 되어야 하는데, 알아야 진짜와 가짜를 가리지 않습니까? … 죽을 똥을 쌌습니다. 일본 기술자들한테 술값이 엄청 들어갔어요. 설계도가 어디에 있는지 알 수도 없고 … 결국 나중에는 그 사람들이 일부러 캐비닛을 열어 놓고 피해 주더군요. … 어찌나 고마운지 … 그런데 기막힌 것은 파견된 우리 기술진들입니다. 아무리 만신창이가 될 정도로 술을 마셨어도 설계도만 보면 정신을 번쩍 차리고 주머니에 쑤셔 넣고 눈에 담곤 하는 겁니다. 진짜 왕도둑놈들이더군요. 눈물겨운 일이었습니다."[14]

포항제철소 건설공사에는 후방 건설 방식(backward construction approach)이 적용되었다. 그것은 압연 공장과 후판 공장을 먼저 설치한 후 그 다음에 제선 공장과 제강 공장을 짓는 방식으로 1950~1960년대에 선진국이 일관 제철소(integrated steel mill)를

14 이호, 『누가 새벽을 태우는가: 박태준 철의 이력서』(자유시대사, 1992), 239~240쪽. 포스코의 기술습득에 관한 자세한 논의는 송성수, 「포항제철 초창기의 기술습득」, 《한국과학사학회지》 제28권 2호 (2006), 329~348쪽을 참조.

신설할 때 널리 사용해 왔다. 후방 건설 방식은 제선과 제강을 위한 시설이 완공되기 전에도 반제품을 수입하여 압연 공장이나 후판 공장에서 완제품을 생산함으로써 투자 효과가 조기에 나타나는 장점을 가지고 있다.

또한 포스코는 건설 공사 처음부터 조업과 정비에 관한 조직을 편성하여 조업 요원이 건설 공사를 주관하고 정비 요원이 공사 감독을 담당하는 체제를 구축했다. 그 결과 조업이나 정비를 담당한 요원들은 사전에 해당 설비의 내용을 숙지할 수 있었고 그것은 원활한 공장 조업과 설비 관리를 도모할 수 있는 기반으로 작용했다. 이와 함께 포스코는 공장이 완공되기에 앞서 설비를 시험적으로 가동해 봄으로써 설비의 결함으로 인해 발생할 수 있는 문제점을 사전에 제거하려고 노력했다.

1973년 6월 8일에는 포항 1고로 화입(火入)을 위해 조촐한 식장이 차려졌다. 10시 30분에 화입을 실시한 후 박태준은 "민족의 숙원인 6 · 8 화입을 무난히 성공시킨 여러분은 국가와 역사에 길이 남을 위업을 이루었고, 나 개인에게는 생명의 은인입니다"라고 하면서 모든 참석자들과 일일이 악수를 나누었다. 김학기 제선부장이 너무 무리하시는 게 아니냐고 걱정하자 박태준은 "이 사람아, 나는 연대 병력과도 일일이 악수해 본 경험이 있어!"라고 응수했다. 모두가 즐거운 웃음을 터뜨렸다.[15]

포항 1고로가 처음부터 뜻대로 가동된 것은 아니었다. 계산대로라면 화입 후 20시간이 지난 후에 출선(出銑)이 있어야 했다. 그러나 6월 9일

15 이대환 엮음, 『쇳물에 흐르는 푸른 청춘』 (아시아, 2006), 188쪽.

오전 7시가 되어도 깜깜 무소식이었다. 통구가 막혀있었던 것이다. 작업반원들은 통구를 뚫기 시작했다. 불안과 초조의 30분이 지났다. 드디어 통구가 열리면서 기다리고 기다리던 붉은 쇳물이 흘러나왔다. 박태준을 비롯한 포스코의 구성원들은 하나같이 목이 메어 '만세'를 불렀다. 1999년에 한국철강협회는 첫 출선의 감격을 기념하기 위해 6월 9일을 '철의 날'로 제정했다. 첫 출선 후 48년 6개월이 지난 2021년 12월 29일에 포항 1고로는 종풍(終風)에 들어간 바 있다.

©포스코역사박물관

[그림 6] 첫 출선의 순간에 만세를 부르고 있는 포스코의 구성원들

포항제철소 1기 사업은 예정보다 28일 단축된 1973년 7월 3일에 완료되었다. 103만 톤 규모의 제철소 건설에 3년 3개월이 소요되었던 셈인데, 인도, 브라질, 이란 등에서는 비슷한 규모의 제철소를 짓는 데 빨라야 4년, 늦을 경우에는 9년도 소요되었다. 포항제철소 1기 사업에는 외자 1억 7,800만 달러, 내자 493억 원 등 총 1,204억 원이 투자되었으며, 그것은 428억 원이 소요된 경부 고속 도로 건설 사업의 2.8배에 해당하는 금액이었다. 안타깝게도 김학렬 부총리는 포항제철소의 준공을 보지 못한 채 1972년 3월에 49세의 나이로 요절하고 말았다. 회의 중에 그의 부고를 들은 박정희 대통령이

화장실로 가서 눈물을 흘렸다는 일화도 전해진다.

흥미로운 점은 포항제철소 1기 공사가 완료된 해인 1973년에 1,200만 달러의 이익이 발생했다는 사실이다. 당시에 박정희 대통령은 "임자, 지금 포철 보고서를 보고 있는데, 순이익을 표시하는 난에 제로가 너무 많이 들어간 것 같잖나? 1,200달러가 아니야?"라고 화답했다고 한다.[16] 포스코가 제철소 가동 첫해부터 이익을 낸 데에는 조선업의 호황과 같은 예기치 않은 행운이 결정적인 원인으로 작용했다. 하지만 그러한 행운도 포스코가 후판 공장을 먼저 건설하고 예정된 건설 공기를 준수하며 설비를 사전에 점검하지 않았더라면 그 효과가 매우 감소했을 것이다.

포항제철소의 지속적 확장

포항제철소는 이후에도 계속해서 확장되었다. 포항제철소 확장 사업은 2기(1973~1976년), 3기(1976~1978년), 4기(1979~1981년), 4기 2차(1981~1983년)의 네 차례에 걸쳐 전개되었다. 이를 통해 포스코의 연간 생산 능력은 260만 톤, 550만 톤, 850만 톤, 910만 톤으로 증가했다. 2기 사업으로 포항제철소는 두 개의 고로를 보유한 양폐 체제(兩肺體制)를 구축하여 보다 본격적인 의미의 일관 제철소로 성장했다. 3기 사업과 4기 사업은 중화학 공업화 정책의 일환으로 추진됨으로써 생산 능력이 현격히 확대되었고 이를 통해 국제 경쟁력을 갖춘 대량 생산 체제가 확립되었다. 4기 2차 사업은 고로를 신설하지 않으면서 기존의 설비를 보완하여 생산 능력을 부분적으로

16 서갑경(윤동진 옮김), 『최고기준을 고집하라: 철강왕, 박태준의 경영이야기』(한국언론자료간행회, 1997), 318쪽.

증가시키는 성격을 띠고 있었다.

포항제철소 3기 사업에서도 1기 사업과 유사한 형태의 비상 사태가 선포되었다. 3기 사업은 이전에 비해 규모가 크게 증가했기 때문에 수많은 인력과 장비가 요구되었지만, 중동 건설 붐과 아파트 건설 붐에 입각한 건설 경기의 호황으로 인력과 장비를 확보하는 것이 쉽지 않았다. 당시의 시공 업체들은 건설 인력이 부족하여 경험이 전혀 없는 사람들을 동원하는가 하면 인원수를 점검할 때 다른 건설 현장의 인력을 이동시키는 편법을 사용하고 있었다. 이에 박태준은 '건설 비상'을 선포하면서 설비별로 공사 담당 임원을 배정하고 공사 인력의 동원 실태를 수시로 점검했다. 특히 집중적인 공정 관리가 요청되었던 건설 현장에서는 행정 부서의 직원까지 동원되는 '특별감독제'가 실시되었다. 특별감독제는 일명 '독감'으로 불렸는데 그것은 "특별감독에 걸리면 열 빼고 땀 빼야 한다"는 의미를 가지고 있었다. 이러한 조치를 바탕으로 3기 사업의 건설 공기는 당초의 계획보다 143일 단축될 수 있었다.

©포스코역사박물관
[그림 7] 발전 송풍 설비의 콘크리트 구조물이 폭파되는 모습(1977년)

박태준은 공기 단축은 물론 공사 품질에도 많은 주의를 기울였는데, 이에 대한 일화로는 1977년 8월에 있었던 발전 송풍 설비 폭파 사건을 들 수 있다. 한번은 박태준이 발전 송풍 설비 건설 현장에서 콘크리트가 울퉁불퉁한 것을 발견했다. 해당 부분을 다시 시공하겠다는 현장 책임자의 답변에 박태준은 "땜질이 나중에 대형 참사를 부른다는 것 모르나, 당장 폭파해!"라고 지시했다. 콘크리트 구조물 작업이 80%나 이루어진 상태였지만 박태준은 아랑곳하지 않았다. 포스코의 임직원들이 모인 가운데 발전 송풍 설비 현장은 다이너마이트 폭음 속에 사라졌다. 그 폭음은 '부실 공사는 절대 용납하지 않는다'는 박태준의 결단이자 경고를 상징하는 것이었다.

1978년 8월에는 중국의 최고 실력자 덩샤오핑(鄧小平)이 일본을 방문했다. 덩샤오핑은 기미쓰제철소를 둘러본 후 이나야마 신일본제철 회장에게 "중국에 이런 제철소를 지어줄 수 있느냐?"고 물었다. 이나야마가 "그건 불가능하다"고 했더니 덩샤오핑은 "그게 그렇게 어려운가?"라고 반문했다. 이에 이나야마는 "제철소는 돈으로 짓는 것이 아니라 사람이 짓는 것인데, 중국에는 박태준이 없지 않느냐?"고 되물었다. 이에 덩샤오핑은 "그러면 박태준을 수입하면 되겠군"이라고 말했고, 이후 이나야마는 박태준에게 "중국에 납치될 수도 있으니 조심하라"는 농담을 건넸다고 한다.[17]

포스코의 매출액은 1973년의 416억 원에서 1981년에는 1조 5,206억 원으로 증가했으며, 당기 순이익은 1973년의 46억 원에서 출발하여 1974~1981년에는 매년 100~500억 원 내외를 기록했다. 이러한 경영

17 서갑경, 『최고기준을 고집하라』, 378~379쪽.

실적을 바탕으로 포스코는 1977년 12월에 한국 역사상 최초로 정부의 지급 보증 없이 외국 은행에서 1억 달러를 확보했다. 이어 1981년 2월에는 정부의 출자 비율을 32%로 축소하여 정부 투자 기관에서 정부 출자 기관으로 변모했으며, 회장 직제를 신설하여 박태준을 초대 회장으로 선임했다. 정부 투자 기관은 정부의 출자액이 50% 이상인 경우로 임원의 명칭, 임기, 임명 방법이 통일되어 있으며 정부의 감사를 필수적으로 받아야 한다. 이에 반해 정부 출자 기관은 정부 출자액이 50% 미만인 경우로 임원의 선출에 특별한 제약이 없으며 정부의 감사는 선택적 사항으로 된다.

박태준은 1979~1983년에 세계 각국에서 훈장을 받았다. 여기에는 오스트리아의 금성공로대훈장(1979년 1월), 페루의 대공로훈장(1979년 8월), 브라질의 십자대훈장(1981년 8월), 독일의 공로십자훈장(1983년 11월) 등이 포함된다. 또한 1985년에 월드 스틸 다이나믹스(World Steel Dynamics, WSD)는 『포항제철: 한국의 부상하는 철강 거인』이란 보고서를 발간하면서 다음과 같이 평가했다. "격심한 역정을 무릅쓰고 이 회사는 단 10년 만에 세계 수준의 대규모 철강 업체가 되었다. … 포항제철이 이룩한 업적은 이제 모든 개발 도상국의 철강 업체들이 본받아야 할 교훈이 되고 있다."[18]

광양제철소가 있기까지

포스코는 포항제철소 건설 사업에 이어 광양제철소 건설 사업을 추진했는데, 광양제철소 건설 사업이 성사되는 데도 많은 우여곡절이

18 조셉 인니스, 애비 드레스(김원석 옮김), 『세계는 믿지 않았다: 포항제철이 길을 밝히다』(에드텍, 1993), 272~273쪽.

있었다. 제2종합제철사업은 1973년에 중화학공업화 정책이 선언되면서 처음 거론되었으며, 1978년에는 포스코와 현대가 예비 사업 계획서를 경쟁적으로 제출했다. 현대는 철강 산업에 대한 진입 장벽의 철폐, 효율적인 경쟁 체제의 구축, 제철소의 조기 건설 등을 내세웠고, 포스코는 축적된 경험과 기술의 활용, 국제 경쟁력의 확보, 사적 이윤에 의한 폐해 등을 강조했다. 당시에 청와대 비서실은 제2종합제철사업을 민영화해야 한다는 현대의 입장을 지지하고 있었다. 이에 포스코는 주요 언론과 경제 관료에 대한 영향력을 강화하는 방법을 통해 최종적인 의사 결정을 유보시켰다. 결국 1978년 10월에 최고의사결정권자인 박정희는 "정주영, … 일을 불도저처럼 하는 분이지. … 그러나 역시 제철은 박태준이야!"라고 하면서 포스코를 선택했다.[19]

제2종합제철사업의 입지로는 아산만과 광양만이 경합했다. 건설부 관계자는 아산만을, 포스코는 광양만을 염두에 두었다. 사실상 광양만이나 아산만은 자연 상태로는 최적의 입지가 아니었다. 아산만은 조수 간만의 차가 컸고 광양만은 연약 지반으로 구성되어 있었기 때문이다. 이에 대해 포스코는 광양만의 단점을 보완할 수 있는 대책을 마련하면서 최고의사결정권자인 전두환이 공무원의 부패에 민감하다는 점을 활용하여 자신의 주장을 관철시킬 수 있었다. 제2종합제철사업의 입지가 정해지던 1981년 11월에 전두환은 다음과 같이 말했던 것으로 전해진다. "제철소 입지는 실수요자인 포철이 잘 알 테니까 포철의 건의대로 광양으로 결정합시다. 건설부 공무원들,

19 박태준, 「박태준 회고록: 불처럼 살다 ④」, 《신동아》 1992년 4월호, 453쪽.

아산에 땅을 많이 사두었더구만 … 손해가 많겠소."[20]

박태준은 1980년 10월에 국가보위입법회의 경제 제1위원장을 맡으면서 전두환 정권과 관계를 맺었다. 1981년 4월에는 민주정의당 전국구로 제11대 국회의원이 되었으며, 국회 재무위원장과 전국경제인연합회 부회장을 맡았다. 그는 류상영과의 인터뷰에서 정계 입문의 동기에 대해 다음과 같이 회고했다. "전두환에게 호출되어 정치 입문 제의를 받았다. … 포항제철소를 건설하는 과정에서 박정희의 막강한 지지를 받았는데도 가택 수색을 당하는 등 어려움이 많았는데, 이제 정권이 바뀐 마당에 과연 제철소를 잘 운영하고 제2제철을 지장 없이 건설할 수 있을까 하고 생각했다. … 여럿이 상의한 후 결국 포항제철을 정치에서 보호하기 위하여 [정계 입문을] 마음먹었다. 그래서 … 포항제철이 정부 관계에서 애먹은 게 없었다. 내가 [국회] 재무위원장으로 있으면서 해결해 주었다."[21]

광양제철소 건설 사업은 1기(1985~1987년), 2기(1986~1988년), 3기(1988~1990년), 4기(1991~1992년)에 걸쳐 지속적으로 전개되었고, 이를 통해 광양제철소의 생산 능력은 270만 톤, 540만 톤, 810만 톤, 1,140만 톤으로 증가했다. 이와 함께 1984~1992년에는 포항제철소 설비 합리화 사업도 실시되었으며, 1989년에는 30만 톤 규모의 스테인리스 제강 공장이 준공됨으로써 포항제철소의 생산 능력은 940만 톤으로 증가했다. 이로써 포스코는 포항제철소의

20 이장규, 『경제는 당신이 대통령이야: 전두환 시대의 경제비사』(중앙일보사, 1992), 284쪽.

21 류상영, 「한국산업화에서의 국가와 기업의 관계: 포항제철과 국가자본주의」(연세대학교 박사학위논문, 1995), 150~151쪽.

940만 톤과 광양제철소의 1,140만 톤을 포함하여 총 2,080만 톤의 생산 능력을 구비하게 되었다. 또한 포스코는 두 제철소의 제품 구성을 달리함으로써 상호 보완적인 관계를 유지했다. 포항제철소는 열연, 후판, 선재, 냉연, 스테인리스 등의 다품종 생산 체제로, 광양제철소는 열연과 냉연 중심의 소품종 대량 생산 체제로 특성화되었던 것이다.

©포스코역사박물관
[그림 8] 광양제철소에서 열연 코일이 생산되는 광경

포스코는 광양제철소 건설 사업에 필요한 기술 계획을 자체적으로 수립했으며, 설비 간 호환성을 보장하고 최신예 설비를 도입하는 것을 원칙으로 삼았다. 또한 네 차례의 광양제철소 건설 사업을 통해 동일한 사양의 고로와 전로를 선택함으로써 기술 능력을 체계적으로 발전시킬 수 있는 계기를 마련하기도 했다. 광양제철소의 공장 배치도 주목할 만하다. 포항제철소의 경우에는 기존의 자연 조건을 최대한 활용함으로써 공장배치가 'U'자형을 띠고 있었지만, 광양제철소의 경우에는 인공적으로 조성된 부지 위에 공장이 'I'자형으로 배치되었다. 이로 인해 광양제철소는 제선 공정에서 열연 공정에 이르는 거리가 1.5킬로미터에 불과해 비슷한 규모의 제철소로는 세계에서 가장 짧은 생산 라인을 보유하게 되었다

산학연 협동체제의 구축

1980년대에 들어와 포스코는 첨단 설비의 활용에 필요한 기술을 확보하는 데 많은 노력을 기울였지만, 이러한 기술은 선진국에서 이전을 기피하거나 외국의 선진 제철소도 적용하기 시작하는 단계에 있었다. 이에 따라 과거와 같이 기술을 일괄적으로 제공받는 것은 매우 어려워졌고 해당 기술을 자체적으로 개발하여 선진 기술을 조기에 추격해야 했다.

이러한 배경에서 포스코는 1977년에 설립했던 기술연구소를 재편하여 새로운 연구개발체제를 구축하는 작업을 추진했다. 그 결과 1986년에는 포항공과대학(Pohang Institute of Science and Technology, POSTECH)이, 1987년에는 산업과학기술연구소(Research Institute of Industrial Science and Technology, RIST, 1996년에 포항산업과학연구원으로 변경됨)가 설립되었다. 포항공과대학의 초대 학장은 김호길 박사, RIST의 초대 소장은 김철우 박사가 맡았다.

포항공대와 RIST가 설립되면서 포스코는 기업과 연구소는 물론 대학을 연결하는 '삼각(三角) 연구개발 협동체제'를 구축한 국내 최초의 기업이 되었다. 특히 포스코, RIST, 포항공대는 지리적으로 근접한 곳에 위치하고 있어서 실질적인 산학연 협동이 가능한 조건을 구비했다. 또한 포항공대와 RIST의 경우에는 기업이 설립을 주도했지만 연구 중심 대학이나 독립 법인 연구소와 같은 새로운 개념에 입각하고 있었다.

포항공대의 위상은 1985년 8월에 김호길 박사가 초대 학장으로 내정되면서 철강 중심의 공과 대학에서 종합적 이공계 대학으로 수정되었다. 김호길은 포스코와 포항공대의 산학 협동을 중요하게 고려하면서도 포항공대가 독립적인 교육 연구 기관으로 발전해야 한다는 비전을 가지고 있었다. "만약 제가 포항에 온다 하더라도 포항제철을 보고 오는 것은 아닙니다. 철강은 언젠가는 사양화됩니다. 지금은 포항제철 부설 포항공대이지만 나중에는 포항공대 부설 포항제철이 될 것입니다. 그리고 누구든 학장이 되는 사람에게 학사 운영에 관한 모든 권한을 일임하셔야 할 것입니다."[22]

ⓒ포스코역사박물관
[그림 9] 포항공과대학 착공식에서 악수하고 있는 김호길과 박태준(1985년)

1986년 4월에 박태준은 로마에서 열린 세계철강협회의 이사회에 참석한 후 런던에 들러 존 자페(John Jaffe)를 만났다. 자페는 1968년에 한국의 종합제철소 건설이 시기상조라는 세계은행의 보고서를 집필했던 장본인이었다. 박태준은 "상당히 오래된

22 이호 엮음, 『신들린 사람들의 합창: 포항제철 30년 이야기』 (한송, 1998), 176쪽. 김호길에 대한 자세한 논의는 이종식, 「대학교수들을 위한 연구 "왕국" 만들기: 물리학자 김호길의 연암공학원 및 포항공과대학 구상과 건학」, 《한국과학사학회지》 제46권 1호 (2024), 203~233쪽을 참조.

이야기입니다만, 한 가지만 질문해도 될까요?"라고 운을 떼었고, 자페는 다음과 같이 대답했다. "무슨 질문을 하고 싶은지 알겠습니다. 그때 제 보고서가 잘못되었다고 말씀하시고 싶은 거죠? 하지만 지금도 제 생각은 변함이 없습니다. 그때 제 분석은 정확했습니다. … 그런데 내가 간과한 것이 하나 있었습니다. 그것은 바로 당신이었습니다. 당신이 상식을 초월하여 그 프로젝트를 잘 이끌었기 때문에 성공했던 것입니다."[23]

1992년 10월 2일, 광양제철소에서는 '포항제철 4반세기 대역사 준공식'이 개최되었다. 1968년에 창립된 포스코가 포항제철소 1기 사업에서 시작하여 광양제철소 4기 사업까지 마무리한 점을 기념하는 자리였다. 당시의 언론은 "원조 철강왕인 카네기는 35년에 걸쳐 연산 조강 1,000만 톤을 이뤘지만, 한국의 철강왕 박태준은 25년 만에 기술도 자본도 없는 상태에서 2,100만 톤을 달성했다"라고 보도했다. 다음 날 박태준은 서울 동작동 국립묘지를 찾아가 박정희의 묘 앞에 섰다. "각하! 불초 박태준, 각하의 명을 받은 지 25년 만에 포항제철 건설의 대역사를 성공적으로 완수하고 삼가 각하의 영전에 보고를 드립니다. … 각하! 일찍이 각하께서 분부하셨고, 또 다짐 드린 대로 저는 이제 대임을 성공적으로 마쳤습니다. … 부디 영면(永眠)하소서!"[24] 박태준은 생전에 "박정희 대통령에게 포철 임무 완수를 보고한 1992년 10월 3일이 인생에서 가장 기쁜 장면이었다"라고 말하기도 했다.

---

23 서갑경, 『최고기준을 고집하라』, 428~429쪽.

24 조용경 엮음, 『각하! 이제 마쳤습니다: 청암 박태준 글모음』 (한송, 1995), 7~12쪽.

박태준은 1987~1993년에 수많은 영예를 안았다. 1987년 5월에 '철강의 노벨상'으로 불리는 영국금속학회의 베세머 금상을 수상하는 것을 시작으로 브라질의 남십자성훈장(1987년 5월), 페루의 대십자공로훈장(1987년 7월), 프랑스의 레종도뇌르훈장(1990년 11월), 월드 스틸 다이나믹스의 윌리 코프 철강상(1992년 6월), 칠레의 베르나르도 오히기스 대십자훈장(1992년 12월), 오스트리아의 은성공로대훈장(1993년 1월) 등을 받았다. 이 중에서 베세머 금상은 1856년에 전로제강법을 발명한 베세머(Henry Bessemer)의 이름을 딴 상으로, 1874년부터 매년 수여된 이래로 퇴직 전에 베세머 금상을 받은 기업인은 박태준이 처음인 것으로 전해진다.[25]

정치의 소용돌이 속에서

박태준은 군인에서 기업가로, 그리고 정치인으로 변모하는 인생 경로를 밟았다. 그는 1981~1985년에 제11대 국회의원(전국구)을 역임한 후 1988~1992년에는 제13대 국회의원(전국구)이 되었다. 1988년에는 민주정의당 대표로 선출되었고, 1990년 3당 합당 이후에는 민주자유당 최고위원도 맡았다. 1992년 3월에는 제14대 국회의원(전국구)이 되었지만, 김영삼과의 불화로 당선 7개월 만에 자리에서 물러났다. 박태준은 1992년 10월에 포스코에 사직서를 제출했는데, 우여곡절 끝에 명예 회장을 맡는 것으로 일단락되었다. 1993년 2월에 김영삼 정부가 출범하자 국세청은 박태준에 대한 세무 조사를 벌였으며 검찰은 포스코 계열사와 협력사로부터 뇌물을 받은 혐의로 박태준을 기소했다. 결국 박태준은 일본으로 유랑하는 길을 선택했고, 포스코의 창업 세대도 퇴진하는 수순을 밟았다. 박태준은

25 조셉 인니스, 애비 드레스, 『세계는 믿지 않았다』, 278쪽.

재판이 진행 중이던 1995년 8월에 특별사면으로 풀려났다.

박태준은 1997년 4월에 정계 복귀를 선언했으며 같은 해 7월에 실시된 포항시 북구 국회의원 재선거에 무소속으로 출마하여 당선되었다. 1997년 11월에는 자유민주연합(자민련)에 입당하여 총재로 추대되었으며, 자민련 총재 시절에 '김대중-김종필 연합(DJP 연합)'을 통해 정권 교체를 이루어내는 데 기여했다. 김대중 정부 시절인 2000년 1월에는 제32대 국무총리에 올랐지만 부동산 명의 신탁 의혹으로 4개월 만에 사임했다. 이를 계기로 박태준은 정치 일선에서 완전히 물러났다.

박태준은 정계 은퇴 이후에 건강이 나빠졌으며, 미국 코넬대학병원에서 폐 밑의 물혹을 제거하는 수술을 받았다. 그는 2001년 6월에 포스코의 명예 회장으로 다시 추대된 후 계속해서 그 지위를 유지했다. 박태준은 2008년 6월부터 포스코청암재단의 이사장으로도 활동했으며, 2009년 11월에는 제1기 청암사이언스펠로십 과학자를 선발했다.

2007년 8월에 박태준은 포스코 명예 회장의 자격으로 포항제철소 파이넥스(Fine Iron Ore Extraction, FINEX) 공장을 방문했다. 파이넥스 공법은 용광로 공법을 대체할 것으로 기대되는 차세대 혁신 철강 기술로 포스코가 17년 동안의 노력 끝에 2007년 5월에 세계 최초로 개발했다. 박태준은 파이넥스 쇳물을 지켜본 후 "포스코가 파이넥스라는 혁신기술로 포스코를 한층 더 발전시켰다"고 하면서

엄지손가락을 치켜세웠다. "포스코가 최고"라는 의미였다.[26]

박태준은 2011년 12월 13일에 급성 폐 손상으로 세상을 떠났다. 향년 84세였다. 그는 집 한 채도 남기지 않은 채 모든 재산을 사회에 기부했다. 사망 직전에 박태준은 "포스코가 국가 산업의 동력으로 성장한 것이 자랑스럽다"며 "더 노력해서 세계 최고의 철강회사를 만들어 줄 것"을 주문했다. 그는 국립서울현충원 국가사회유공자묘역 17묘역에 안장되었다. 박태준은 2012년 7월에 미국의 철강 전문지 《메탈 블루틴(Metal Bulletin)》이 주관하는 '철강 명예의 전당(Steel Hall of Fame)'에 헌정되었다. 2021년 12월에는 박태준 10주기 추모식을 계기로 그의 고향인 부산시 기장군 임랑리에 '박태준 기념관'이 설립되었다.

26 「파이넥스 최고다」, 《경북도민일보》 (2007. 8. 22). 파이넥스 공법의 개발 과정에 대한 자세한 분석은 송성수, 송위진, 「코렉스에서 파이넥스로: 포스코의 경로실현형 기술혁신」, 《기술혁신학회지》 제13권 4호 (2010), 700~716쪽을 참조.

도전과 끈기로 혁신하기,

현대자동차

우리나라에서 자동차가 처음 도입된 때는 1903년이었다. 고종 즉위 40주년을 맞이하여 주한 미국 공사 알렌의 주선으로 포드 A형 리무진이 들어왔던 것이다. 광복 직후 우리나라에는 7천 대 정도의 자동차가 있었다고 추산된다. 우리나라의 자동차 생산량은 1970년에 2만 9천 대에 불과했던 것이 1980년 12만 3천 대, 1990년 132만 2천 대, 2000년 311만 5천 대를 거쳐 2010년에는 427만 2천 대로 지속적으로 증가했다. 자동차 산업은 2010년을 기준으로 우리나라 제조업 생산액의 11.4%, 부가가치의 10.6%, 수출의 11.7%를 기록했다. 제조업의 주요 지표에서 모두 10%를 상회하고 있다.

한국 자동차산업의 발전 추세(1970~2010년)

단위: 천대, %

	1970년	1975년	1980년	1985년	1990년	1995년	2000년	2005년	2010년
국내 생산량 (A)	29	37	123	378	1,322	2,526	3,115	3,699	4,272
세계 생산량 (B)	29,403	32,998	38,514	44,812	48,346	50,077	59,089	67,610	77,015
비중 (A/B)	0.1	0.1	0.3	0.8	2.7	5.0	5.3	5.5	5.5

우리나라 자동차 산업의 발전에서 현대자동차가 중요한 역할을 담당해 왔다는 것은 주지의 사실이다. 현대자동차는 1967년에 설립된 후 지속적으로 성장하여 1995년에 세계 13위를 기록했으며, 1998년에 기아자동차를 인수한 후 2000년에는 세계 10위, 2009년에는 세계 5위의 자동차 업체로 부상하였다. 특히 현대자동차는 우리나라 자동차 산업의 기술 발전 경로를 잘 보여주고 있다. 1975년에는 최초의 고유 모델 포니를 개발했고, 1985년에는 수출 전략용 차종인 엑셀을 선보였으며,

1991년에는 알파엔진을 개발하여 독자 모델의 단계로 이행했다.[1]

조립 생산에서 고유 모델로

우리나라 최초의 국산 조립 자동차로는 '시발(始發)'이 꼽힌다. 그것은 1955년에 최무성 형제가 선박 엔진 전문가인 김영삼을 영입하여 제작했다고 전해진다. 시발은 같은 해에 광복 10주년 기념으로 열린 산업 박람회에서 대통령상을 받았고, 한 대 값이 약 30만 원인데도 사전 예치금이 1억 원에 달할 정도로 폭발적인 인기를 누렸다. 그러나 1950년대 한국의 자동차 산업은 미군의 불하 부품을 조립하는 철공소 수준을 벗어나지 못했으며, 완성차는 주로 수입으로 충당되고 있었다.

©국가기록원
[그림 1] 시발 자동차 행운 추첨 대회의 광경(1958년)

1 여기서 '고유 모델(unique model)'이란 외국에서 생산·시판된 일이 없는 새로운 설계의 차종을 의미한다. 그것은 차량 모델을 누가 설계하고 차량에 탑재되는 부품을 누가 개발하는가 하는 문제와 무관하다. 이러한 작업들을 완전히 자체적으로 수행한 경우는 '독자 모델(independent model)'에 해당한다. 이하의 논의는 송성수, 『한국의 산업화와 기술발전』(들녘, 2021), 181~191, 286~298, 413~420쪽에 의존하고 있다.

한국의 자동차 산업은 1962년에 자동차공업육성 5개년계획이 발표되고 자동차공업보호법이 제정되면서 본격적으로 성장하기 시작했다. 같은 해에 새나라자동차는 닛산자동차와의 기술제휴로 '새나라'를 생산하여 시판했는데, 이를 통해 한국에서 근대적 의미의 자동차 산업이 시작된 것으로 평가된다. 1962년에는 기아산업과 신진공업도 자동차 산업에 진출했으며, 1965년에는 아세아자동차가 이를 뒤따랐다. 신진공업은 1965년에 새나라자동차를 흡수하여 신진자동차로 거듭났으며, 신진자동차는 1966년에 도요타와 기술 도입 계약을 체결하여 코로나 승용차를 조립하여 생산했다. 1967년 12월에 설립된 현대자동차는 미국의 포드와 '조립자 계약 및 기술 도입 계약'을 체결한 후 1968년 11월부터 코티나 승용차를 조립 생산하기 시작했다.

당시에 한국의 자동차 업체들은 선진국에서 부품을 수입한 후 이를 조립하여 자동차를 생산하는 KD(knockdown) 방식을 채택하고 있었다. KD는 SKD(semi-knockdown)와 CKD(complete knockdown)로 구분되는데, SKD는 부분적으로 분해된 부품을, CKD는 완전히 분해된 부품을 구입하여 조립하는 방식에 해당한다. 이러한 상황에서는 자동차의 국산화율을 높이는 데 한계가 있었으며 자체적인 기술 발전도 기대할 수 없었다. 국산 부품은 수입품에 비해 품질이 떨어지고 가격도 높아 완성차 업체들은 사실상 국산화보다 수입을 선호했다. 1960년대 후반에 한국 자동차 업체들의 국산화율은 20% 정도에 불과했으며, 국산화 품목도 배터리·타이어·범퍼·페달·시트 등과 같이 비교적 간단한 부품에 국한되었다. 당시 우리나라 최고의 자동차 업체인 신진자동차의 경우에는 1966년에서 1969년까지

자동차 생산량이 6배 이상 증가했지만, 국산화율은 21%에서 38%로 상승하는 데 그쳐 자동차 부품 수입 액수는 13배나 늘어났다.

그러던 중 1970년에는 한국 자동차 산업의 획기적인 진흥을 위해 고유형 소형차의 생산을 추진해야 한다는 의견이 제기되었다. KIST는 김재관 박사를 연구 책임자로 하여 『중공업 발전의 기반』이란 보고서를 발간했는데, 그중 자동차 공업 편에서 국민 표준차 혹은 고유 대표 차종의 개발을 주창했던 것이다. 그 보고서는 "국산화 계획이나 부품 공업의 육성에 있어서나 그 기본이 되는 것은 자동차의 양산화 문제"이며, 이를 해결하기 위해서는 한국의 "실정에 맞게 설계된 국민 표준차의 생산을 계획하고 단일 차종의 생산을 영속"해야 한다고 주장하면서 "한국의 고유 대표 차종 개발과 이의 중점적 육성을 정부가 공익 사업으로서 주도해 나가야 한다"고 덧붙였다.[2]

김재관은 1973년 1월에 상공부의 초대 중공업차관보로 임명되면서 고유 모델 자동차를 적극 추진했는데, 당시 그에게 붙여진 별명은 '자동차 차관보'였다고 한다. 같은 해 6월에 상공부는 '장기 자동차공업 진흥계획(안)'을 준비한 후 7월에 GM코리아(신진자동차의 후신), 기아산업, 현대자동차, 아세아자동차에게 사업 계획서를 제출할 것을 요청했다. 당시 고유 모델 개발에 가장 많은 관심을 보였던 기업은 현대자동차였다. 사실상 현대는 1970년 12월에 포드와 합작 회사를 설립하는 계약을 맺었지만, 현대를 부품 생산의 하청 기지로 만들려는 포드의 입장 때문에

2 한국과학기술연구소, 『중공업 발전의 기반: 한국의 기계 및 소재공업의 현황과 전망분석』 (1970), 1111~1113쪽.

1973년 1월에 무산되고 말았다. 결국 현대자동차를 이끌던 정주영과 정세영은 외국 업체와의 합작 대신에 고유 모델의 개발을 선택하는 과감한 결단을 내렸다.

당시에 현대자동차의 대표 이사를 맡고 있던 정세영은 다음과 같이 회고했다. "물론 차를 만들 수 있는 기술이 있고 없고를 떠나 단기적으로 보면 제휴 업체의 부품을 가져다 조립해서 파는 게 훨씬 수월하고 수입도 좋았다. … 그러나 선진 자동차 회사의 기술에 편승해 그럭저럭 짭짤한 수입을 올리는 데 만족하면, 장기적으로 자동차 메이커로의 성장에는 한계가 있었다. 기업 정신(企業精神) 따위는 고사하고 결국에는 수입 판매 대리점이나 다를 바 없게 되는 것이다. 고유 모델은 꿈도 꾸지 못한 채 주요 부품은 물론 보디까지 외국에서 수입해오는 회사라면, 그건 간판만 자동차 회사지 진정한 자동차 메이커라고 할 수 없다. 독립된 자동차 메이커의 기준은 바로 독자적인 고유 모델이 있느냐 없느냐의 여부에 달려 있다."[3]

이에 대해 현대 외부는 물론 내부에서도 비판적인 견해가 계속해서 제기되었는데, 1987년에 발간된 『현대자동차 20년사』는 고유 모델 반대론자들이 전개한 논리를 다음과 같이 요약하고 있다. "① 자본금 17억 원에 불과한 회사가 최소한 3~4백억 원이 소요되는 투자를 감당하기 어렵고, ② 외국에 많은 차관을 지고 건설할 경우 언제 세계 시장에서 자동차를 팔아 그 원금과 이자를 갚을 수 있을지 막막하며, ③ 최소한의 양산 규모는 5만 대인데 국제 시장에 진출할 수 있을 때까지는 이를 국내 시장에서 소화하여야 하나 국내 시장은

3 정세영, 『미래는 만드는 것이다: 정세영의 자동차 외길 32년』 (행림출판, 2000), 178~179쪽.

전체 승용차 규모가 1만 대에 못 미치는 현실이므로 공장을 지었다가 당장에 가동하지 못할 우려가 있고, ④ 과연 우리의 기술 수준으로 [고유 모델] 자동차의 제조가 가능한지 의심스러우며, ⑤ 더구나 수출까지 하는 것은 상상하기 어렵다."[4] 이와 관련하여 당시에 제너럴 모터스(GM)의 수석 부사장을 맡고 있던 H. 벤지(H. W. Venge)는 "현대가 고유 모델을 만들면 내 손에 장을 지져라!"라고 비아냥거렸고, 국내 언론들은 "투자 대비 효과를 고려했을 때 독자 개발은 미친 짓"이라며 현대자동차의 행보에 우려를 표했다.[5]

1973년 12월에는 한국 정부가 '장기 자동차공업 진흥계획'을 마련했으며, 그것은 1974년 1월에 최종 확정되었다. 장기 자동차공업 진흥계획은 1980년에 완전 국산화된 50만 대의 자동차를 생산하여 자동차 수출 1.5억 달러를 달성한다는 목표 하에 ① 외국에서 생산, 시판된 적이 없는 엔진 배기량 1500cc 이하 소형 승용차의 양산화(연산 5만 대 이상), ② 1975년 생산개시, ③ 95% 이상의 국산화율 달성이라는 지침을 충족시키는 소형차를 1976년 이후 국민차로 지정하여 금융, 세제 및 행정면의 제반 지원을 우선 제공하는 것을 골자로 삼고 있었다. 외국산 중형차를 조립·생산하는 기존의 방식으로는 높은 가격으로 인한 수요 부진, 에너지의 과도한 소비, 낮은 국산화율이 불가피하기 때문에, 저가의 국산 소형 승용차를 양산하고 수출하는 방향으로 자동차 산업에 대한 정책 기조를 전환한다는 것이었다.

---

4 현대자동차, 『현대자동차 20년사』 (1987), 170쪽.

5 이유재·박기완, "현대자동차", 하영원 외, 『미라클 경영: 기적을 만든 7개 대한민국 기업 스토리』 (자의누리, 2017), 371~372쪽.

이제 어떤 기업에게 한국형 고유 모델을 맡길 것인가를 결정하는 문제가 남았다. 아세아자동차는 다른 기업들과 달리 비현실적인 투자 계획을 제출했기 때문에 일찌감치 사업 주체에서 배제되었다. 그러던 중 1973년 10월에는 제1차 석유 파동이 발생하는 악재가 터졌다. 유류의 부족과 자동차 수요의 감소로 자동차 업계가 불황을 맞이하는 가운데 GM코리아와 기아산업은 고유 모델을 포기하는 행보를 보였다. 결국 GM코리아는 GM의 자회사인 오펠의 카데트 차종을, 기아는 마쓰다의 파밀리아 차종을 기반으로 한 차량을 생산하기로 방침을 정했다.

이런 상황에서 정세영 사장은 김재관 차관보의 집무실을 방문했고, 김재관은 창가로 이동한 후 세종로를 내려다보며 다음과 같이 말했던 것으로 전해진다. "저길 좀 봐요, 저게 몽땅 일본 차들 아니오? 저 차들을 죄다 걷어내고 우리 차들이 달리게 해야겠는데, 그 일을 정 사장이 맡아줘야 되겠어요!"[6] 곧이어 정주영 회장이 직접 김재관 차관보를 방문했고, 김재관은 주무부처인 상공부가 현대의 고유 모델 개발을 적극 지원하겠다는 입장을 다시 한번 확인해 주었다.

달려라, 포니

현대는 1973년 6월에 시작차(試作車) 1호를 만든 후 고유 모델 승용차에 붙일 이름을 공모했다. 전국에서 5만 8천 통이나 되는 응모 엽서가 쇄도했다. 가장 많은 이름은 아리랑이었고 유신, 무궁화, 새마을이 그 뒤를 이었으며 천리마, 비마 등도 거론되었다. 현대는 1973년 9월에 고유 모델 차명을 '포니(Pony)'로 결정했다. 정(鄭)씨를 상징하는 동물이

6 정세영, 『미래는 만드는 것이다』, 181쪽.

당나귀여서 조랑말을 뜻하는 포니가 선택되었다는 얘기도 전해진다.[7] 포니의 개발에 필요한 핵심 기술은 대부분 외국에서 도입되었다. 현대는 스타일링과 차체 설계를 위해 이탈리아의 자동차 디자인 전문업체인 이탈디자인(Italdesign) 사에게 기술 용역을 의뢰했다. 엔진, 변속기, 후차축 등 동력 발생 및 동력 전달 장치, 플랫폼의 설계 도면(섀시레이아웃), 엔진 제조를 위한 주물 제조 기술은 일본의 미쓰비시자동차에서 도입했다. 이 밖에 현가 장치, 조향 장치, 제동 장치, 엔진마운트, 냉각 및 배기 시스템 등 주요 섀시 부품들은 현대가 미쓰비시의 랜서 차종을 분해하거나 도입한 부품을 일일이 측정하여 도면으로 만들었다. 부족한 기술 자료는 기존의 코티나, 뉴코티나 등의 포드 사양을 응용하되 국내 기술 수준을 감안하여 약간 수정하는 방식으로 준비했다

고유 모델의 개발에 가장 걸림돌이 되었던 문제는 설계 기술을 확보하는 데 있었다. 이를 해결하기 위해 현대는 이탈디자인과의 계약을 바탕으로 소위 '5인의 특공대'로 불린 기술 인력을 파견했다. 1973년 10월에는 정주화 차장이 토리노로 갔고, 같은 해 11월에는 이승복, 박광남 과장, 이충구, 김동우 대리가 추가되었으며, 3개월 후에는 이승복 과장이 허명래 대리로 교체되었다. 현대의 특공대에게 부여된 공식적인 임무는 '연락관'이란 명목으로 이탈디자인의 작업을 참관하는 것이었다. 계약서에는 설계 작업을 공동으로 수행하도록 되어 있었으며, 이탈디자인이 정식으로 설계 기술을 가르쳐준다는 의미는 아니었다. 그러나 현대가 특공대를 파견한 진정한 목적은 어떻게 해서든지 고유 모델의 설계 과정과 방법을 배우는 데 있었다.

7 이양섭, 『나의 삶, 그 열정의 무대에서』 (넥스트프레스, 2013), 104쪽.

현대의 특공대는 1년여간 이탈디자인 관계자들의 설계 작업에 참여하면서 어깨 너머로 설계 기술을 익혔다. 낮에는 현지 기술자들이 일하는 모습을 담았다가 밤에는 이를 기록하고 토론하는 일이 반복되었다.

당시에 기술 연수의 내용을 정리하고 기록하는 역할은 이충구가 주로 맡았다. 그가 작성한 노트는 훗날 '이대리 노트'로 불리면서 현대가 포니를 비롯한 고유 모델 승용차를 개발하는 데 요긴하게 사용되었다. 이충구는 현대자동차에 33년 동안 근무하면서 부사장과 사장을 지냈고, 2019년에는 대한민국 과학기술유공자로 선정되었다.

이충구는 이대리 노트에 대해 다음과 같이 회고한 바 있다. "서로 간에 갖추어지지 않은 것이 많아 어떤 것은 우리가 완전히 이해하는 데 빨라야 3개월, 길게는 1년이 걸린 경우도 있었다. 물론 완전히 이해되지 않는 것도 적지 않았다. 그래서 우리는 그들이 그린 것을 그대로 모사해서 보관했다. 나중에 필요할 것이라는 생각에서였다. 그리고 그 모든 것들을 매일 토의를 통해 일지 형태로 정리해 나갔다. 그 작업 내용들을 전체적으로 이해하고 정리해 나가는 일은 내가 담당하게 되었고, 그로 인해 전반적인 프로세스를 경험하게 되었다. 물론 그것들은 후에 출장 보고서를 쓰는 데 중요한 자료가 되었다. 자료로 남겨야겠다고 모아둔 것이 후일 우리가 자체적으로 일을 추진할 때 큰 보탬이 된 것이다. 그 자료는 보고서 작성에 그치지 않고 훗날 추가로 우리 팀에 배정된 직원들의 교육 자료로도 활용되었다."[8]

---

8 이충구, 「한국의 자동차 기술: 첫 걸음에서 비상까지 ③」, 《오토저널》제31권 4호 (2009. 8), 55쪽.

자동차의 생산에 관한 기술은 해당 설비를 제공한 외국 업체를 활용하여 습득했다. 현대는 담당 인력을 해외에 파견하여 생산 기술을 배우게 하면서 그들로 하여금 필요한 기계를 구입하게 했다. 또한 현대자동차는 공장 건설과 차량 생산에 대한 자문을 얻기 위해 브리티시 레이랜드(British Leyland Motor Corporation) 출신의 조지 턴불(George H. Turnbull)을 초대 부사장으로 영입했다. 이와 함께 영국인 전문가 6명과 3년 동안의 고용 계약을 체결하여 섀시, 차체, 시험, 금형, 프레스, 엔진 등 각 부문별로 기술적 지원을 받았다. 당시에 현대의 기술진은 자신이 담당한 업무를 적극적으로 학습하는 것은 물론 전체 세미나를 통해 지식을 공유하는 열성을 보이기도 했다.

앞서 언급했듯, 현대는 고유 모델 포니를 개발하면서 설계 기술과 생산 기술을 포함한 주요 기술을 모두 외국 업체에게 의존했다. 그러나 이러한 요소들을 결합하여 하나의 새로운 차종으로 만들어내는 일련의 작업은 자체적인 노력을 통해 이루어졌다. 성능이 확인된 완성차를 도입하는 것이 아니었기 때문에 엔진의 차체 탑재, 차체와 섀시의 조화 등 제반 측면에서 해당 기술을 적용하고 연계하기 위한 활동이 뒤따랐던 것이다. 이처럼 현대는 다국적 기술을 도입하여 새로운 기술 학습의 원천을 창출하고 소위 '짜깁기 기술 조합(tailored technological combination)'을 통해 자신의 고유 모델을 개발했다. 그것은 외부에서 도입된 이질적인 기술을 바탕으로 무수한 탐색과 시행착오를 거치면서 자신의 그림을 완성해 가는 '조각 그림 맞추기(jigsaw puzzle)'에 비유될 수 있다. 포니의 개발을 주도했던 제품개발연구소의 정주화 소장은 훗날 "처음에 멋도 모르고 고유 모델 자동차 개발을 한다고 뛰어들었지만, 두

번 다시 하라면 못한다"고 고개를 저었다고 한다.[9]

©송성수

[그림 2] 울산박물관에 소장 중인 고유 모델 포니. 1981년에 네덜란드에 수출된 것으로 현대자동차가 2011년에 구입하여 울산박물관에 기증한 것이다.

현대는 포니의 개발과 병행하여 울산 지역에 종합자동차공장을 건설하는 작업도 추진했다. 전체적인 배치 설계와 공장별 설계는 미쓰비시자동차에게 의뢰했고, 설계 용역이 끝난 이후의 모든 시공은 국내 기술진이 수행했다. 현대는 1974년 9월에 부지 정지(敷地整地) 작업을 시작했으며, 부지 정지가 끝난 곳부터 본격적인 건설 공사를 진행했다. 현대의 종합자동차공장은 1년 3개월의 역사 끝에 1975년 1월에 완공되었으며, 외자 7,081만 달러와 내자 2,614만 달러를 포함하여 총 9,695만 달러가 소요되었다. 현대는 종합자동차공장의 준공을 계기로 승용차 5만 6천 대, 트럭 및 버스 2만 4천 대 등 연간 8만 대 규모의 차량 생산 능력을 확보했다. 울산은 석유 화학 공업 단지와 대형 조선소에 이어 종합자동차공장을 보유하게 됨으로써 한국의 중화학공업화를 상징하는 도시로 부상했다.

포니가 개발되면서 한국은 일본에 이어 아시아에서 두 번째, 전

9 현영석, 『현대자동차 스피드경영』 (한국린경영연구원, 2013), 140쪽.

세계적으로는 9번째로 고유 모델 자동차를 보유한 국가가 되었다. 『현대자동차 20년사』를 포함한 많은 자료는 한국이 세계에서 16번째로 고유 모델을 생산한 국가라고 기록하고 있으나, 이충구는 한국이 세계 9번째의 고유 모델 생산국이라고 지적한 바 있다.[10] '16'이라는 숫자는 1974년 10월에 개막된 토리노 모터쇼에 출품한 국가가 16개였다는 점에서 연유한 것으로 짐작된다.

포니는 1975년 12월에 처음 생산된 후 1976년 2월에 시판에 들어갔다. 첫 해에 10,726대가 판매되어 국내 승용차 시장에서 기아의 브리사를 제치고 1위로 올라섰다. 또한 포니는 국내의 단일 차종으로서는 처음으로 1978년 2월에 생산 대수 5만 대, 같은 해 12월에는 10만 대를 돌파하는 기록을 남겼다. 더 나아가 포니는 국산 승용차로는 처음으로 남미와 중동을 비롯한 세계 각국에 수출되었다. 포니의 수출 대수는 1976년 1,019대에서 1979년 19,204대로, 수출액은 같은 기간에 257만 달러에서 5,655만 달러로 증가했다.

현대는 포니를 통해 엄청난 성장을 구가했다. 기아는 1974년에 브리사를 출시하면서 1975년에는 국내 승용차 생산량의 55.5%를 차지했다. 그러나 포니의 출시를 계기로 현대가 국내 자동차 업계의 주도권을 잡기 시작했다. 현대의 생산 비중은 포니가 본격적으로 생산되기 시작한 1976년에 55.5%로 증가했고 1977~1979년에는 계속 60% 이상을 유지했다. 이에 반해 한때 독점적 지위를 누렸던 GM코리아는 1977년에 9.7%까지 생산 비중이 감소하는 등 국내 자동차 3사 중 승용차를 가장 적게 생산하는 업체로 전락했다.

10 이충구, 「한국의 자동차 기술: 첫 걸음에서 비상까지 ③」, 《오토저널》 31~4 (2009. 8), 56쪽.

미국 시장에 진출한 엑셀

현대자동차는 포니 프로젝트를 통해 1970년대 후반에 국내 자동차 시장의 주도권을 장악하면서 대대적인 호황을 누렸다. 그러나 1979년부터 제2차 석유 파동과 정치적 혼란 등으로 국내 경제가 불황 국면에 접어들었고, 특히 석유 가격에 민감한 반응을 보일 수밖에 없는 자동차 산업은 심각한 타격을 받았다. 이로 인해 1978년까지 설비 증설에 힘써왔던 국내 자동차 업계의 가동률이 급격히 하락하여, 가장 상황이 양호했던 현대의 경우도 50%를 밑도는 사상 최저 수준으로 떨어졌다. 그 결과 1980~1981년에 국내 자동차 3사는 무려 1,438억 원의 적자를 기록하기에 이르렀다.

이에 정부는 중화학 투자 조정의 일환으로 자동차 산업의 구조 개편을 추진했다. 1980년 8·20조치의 주요 내용은 ① 현대와 새한의 통합으로 승용차 생산 일원화 및 1~5톤급 상용차 생산 금지, ② 기아의 승용차 생산 금지 및 1~5톤급 상용차 독점 생산, ③ 5톤 초과의 트럭과 버스는 모든 업체가 생산하도록 한다는 데 있었다. 이 중에서 가장 핵심적인 것은 현대와 새한의 통합이었으나 한국 자동차 산업을 둘러싼 현대와 GM 사이의 갈등으로 무산되었고 결국 승용차 생산은 현대와 새한으로 이원화되었다. 또한 정부는 1981년에 1~5톤 버스 및 트럭에 대한 기아와 동아의 통합, 그리고 일부 특장차에 대한 동아의 독점 생산을 조치했으나 1982년에 들어와 모두 철회하고 말았다.

자동차 산업의 재편에 대한 논의가 일단락되면서 현대는 1978년부터 모색해왔던 'X카 프로젝트'를 본격적으로 추진했다. 1981년 10월 발표된 X카 프로젝트의 골자는 미쓰비시와의 기술 제휴 및 합작

투자를 통해 1985년까지 전륜 구동형 소형 승용차인 엑셀을 연간 30만 대 생산할 수 있는 공장을 건설하고 생산된 승용차를 선진국 시장에 대량으로 수출한다는 데 있었다. 당시 한국의 승용차 보유 대수가 26만 대에 불과했다는 사실을 감안한다면 30만 대 규모의 X카 프로젝트는 매우 야심찬 것이었다고 평가할 수 있다.

현대가 이와 같은 공격적 전략을 채택한 것은 포니로 대표되는 초기 고유 모델의 한계에서 비롯되었다. 포니의 경우 처음부터 정상적 가격으로는 수출이 불가능하여 정책적으로 설정된 출혈 가격에 의해서만 수출이 가능했다. 그것은 포니의 연간 생산 규모가 5~10만 대 수준으로, 규모의 경제 효과를 누릴 수 있는 연간 30만 대에 크게 미달했다는 점에서 기인했다. 이러한 의미에서 포니와 같은 초기 고유 모델은 수출을 지향하기는 했으나 정상적으로는 수출 시장에 진출하기 어려웠던 '수출 지향적 수입 대체 단계'라 할 수 있다.

현대의 경쟁사인 기아와 대우도 전륜 구동형 소형 승용차의 양산 체제 확립과 미국 수출을 추진했다. 기아의 프라이드와 대우의 르망이 그것이다. 주목할 점은 전륜 구동형 소형 승용차의 경우에도 현대와 다른 업체들 사이에는 뚜렷한 차이가 있었다는 사실이다. 우선 프라이드와 르망은 각각 마쓰다의 페스티바와 오펠의 카데트로부터 완성된 도면을 도입해 국내에서 제조한 것에 불과했다. 이처럼 개발이 완료된 차종을 들여와 국내에서 생산할 경우에는 제품 기술의 영역에서 국내 기술 인력이 참여할 여지가 거의 없게 된다.

또한 수출 전략에 있어서 현대는 자신의 고유 상표를 활용하는 데 반해, 기아와 대우는 각각 포드와 GM의 상표로 수출하는 방식을 택했다. 프라이드와 르망의 경우에는 기술/제조/판매의 각 영역을 마쓰다/기아/포드 혹은 오펠/대우/GM이 담당하는 3국 간 분업 체제에 기초하고 있었다. 이에 따라 기아와 대우의 책임은 제조에 관한 사항으로 국한되었지만, 현대의 경우에는 제조는 물론 제품 설계상의 품질 보장과 배기 및 안전 규제의 충족 등을 포함한 모든 문제를 스스로 해결해야 했다.

현대는 X카 프로젝트를 추진하면서 새로운 기술 변화의 추세에 적극적으로 대응하는 모습을 보였다. 기존의 후륜 구동 방식을 폐기하고 전륜 구동이라는 새로운 플랫폼을 적용했으며, 프레임 도어 대신에 도어 전체를 용접 없이 하나의 패널로 만드는 풀 도어 방식을 선택했다. 그보다 더욱 중요한 문제는 미국 시장에 진출하기 위해서는 엄격한 배기가스 규제를 충족시켜야 한다는 데 있었다. 이 문제는 기존 엔진에 외부 정화 장치를 부착하는 것만으로는 해결할 수 없었기 때문에 현대는 특별 기술료까지 지불하면서 미쓰비시로부터 FBC(Feed-back carburetor) 엔진을 도입했다. 그밖에 현대는 1982년에 설계 부문의 전산화를 위해 CAD/CAM 시스템을 구축했으며, 1984년에는 시험 생산 과정을 체계화하기 위해 종합시험주행장을 건설했다.

1985년 2월에는 X카 프로젝트가 성공리에 마무리되었다. 미국의 배기가스 테스트를 통과했고, 30만 대 공장 준공식이 열렸던 것이다. X카에는 '포니엑셀'이란 이름이 부여되었는데, 흔히 '엑셀'로 불렸다.

엑셀의 미국 수출량은 1986년 16만 3천 대, 1987년 26만 3천 대, 1988년 26만 대를 기록했다. 미국 경제지 《포춘(Fortune)》은 1986년에 엑셀을 '히트상품 베스트 10'에 선정하기도 했다.

그러나 엑셀에는 근본적인 기술적 한계가 있었다. 핵심 기술을 외국에 의존한 상태에서 대량 생산을 도모했기 때문에 기술 도입에 따른 재정적 부담이 크게 늘어났던 것이다. 현대는 미쓰비시에게 선불금 6억 5천만 엔과 보수용 부품 순판매가의 3%에 해당하는 기술료를 부담했다. 또한 엑셀 1대를 출시할 때마다 엔진 5,000엔, 트랜스액슬(transaxle) 2,000엔, 섀시 2,500엔, 배기 제어 장치 5,000엔 등 14,500엔의 로열티를 지불했다.

이에 대처하여 현대는 연구 개발 투자를 크게 증대시키는 한편 연구 개발 조직을 확충함으로써 기술 도입을 대체할 수 있는 자체 개발의 기반을 구축하기 시작했다. 현대는 1984년 11월에 경기도 용인에 마북리연구소를 신설하면서 연구 개발 체제를 대폭적으로 정비하기 시작했다. 마북리연구소는 양산 일정에 상대적으로 구애받지 않으면서 자동차의 핵심 부품인 엔진과 변속기, 즉 파워 트레인(power train)을 독자적으로 개발하기 위한 목적으로 설립되었다. 현대는 독자 엔진의 개발에 필요한 고급 인력을 확보하기 위해 마북리연구소를 서울 근교에 설치했으며, 극소수의 인원을 제외하고는 대부분의 연구 인력을 신규 채용에 의해 충원했다.

또한 현대는 엑셀의 미국 시장 진출을 계기로 신차종 발표에 따른 현지 인증, 배기 및 안전 규제와 관련한 기술개발, 경쟁사의 기술개발

동향에 관한 정보 수집의 필요성이 증가함에 따라 1986년 5월 미국에 현지 연구소인 HATCI(Hyundai American Technical Center Inc.)를 설립했다. 이어 1987년 1월에는 제품개발연구소가 승용제품개발연구소와 상용제품개발연구소로 분리됨으로써 현대의 연구 개발 체제는 마북리연구소, 승용제품개발연구소, 상용제품개발연구소, HATCI의 4원 체제를 갖추게 되었다.

현대는 지속적인 연구 개발을 바탕으로 고유 모델 풀 라인업(full line-up) 체제를 갖추는 데 도전했다. 이전에는 포니가 유일한 고유 모델 승용차였으나 1983년, 1985년, 1988년, 1992년에 각각 스텔라, 엑셀, 쏘나타, 뉴그랜저를 고유 모델로 생산함으로써 현대는 소형차, 중형차, 대형차의 모든 차종을 고유 모델로 구비하게 되었다. 1개 차종의 평균 수명이 5년 정도이므로 5개 차종의 고유 모델을 동시에 생산한다는 것은 1년에 1개 정도의 새로운 차종을 개발하는 능력을 구비하지 않고서는 불가능하다. 이와 함께 현대는 1980년대를 통해 기술 도입에 대한 의존도를 점차적으로 감소시켜 왔다. 1980년대 초반까지만 해도 현대가 기술 도입을 대체한 영역은 차체 설계와 섀시 디자인 등에 국한되어 있었지만, 1988년의 쏘나타 개발을 계기로 스타일링 부문에서도 기술 도입을 대체하는 현상이 나타나기 시작했던 것이다.

이러한 기술 능력을 바탕으로 현대는 국내 자동차 산업에서 선두 주자의 지위를 계속 유지하면서 기술 수준, 생산 실적, 수출 실적 등을 꾸준히 향상시켜 왔다. 1990년을 기준으로 현대의 제품 기술 수준은 선진국의 80%에 해당하는 반면, 기아와 대우의 경우에는 이에 훨씬 못 미치는 25%와 20%로 평가되고 있다. 또한 한국의 자동차 생산량 및 수출량은 1988년을 계기로 각각 100만 대와 50만 대를 돌파하여 세계 10위의 자동차 생산국으로 부상했다. 현대는 1980년대를 통해 국내 승용차 생산량의 60% 이상을 유지해 왔으며, 자동차 수출량에 있어서는 1984~1986년에 국내 수출량의 90% 이상을 차지하는 기록적인 성과를 보이기도 했다.

기술 독립을 선언한 알파엔진

한국의 자동차 산업은 현대가 알파프로젝트를 통해 엔진과 변속기를 자체적으로 개발함으로써 개발 도상국으로서는 처음으로 독자 모델의 단계에 진입했다. 알파프로젝트는 1984년 6월부터 1991년 1월까지 진행되었으며, 투입된 연구 개발비는 1,000억 원을 넘어섰다.[11] 현대는 알파프로젝트를 추진하기 위해 부사장이 총괄하는 태스크포스팀을 구성했는데, 그것은 다음과 같은 6개의 연구 그룹으로 나누어졌다. 첫째, 유체 역학·열 역학·연료 공학·배기 조종 및 윤활 등에 대한 연구. 둘째, 엔진 동역학·자동차 설계·CAD에 대한 연구. 셋째, 진동 및 소음에 관한 연구. 넷째, 신소재에 관한 연구. 다섯째, 전자 공학 및 제어 장치에 관한 연구. 여섯째, 생산 관리 및 CAM에 관한 연구 등이었다.

알파프로젝트를 진행하기 위해서는 무엇보다 우수한 인력을 확보하는 것이 필요했다. 이를 위해 현대는 1984년 4월에 제너럴 모터스(GM)의 이현순 박사를, 같은 해 11월에는 크라이슬러의 이대운 박사를 영입했다. 이와 함께 현대는 국내의 고급 인력을 확보하기

11 알파프로젝트에 관한 자세한 논의는 송성수, 「현대자동차의 알파프로젝트 추진과정과 그 특성에 관한 역사적 분석」, 《한국민족문화》제78집 (2021), 351~382쪽을 참조.

위해 몇몇 대학에 연구비를 지원하면서 실력 있는 대학원생들을 채용하는 데 많은 노력을 기울였다. 흥미로운 점은 알파프로젝트에 투입된 연구원의 평균 연령이 31세에 불과했다는 사실이다. 연구원의 대부분은 대학원을 갓 졸업한 신입사원이었으며, 경력 사원의 선발이나 배치는 의도적으로 배제되었다. 당시 현대의 경영진은 알파프로젝트가 이전의 프로젝트와 기술적 개념에서 상당한 차이를 가지고 있는데, 경력자들의 경우에는 기존의 것을 모방하고 새로운 것을 배척하는 경향이 많다고 판단했다.

알파프로젝트의 목표로는 다중 분사(Multi-Point Injection, MPI) 방식의 1.5리터급 엔진이 선정되었다. 현대는 소형 승용차에 사용되는 엔진에 주력하는 것이 무난하다는 판단을 바탕으로 1.5리터급을 선택했다. 엔진에 연료를 공급하는 방식으로는 기화기(carburetor) 방식 대신에 연료분사(fuel injection) 방식의 일종인 MPI가 선택되었다. 당시만 해도 기화기 방식이 지배적이었고 몇몇 고급 승용차만 연료 분사 방식을 채택하고 있었지만, 현대의 개발팀은 향후에는 소형 엔진에도 연료 분사 방식이 적용될 것으로 예상하면서 기화기 방식을 건너뛰고 연료 분사 방식에 도전하기로 결정했다.

그러나 현대에 오래 근무했던 엔지니어들은 실현 가능성을 문제로 삼으면서 무모한 계획을 취소해야 한다거나 단계적인 기술 적용을 내세우면서 기화기 엔진에 주력해야 한다고 주장했다. 이러한 반대와 비판에 대해 이현순은 다음과 같은 의견을 피력했다. "언제까지 현실에 안주할 수는 없습니다. 독자 엔진을 개발하는 데 시간이 얼마나 걸릴지 모르는데, 경쟁력 없는 구형 엔진을 만든다면 선진 업체와 기술 격차가 더 벌어지기만 할 뿐입니다. 그게 무슨 의미가 있습니까? 저는 개발이 끝났을 때 [세계] 시장에서 경쟁력이 있는 엔진을 만들고 싶습니다. … 출발이 늦었다고 해서 이미 다른 회사가 개발한 모델을 목표로 삼으면 우리는 영원히 선두 그룹을 따라잡을 수 없습니다. 초반에 조금 어렵더라도 최신형 모델을 목표로 삼아야 단기간에 최고 수준의 기술에 도달해 경쟁력이 있지 않겠습니까?"[12]

독자 모델이라고 해서 기술 도입이 전혀 없었던 것은 아니었다. 현대는 1984년 6월에 영국의 기술용역 업체인 리카르도 엔지니어링(Ricardo Engineering)과 기술 용역 계약을 체결했는데, 그 내용은 리카르도가 개념 설계에서 상세설계, 시작, 성능시험에 이르는 엔진 개발의 모든 과정을 1회에 국한하여 책임지고 수행하는 데 있었다. 현대는 노일현 과장, 박성현 대리, 박정국, 한기복, 조성호 사원 등을 리카르도에 파견했다. 그들은 리카르도에서 개념을 설계하고 구조 강도를 계산하는 교육을 받았으며, 리카르도의 지도를 바탕으로 상세 설계와 성능 시험을 직접 수행하는 기회도 가졌다. 또한 리카르도에 파견된 기술진은 자신들이 습득한 내용을 정리하여 마북리연구소에 지속적으로 송부했으며, 이를 바탕으로 국내 연구원들은 토론을 벌이면서 질의 사항을 회신하기도 했다.

그러나 리카르도의 협조로 제작된 1단계 엔진은 최종적으로 개발된 알파엔진과는 매우 다른 것이었다. 리카르도는 엔진 생산 업체가 아니라 기술 용역 업체였기 때문에 리카르도가 설계한 엔진에는 원가

12 이현순, 『내 안에 잠든 엔진을 깨워라!: 대한민국 최초로 자동차 엔진을 개발한 이현순의 도전 이야기』 (김영사ON, 2014), 85~86쪽.

개념이 반영되지 않아 굉장히 무거웠고 생산성도 매우 떨어졌다. 사실상 현대가 양산했던 알파엔진은 세 번에 걸친 전면적 설계 변경과 수많은 시행착오를 거쳐 개발될 수 있었다. 물론 이러한 과정에서 현대가 채용한 리카르도 출신의 콜린 미어스(Collin R. Mears)가 많은 자문을 제공하기는 했지만, 시험의 구체적 내용과 절차를 설계하고 실제로 시험을 수행하여 그 결과를 해석하고 개선방안을 찾아내는 모든 활동은 국내 기술진에 의해 주도되었다. 그것은 리카르도와의 공식적인 기술 도입 계약이 설계가 완료된 도면과 1차 시작품을 현대가 인수하면서 종결되었다는 점에서 확인할 수 있다.

©송성수
[그림 3] '한국 자동차 기술의 독립 선언'으로 평가되는 알파엔진으로 1991년에 제정된 장영실상의 첫 수상작으로 선정되었다.

알파엔진의 흡기 방식으로는 자연 흡기(Natural Aspiration, N/A)와 터보 차저(Turbo Charger, T/C)를 병행하는 이중적 전략이 구사되었다. 자연 흡기 엔진은 기술적 난이도가 상대적으로 높지 않았기 때문에 비교적 무난하게 개발되었지만, 터보 차저 엔진의 경우에는 그렇지 않았다. 1986년 8월에 터보 차저 시작품이 제작되어 내구성 시험에 들어갔는데, 10월에 들어서 일주일 단위로 잇따라 엔진이 깨지는 바람에 마북리연구소가 비상 상태에 돌입했던 것이다.

현대의 공식 기록에 따르면, "한 대당 제작비가 2,000만 원씩 하는 엔진을 11대나 깨트려 알파엔진의 양산성이 없는 것이 아니냐 하는 의혹에 시달려야" 했다".[13] 2개월이 지나도록 문제가 해결되지 않자 정세영 사장이 이현순 박사를 호출하여 알파엔진의 성공 가능성에 대해 의문을 제기하는 일도 있었다. 마북리연구소 전체를 위기로 몰아갔던 엔진 파손의 문제는 결국 냉각 계통의 이상이 원인으로 밝혀지면서 해결의 실마리를 찾을 수 있었다.

현대는 알파프로젝트를 통해 엔진은 물론 변속기의 자체 개발도 추진했다. 수동 변속기의 개발은 1984년 11월에, 자동 변속기의 개발은 1987년 9월에 시작되었다. 수동 변속기의 경우에는 포니의 수동 변속기와 도요타의 수동 변속기를 직접 분해하고 분석해 가면서 설계를 진행했다. 그밖에 선진 업체들의 샘플 변속기 몇 대와 미쓰비시에서 가져온 변속기 도면도 참조했다. 자동 변속기의 경우에는 난이도가 높아 다른 업체의 기술을 구매하자는 의견도 있었지만 결국은 기술 자립을 위해 직접 설계하는 것으로 결정되었다. 당시에 미쓰비시는 3축 변속기를 사용하고 있었는데, 현대의 연구진은 세계적인 추세를 감안하여 2축 변속기에 도전했다. 수많은 설계를 통해 시작 제품을 만들고 시험 과정을 거친 다음, 그 결과를 분석해서 다시 설계하는 과정이 반복되었다.

『모방에서 혁신으로』의 저자인 김인수는 현대가 알파프로젝트를 추진하면서 겪었던 시행착오에 대해 다음과 같이 썼다. "현대의 엔지니어들은 최초의 견본을 만들어 내기까지 14개월 동안 수많은

13 현대자동차, 『현대자동차사』(1992), 765쪽.

시도와 실패를 되풀이했다. 엔진 블록의 첫 번째 테스트는 실패했다. 신형 엔진 견본이 거의 매주 만들어졌으나, 테스트를 통과하지 못했다. … 테스트를 통과하는 엔진이 나타나기까지 개발팀은 11개의 견본들을 더 망가뜨려야 했다. 엔진 디자인이 288번 바뀌었으며, 1986년 한 해만 해도 156번이나 바뀌었다. 현대는 97개의 테스트 엔진을 만든 후에야 자연 흡기식과 터보 차저 엔진을 정립할 수 있었다. 그리고 내구성 개선을 위해 53개, 차량 개발을 위해 88개, 변속기 개발을 위해 26개, 기타 검사를 위해 60개 등 총 324개의 테스트 엔진이 제작되었다. 아울러 200개 이상의 변속기와 150개 이상의 시험 차량을 투입하고 나서야 비로소 개발을 완료하게 되었다."[14]

현대는 독자적으로 개발한 알파엔진과 변속기를 1991년 5월에 스쿠프 차종에 탑재하여 시장에 출하했다. 현대는 알파프로젝트를 매개로 본격적인 기술 자립의 단계로 나아갔다. 그동안 현대가 생산한 자동차는 엔진 및 변속기가 일본의 제품이었기 때문에 "고유의 한국차가 아니라 준(準)일본차나 다를 바 없다"는 비판이 있었는데, 이러한 비판은 현대가 알파프로젝트를 성공적으로 마무리함으로써 말끔히 해소될 수 있었다.[15] 특히 현대는 생산 기술, 차체 설계, 스타일링에 이어 엔진과 변속기를 포함한 파워트레인에 관한 기술 능력을 축적함으로써 자동차 기술의 거의 모든 영역에서 선진국에 대한 추격을 완료하기에 이르렀다.

알파프로젝트는 현대가 이후에 다른 독자 엔진을 자체적으로

---

14 김인수(임윤철, 이호선 옮김), 『모방에서 혁신으로』 (시그마인사이트컴, 2000), 161쪽.

15 현대자동차, 『현대자동차 30년사: 도전 30년 비전 21세기』 (1997), 465~466쪽.

설계·개발할 수 있는 기술 능력을 배양하는 계기로 작용하기도 했다. 그것은 감마엔진(1993년), 뉴 알파엔진(1994년), 베타엔진(1995년) 등과 같은 후속 프로젝트에서 기술도입의 범위가 점점 축소되었다는 점에서 잘 드러난다. 알파엔진에서는 엔진 개발의 1회 사이클 전체가 기술 도입의 대상이었던 반면, 감마엔진의 경우에는 오스트리아의 AVL이 개념 설계를 수행한 것이 현대가 도입한 기술의 전부였다. 더 나아가 뉴 알파엔진과 베타엔진의 개발은 외부의 기술 도입 없이 전적으로 자체 연구 인력에 의해 수행되었다. 현대는 1994년에 뉴 알파엔진을 탑재한 액센트를, 1995년에는 베타엔진을 탑재한 아반떼를 출시했다.

이상과 같은 기술혁신에 힘입어 현대는 1995년에 121만 대의 자동차를 생산하여 세계 13위의 지위에 올라섰다. 한국은 1995년에 총 250만 대를 생산함으로써 미국·일본·독일·프랑스에 이어 세계 5위의 자동차 생산국으로 부상했고, 1996년에는 121만 대의 완성차를 수출함으로써 세계 6위의 자동차 수출국 대열에 합류했다. 1999년 5월 12일에는 자동차 수출 누계 1천만 대를 돌파했으며, 2004년부터는 매년 5월 12일을 '자동차의 날'로 기념하고 있다. 이러한 점은 신흥 공업국의 자동차 업체들이 대부분 완성차 메이커로 발전하지 못하고 국제적인 부품 공급 창구로 전락하거나, 완성차를 생산하는 경우에도 국제 경쟁력을 확보하지 못하고 내수용 제품의 생산에 머물고 있는 것과는 상당히 대조적인 양상이라 할 수 있다.

현대기아차의 품질 혁신과 연구 개발

현대자동차는 1995~1996년에 대규모 연구소와 공장을 잇달아 준공했다. 1995년 4월에는 경기도 화성에 남양기술연구소가 설립되었는데, 그것은 최첨단 자동차 개발 설비와 시험 시설을 갖춘 세계 10대 규모의 연구소였다. 1996년 11월에는 중대형 승용차 전용 공장인 아산공장이 준공되었고, 같은 해 12월에는 세계 최대 규모의 상용차 공장인 전주공장이 완공되었다.

1997년에 불어 닥친 외환 위기는 한국의 자동차 산업에 엄청난 영향을 미쳤다. 국내 자동차 생산량은 1997년 281만 8천 대에서 1998년 195만 4천 대로 30.6% 하락했으며, 내수 판매량도 1997년 151만 3천 대에서 1998년 78만 대로 48.4% 급감했다. IMF 체제 하에서 기아자동차·삼성자동차·대우자동차·쌍용자동차 등이 부도를 냈고, 이 기업들은 국제입찰을 통해 각각 현대자동차·르노·GM·상하이자동차에 인수되었다. 이에 따라 한국의 자동차 산업은 국내 자본이 지배하는 현대·기아자동차(이하 현대기아차로 약칭함)와 외국 자본이 지배하는 르노삼성·한국GM·쌍용으로 재편되었다.

외환 위기 직전인 1996년에 현대는 인도 진출을 결정한 후 100% 단독 출자로 현지법인을 세웠다. 1998년에는 첸나이에 연산 15만 대 규모의 공장을 준공하면서 현지 시장에 최적화된 모델인 '상트로(Santro)'를 출시했다. 현대는 아토스를 모델로 상트로를 설계하면서 비가 자주 오는 기후에 맞춰 차량 하부의 방수 기능을 대폭 확충했으며, 열악한 도로 조건에 잘 견딜 수 있도록 내구성을 강화했다. 상트로가 폭발적인 인기를 누리면서 현대는 1999년에 인도 시장에서 마루티-스즈키에 이어 2위 업체로 부상했다.

문제는 미국 시장이었다. 현대는 엑셀을 출시하여 미국 시장에서 선전했지만, 1990년대에 들어서는 품질 문제가 가시화되면서 판매량이 급감하기 시작했다. 현대자동차의 미국 판매량은 1988년에 26만 대를 기록한 후 감소세에 진입하여 1999년에는 9만 대가 되었다. 게다가 제이디파워(J. D. Power Research Associates)가 측정하는 신차 품질 조사(Initial Quality Study, IQS)에서 현대자동차는 1995년에 33개 브랜드 중 32위, 1996년에는 35개 중 32위, 1997년에는 38개 중 34위에 머물렀다. 심지어 당시 미국에서는 현대자동차가 '저품질 저가 차'의 대명사로 간주되어 유명 TV쇼에서 코미디 소재로 사용되기도 했다.

1999년에 정몽구 회장은 수출 현장을 점검하기 위해 미국을 방문하던 중 현대자동차의 품질에 대한 혹평을 직접 접할 수 있었다. 그는 한국에 귀국한 후 제이디파워에게 품질에 관한 컨설팅을 의뢰했으며, 이를 바탕으로 대대적인 품질 혁신에 착수했다. 현대기아차의 품질 혁신은 1999년 3월에 품질 본부가 신설되고 품질 회의가 개최되면서 본격화되었다. 품질본부는 설계, 생산, 영업, 사후정비(AS) 등 부문별로 나뉘어 있던 품질 업무를 통합했으며, 품질 회의는 회장의 주관 하에 매월 1~2회 개최되었다. 품질 본부는 출범 직후에 품질 패스제를 실시하여 기획·설계·생산 등의 단계별로 일정 수준의 품질이 확보되지 않으면 다음 단계로 넘어가지 못하도록 조치했다. 이어 1999년 12월에는 품질 상황실을 설치하고 품질 정보 시스템을 구축하여 현장의 품질 문제가 접수되면 해당 부서와 함께 원인을 분석한 후 해결책을 제시하는 24시간 품질 모니터링 및 대응 체계를 마련했다.

현대기아차는 품질 혁신 체제를 정비하면서 미국 자동차 시장을 대상으로 '10년 10만 마일 보증'이라는 파격적인 프로그램을 내걸었다. 이 프로그램은 파워 트레인(엔진과 변속기)의 무상 보증 기간을 10년 10만 마일로 확대한 것으로서 당시 미국에서는 5년 6만 마일 보증이 최고 수준이었다. 이를 위해 현대기아차는 2010년까지 도요타자동차의 품질을 따라잡는 것을 목표로 세우면서 신차 품질 조사(IQS)에 관한 지표를 집중적으로 관리했다. 현대의 품질 개선 속도가 점점 빨라지면서 2003년에는 목표 시기가 2007년으로 당겨졌고 결과적으로는 2004년에 목표가 달성되었다.

현대기아차는 품질 혁신을 계속 추진하는 가운데 해외 진출도 가속화했다. 현대는 2002년에 중국의 베이징기차와 50:50의 합작으로 베이징현대기차를 설립하고 연산 5만 대의 공장을 건설한 후 EF쏘나타를 곧바로 생산했다. 현대가 양해 각서 체결에서 제품 생산에 걸린 시간은 10개월에 불과했고, 이에 감탄한 중국인들은 '현대 속도(Hyundai Speed)'라는 유행어를 만들기도 했다. 그것은 현대가 사전 준비를 철저히 하고 부품 업체들과 함께 중국에 진출했기 때문에

©Ki hoon
[그림 4] 1998년 3월에 처음 출시된 EF쏘나타. EF는 프로젝트명이었지만 'Elegant Feeling'이란 의미도 내포했다.

가능했다. 베이징현대기차는 생산 규모를 2003년 15만 대, 2005년 30만 대로 확대했으며, 2006년에는 폭스바겐과 GM에 이어 중국 내 3위로 올라섰다. 현대기아차는 중국 진출과 함께 미국에 현지 법인을 설립하는 일도 추진했으며, 2005년에는 앨라배마에 연산 30만 대의 공장을 준공하여 쏘나타와 산타페를 생산하기 시작했다.

현대자동차가 1990년대 후반에 품질 경영, 세계화와 함께 중점을 두었던 것은 연구 개발이었다. 사실상 1990년대 후반에는 다양한 종류의 독자 엔진이 잇달아 개발되었다. 1997년에는 입실론엔진과 린번엔진, 1998년에는 델타엔진과 시그마엔진, 1999년에는 오메가엔진이 개발되었던 것이다. 입실론엔진은 0.8/1.0리터의 경차용이었고, 린번엔진의 경우에는 기존 엔진에 비해 10% 이상의 연비 향상이 가능했다. 델타엔진은 2.0/2.7리터의 중형 승용차용이었고, 시그마엔진은 3.0/3.5리터의 중대형 승용차용이었으며, 오메가엔진은 4.5리터급의 대형 승용차용이었다. 이를 통해 현대는 0.8리터에서 4.5리터에 이르는 가솔린 엔진을 대상으로 독자 모델 풀 라인업 체제를 구축하기에 이르렀다.

현대기아차의 연구 개발 활동은 2000년대에 들어와 더욱 강화되었다. 정몽구 회장은 연구 개발 투자를 지속적으로 확대하고 연구 인력을 특별히 대우했다. 현대기아차의 연구 개발 체제도 기술적·조직적 환경 변화와 연계되어 변신을 거듭했다. 2003년에는 남양, 울산, 시흥 소하리 등에 흩어져 있던 차량 개발 기능을 남양기술연구소로 일원화했으며, 남양연구소에 디자인 센터와 파일럿 센터를 설치하여 디자인과 품질의 혁신을 촉진했다. 이어 2005년에는 용인 마북리에 환경기술연구소를 설립하여 친환경 자동차에 대한 연구 기능을 강화했다. 이와 함께 미국, 독일, 인도, 일본 등에 지역별 연구 개발 거점이나 디자인 센터를 구축하여 현지 시장에 적합한 차량 개발을 추진했다.

2000년대에 있었던 현대기아차의 대표적인 연구 개발 성과로는 세타엔진을 들 수 있다. 현대기아차는 2000년 4월부터 2004년 8월까지 1,740억 원을 투입하여 세타엔진을 개발함으로써 엔진 기술을 세계 최고의 수준으로 끌어올렸다. 세타엔진은 2.0리터급의 중형차를 위한 것으로 현대의 국내외 주력 차종인 쏘나타 시리즈에 장착할 목적으로 준비되었다. 밸런스 샤프트를 오일 펌프가 내장된 모듈로 디자인하여 소음과 진동을 줄이는 독창적인 기술을 적용했으며, 세계 최초로 간접 공기량 측정 방식을 이용하여 흡배기를 조절할 수 있도록 설계했다. 특히 세타엔진의 개발을 통해 현대기아차는 각 부품들의 상호 연관성을 종합적으로 고려함으로써 출력·연비·내구성 등을 최적화하여 승용차를 개발하는 능력을 보유하게 되었다.

세타엔진은 한국의 자동차 역사상 최초로 선진국에게 기술을 수출한 사례에 해당한다. 세타엔진은 현대, 크라이슬러, 미쓰비시가 주도한 세계엔진제조연합(Global Engine Manufacturing Alliance)의 표준으로 채택되었고, 이를 통해 현대는 크라이슬러와 미쓰비시로부터 5,700만 달러의 기술료를 획득하는 성과를 거두었다. 또한 크라이슬러와 미쓰비시의 엔지니어들은 남양연구소에 와서 세타엔진에 대한 기술 교육을 3개월씩 받았으며, 현대의 연구원들이

크라이슬러와 미쓰비시에 파견되어 세타엔진에 대한 기술 전수를 담당했다. 세타엔진의 개발과 수출을 계기로 현대기아차는 세계적인 자동차 업체로부터 최고의 기술력을 인정받게 되었다. 알파엔진이 자동차 기술의 자립을 의미했다면 세타엔진은 현대의 기술 선도를 상징한다고 볼 수 있다.

현대기아차의 연구 개발은 계속되었다. 2008년에는 3.5리터급의 타우엔진을, 2011년에는 1.6리터급의 감마엔진을 개발했다. 타우엔진은 2009~2011년에 자동차 전문매체인 워즈오토(Ward's Auto)가 선정하는 세계 10대 엔진에 3년 연속으로 선정되었고, 감마엔진은 2012년에 워즈오토 10대 엔진에 선정되었다. 이와 함께 타우엔진이 탑재된 제너시스는 2009년에, 감마엔진이 탑재된 엘란트라는 2011년에 북미 올해의 차로 선정되기도 했다. 현대기아차는 타우엔진과 감마엔진의 개발을 통해 기술 선도자의 위상을 다시 한번 확인했던 셈이다.

2023년에는 1970년대의 포니가 다시 주목을 받기도 했다. 5월 19~21일에 이탈리아 레이크 코모에서 열린 '콩코르소 델레간차 빌라 데스테 2023'에서 현대는 수소 하이브리드 검증 모델인 'N비전 74'를 전시하면서 포니를 소환했다. 1974년 토리노 모터쇼에 출품한 '포니쿠페'라는 콘셉트카에서 영감을 받아 N비전 74를 설계했다는 것이다. 현대기아차의 정의선 회장은 포니가 "현대차의 정신적·경험적 자산"이라고 평가하면서 "과거의 여정에서 존재의 답을 찾을 것"이라고 강조했다. 포니는 2013년에 국가 등록 문화재로 지정된 바 있다.

추격에서 선도로,

삼성 반도체

우리나라는 1960년대 이후에 급속한 경제 성장을 경험해 왔으며, 지금은 선진국과 유사한 산업집단을 보유하고 있다. 그러한 과정에서 우리나라의 주력 산업은 광업, 경공업, 중화학공업, 첨단산업의 순으로 변화해 왔다. 특히 1990년대 이후에는 반도체가 최고의 수출품목으로 부상했으며, 현재 반도체가 수출에서 차지하는 비중은 10 ~20%에 달한다. 우리나라의 수출액이 1,000원이면 그 중 100 ~200원은 반도체를 팔아서 버는 셈이다.

반도체는 도체와 부도체의 중간에 해당하는 것으로 외부의 조건에 따라 그 특성이 민감히 변화하기 때문에 다양한 용도로 사용된다. 반도체는 1947년에 트랜지스터가 발명되고 1958년에 집적회로(integrated circuits, IC)가 개발되면서 산업화되기 시작했다. 집적회로는 트랜지스터를 얼마나 집적했느냐에 따라 소규모, 중규모, 대규모, 초대규모 등으로 분류되기도 한다. 트랜지스터 100여 개를 조립하면 소규모 집적회로, 집적된 트랜지스터가 수백 개이면 중규모 집적회로, 1만 개를 넘어서면 LSI(large scale integration), 10만 개 정도이면 VLSI(very large scale integration), 100만 개를 넘어서면 ULSI(ultra large scale integration)로 간주된다. 오늘날의 반도체는 대부분 ULSI이지만, 1980년대만 해도 VLSI를 '첨단 반도체'로 불렀다.

반도체는 정보를 저장하는 기능을 가진 메모리 반도체와 기능이 특별하게 설계된 비(非)메모리 반도체 혹은 시스템 반도체로 나뉜다. 메모리 반도체는 정보를 저장하는 방식에 따라 램(random access memory, RAM)과 롬(read only memory, ROM)으로 구분된다. 롬은 기록된 정보를 읽을 수만 있는 반면, 램은 정보를 기록하고 읽는 것은 물론 수정하여 써 넣을 수 있다. 램의 대표적인 유형에는 D램(dynamic RAM)과 S램(static RAM)이 있다. S램은 전원이 끊어지지 않는 한 기록된 정보를 유지하는 특성을 가지고 있으며, D램은 일정한 시간이 지나면 기록해둔 정보가 저절로 없어지므로 일정한 시간마다 정보를 재생하는 작동을 한다. 플래시 메모리는 빠른 속도로 정보를 읽을 수 있고 전원이 끊긴 뒤에도 정보가 계속 살아남아 있는 반도체에 해당한다.

한국의 반도체산업이 성장해 온 과정은 매우 극적이어서 '신화(神話)'라는 표현이 자주 사용된다. 한국의 반도체산업은 1960년대 중반에 시작된 후 1980년대 이후에 D램을 중심으로 급속히 성장했다. 특히, 삼성은 64K D램부터 시작하여 선진국을 급속히 추격한 후 64M D램 이후에는 세계를 주도하는 반도체업체로 부상했다. 삼성은 1992년부터 D램에서, 1993년부터는 메모리 반도체에서 세계 1위의 자리를 고수하고 있다. 한국 전체로는 1998년부터 D램에서 세계 1위, 2000년부터 메모리 반도체에서 세계 1위를 지키고 있다. 반도체 전체로는 인텔이 24년 동안 세계 최고의 지위를 누렸으며 2017~2018년에는 삼성전자가 인텔을 제치고 세계 1위로 올라선 바 있다.[1]

1 이하의 논의는 송성수, 「삼성 반도체 부문의 성장과 기술능력의 발전」, 《한국과학사학회지》 제20권 2호 (1998), 151~188쪽; 송성수, 「추격에서 선도로: 삼성 반도체의 기술발전 과정」, 《한국과학사학회지》 제30권 2호 (2008), 517~544쪽의 해당 부분을 보완한 것이다.

삼성의 D램 개발사

생산량	64K	256K	1M	4M	16M	64M	256M	1G	4G
개발시기	1983년	1984년	1986년	1988년	1990년	1992년	1994년	1996년	2001년
	11월	10월	7월	2월	8월	9월	8월	10월	2월
소요기간	6개월	8개월	11개월	20개월	26개월	26개월	30개월	29개월	30개월
개발비용	7.3억	11.3억	235억	508억	617억	1,200억	1,200억	2,200억	2,200억
선진국과의 격차	5.5년	4.5년	2년	6월	동일	선행	선행	선행	선행
선폭	2.4㎛	1.1㎛	0.7㎛	0.5㎛	0.4㎛	0.35㎛	0.25㎛	0.18㎛	0.13㎛

반도체산업의 태동

한국의 반도체산업은 1965년에 미국의 코미 사가 트랜지스터의 조립을 위해 '고미전자산업'이란 합작회사를 설립하면서 시작되었다. 1966년에는 외국인투자 유치정책의 일환으로 외자도입법이 제정되었고, 이를 계기로 페어차일드, 시그네틱스, 모토롤라, 도시바 등과 같은 세계적인 반도체업체들이 한국에 진출하여 트랜지스터와 IC를 조립하는 생산기지를 구축했다. 외국인 투자회사가 취했던 최초의 운영형태는 반도체소자를 비롯한 모든 자재를 수입하여 단순조립한 후 그것을 전량 수출하는 방식이었다. 그러다가 1971년부터는 해외수출을 증대시키고 합작투자를 유인할 목적으로 해당 제품의 수출규모에 따라 국내 판매의 혜택을 부여하는 조건부 내수판매가 허용되었다.

외국인 투자회사의 반도체 국내생산은 한국이 반도체산업에 참여할 수 있는 길을 열었을 뿐만 아니라 국내 기업들의 반도체산업에 대한 관심을 불러일으키는 자극제로 작용했다. 예를 들어, 금성사는 관련

기술을 도입하고 생산한 반도체를 전량 수출한다는 조건으로 1969년 5월에 단독출자로 금성전자를 설립했고, 아남산업은 같은 해 8월에 회사정관에 전자부품제조업을 추가하여 IC 조립사업에 진출했다. 그러나 외국인 투자업체나 국내업체 모두 반도체생산의 최종 공정인 단순조립에만 머물러 있어서 회로설계, 웨이퍼가공, 검사를 비롯한 반도체산업의 전체 공정에 대한 이해를 도모할 수 없었다.

우리나라의 반도체산업은 1974년 1월에 웨이퍼가공을 주목적으로 하는 한국반도체가 설립되면서 전환점을 맞이했다. 단순조립을 넘어 웨이퍼가공에 대한 기술을 축적할 수 있는 계기가 마련되었던 것이다. 한국반도체는 재미과학자 강기동과 오퍼상 서더스(Joseph F. Sudduth)의 주도로 한국의 장비수입업체인 KEMCO(Korea Engineering & Manufacturing Co.)와 미국의 ICII(Integrated Circuit International Inc.)가 50만 달러씩 출자하여 설립되었다. 강기동 박사는 모토롤라 출신으로 CMOS(Complementary Metal Oxide Semiconductor)에 정통했으며, 이를 이용해 LSI급의 제품을 생산한다는 야심찬 포부를 가지고 있었다. 그는 머지않아 기계시계를 대체할 것으로 예상되는 전자시계를 개발한다는 계획을 수립한 후 이에 필요한 장비를 확보하기 시작했다. 인력의 경우에는 시그네틱스와 아남산업 출신의 일부 경력사원을 제외하고는 모두 신입사원을 채용한 후 자체적인 교육을 실시했다.

1974년 10월에 준공된 한국반도체 부천공장은 최첨단의 3인치 웨이퍼가공 설비를 갖추어 2인치 설비를 가진 선진국 업체들의 주목을 받기도 했다. 한국반도체는 공장가동 후 2개월 만에 CMOS

로직 4000 시리즈의 시제품 생산에 성공했고, LED(light emitting diode) 전자손목시계용 CMOS LSI칩을 최초의 양산제품으로 결정했다. 그러나 한국반도체는 생산경험의 미비로 사업계획을 순탄하게 진척시키지 못했고, 연구개발과 공정안정화에 계속적인 투자가 요구됨에 따라 재무상태가 급속히 악화되었다. 여기에다 제1차 석유파동과 경제불황의 여파로 해외 자본의 유입까지 불가능해지자 한국반도체는 회사를 설립한 지 1년도 못되어 경영권을 포기하기에 이르렀다.

1969년에 설립된 후 텔레비전, 세탁기, 냉장고 등을 비롯한 민생용 전자기기를 생산하고 있었던 삼성전자는 석유파동 이후 핵심 전자부품의 국산화가 중요한 문제로 대두되자 반도체산업으로의 진출을 적극적으로 모색하고 있었다. 삼성전자의 강진구 사장은 1974년 말에 서더스를 만났고, 서더스는 자신이 보유하고 있던 한국반도체의 주식을 삼성전자가 매입할 것을 제안했다. 삼성전자는 "반도체 없는 전자회사는 엔진 없는 자동차회사"라는 판단 하에 1974년 12월 6일에 한국반도체의 주식 50%를 매입함으로써 반도체산업에 첫 발을 내딛게 되었다.

한국반도체는 강기동 사장을 비롯한 기술진의 끈질긴 노력을 바탕으로 1975년 9월에 LED 전자손목시계용 칩인 KS-5001을 개발하는 데 성공했다. KS는 한국반도체의 영문 약칭, 50은 전자손목시계에 관한 코드, 01은 제품 1호를 뜻하는 것으로 보인다. KS-5001의 개발은 국내 최초로 웨이퍼가공에서 시작하여 제품생산까지 이어진 사례에 해당하며, 우리나라가 세계 4번째의

CMOS/LSI 생산국으로 도약하는 계기로 작용했다. 한국반도체는 KS-5001을 약간 변형한 KS-5004로 본격적인 영업 활동을 전개하여 1976년 1월부터 흑자를 내기 시작했다. 또한 시계시장의 패턴이 LED에서 LCD(liquid crystal display)로 변화하는 추세에 맞추어 1976년 6월에는 LCD 전자손목시계용 칩인 KS-5006을 개발하여 이를 주력제품으로 삼았다. 당시에 생산된 전자손목시계는 '대통령 박정희'란 문구를 담아 외국 국빈들에게 선물되었다고 한다.

1976년 말부터 전자손목시계 세계시장이 위축됨에 따라 한국반도체는 아직 국산화가 되지 않은 트랜지스터를 새로운 주력제품으로 선택했다. 트랜지스터는 시계용 칩보다 기술수준이 낮았지만 수요물량이 많아 국내 시장만으로도 사업성이 충분해 보였다. 한국반도체는 트랜지스터 개발팀을 구성한 후 선진업체의 완제품을 확보하여 이를 분해하고 해석함으로써 기술을 익히는 작업을 꾸준히 진행했다. 이와 같은 '역행 엔지니어링(reverse engineering)'을 통해 한국반도체는 착수 6개월만인 1977년 6월에 흑백텔레비전과 오디오에 사용되는 트랜지스터 10종을 개발했다. 한국반도체의 트랜지스터 개발은 국내 기술진에 의해 회로설계에서 조립에 이르는 모든 공정을 자체적으로 이루어냈다는 의의를 가지고 있다. 그러나 시계용 칩에서 트랜지스터로 선회한 것에 대해서는 비판적인 의견도 존재한다. "수출용에서 내수용으로 제품이 바뀌었고" "기술면에서 CMOS LSI에서 바이폴라 트랜지스터로 뒷걸음질 쳤다"는 것이다.[2]

2 강기동, 『강기동과 한국 반도체』 (아모르문디, 2018), 316쪽.

삼성전자는 1977년 12월에 한국반도체의 나머지 지분 50%를 인수한 후 1978년 3월에 삼성반도체를 출범시켰다. 삼성반도체가 첫 번째 개발 과제로 선정한 것은 선형 IC이었다. 기존의 설비가 선형 IC 생산용이 아니었기 때문에 IC 개발팀은 상당한 어려움을 겪었다. 더욱이 IC의 개발은 트랜지스터의 경우와 달리 공정별로 진행되는 것이 아니라 단계별로 한 공정씩 이루어져야 했으며, 신뢰도 제고를 위한 검사 프로그램의 개발에도 많은 노력이 기울여져야 했다. 삼성반도체의 기술진은 이러한 문제점을 하나하나씩 해결하면서 개발착수 10개월만인 1978년 7월에 텔레비전 음성 중간주파수 증폭 및 검파 시스템용 선형 IC에 해당하는 KA2101을 개발하는 데 성공했다.[3]

트랜지스터와 선형 IC의 개발을 계기로 삼성반도체는 조립생산시설을 확보하는 데도 관심을 기울이기 시작했다. 전자손목시계용 반도체는 칩의 상태로 판매되었기 때문에 조립에 신경을 쓸 필요가 없었지만 트랜지스터와 선형 IC의 경우에는 패키지 조립생산이 요구되었다. 당시에 삼성은 국내 조립업체에 외주를 주고 있었는데, 품질과 납기 등에서 많은 문제가 발생함에 따라 자체조립의 필요성이 대두되고 있었다. 때마침 국내 반도체업계의 선발주자인 페어차일드가 노사갈등으로 인해 생산을 거의 중단하고 서울 대방동에 있던 공장 일체를 매각하기로 결정했다. 삼성반도체는 1978년 6월에 이를 인수한 후 공장건물과 조립라인을 개조하는 작업에 착수하여 같은 해 9월에는 웨이퍼가공에서 조립생산에 이르는 일괄생산체제를 갖출 수 있었다.

---

3 KA2101 개발에 관한 자세한 분석은 유상운, "반도체 역공학의 기술사: TV 음향 집적회로의 개발, 1977-1978", 《과학기술학연구》 제22권 3호 (2022), 107~133쪽을 참조.

이와 함께 삼성은 미국의 알파 메탈스로부터 리드 프레임 생산설비를 도입함으로써 조립생산의 개시와 함께 리드 프레임의 생산도 병행했다.

11980년 1월에 삼성그룹은 전자제품과 반도체의 유기적 개발체제를 구축한다는 명목을 들어 삼성반도체를 삼성전자로 통합했다.[4]곧이어 삼성은 컬러텔레비전 방영에 즈음하여 수요가 급신장할 것으로 예상된 색신호 IC를 기술개발 과제로 선택했다. 색신호 IC는 방송국에서 송출된 신호를 분리하여 브라운관에 천연색으로 재현시키는 데 필요한 컬러텔레비전의 핵심 부품이었다. 삼성은 1980년 2월부터 해외기술자 11명을 포함한 95명의 기술인력, 3억 5천만 원의 연구개발비, 7억 원에 달하는 최신 장비를 투입하여 착수 21개월만인 1981년 11월에 색신호 IC인 KA2153을 개발하는 데 성공했다.

색신호 IC는 LSI급의 반도체에 해당하며, 이를 개발하는 데는 수많은 시행착오가 결부되었다. 삼성의 기술진은 일반 IC 3개와 트랜지스터 3개를 한 개의 IC로 집적시키기 위한 복합기술을 확보하는 데 큰 어려움을 겪었다. 그들은 국내외 전문가들을 찾아다니며 각종 기술정보를 입수하고 설계 및 검사 장비를 전산화함으로써 제반 문제점을 해결할 수 있었다. 이러한 과정에서 삼성의 기술진은 회로선폭을 기존의 8마이크론에서 4마이크론으로 대폭 개선했으며, 일본에서 3년 전에 개발된 이중배선방식을 국내 최초로 사용하기도

4 삼성그룹에서 반도체사업을 담당해 온 기업은 한국반도체(1974~1978년), 삼성반도체(1978~1980년), 삼성전자(1980~1982년), 한국전자통신(1982년), 삼성반도체통신(1982~1988년), 삼성전자(1988년~현재)의 순으로 변천해 왔지만, 이하에서는 편의상 '삼성'으로 칭하기로 한다.

했다. 비록 1975년에 전자손목시계용 칩이라는 LSI 제품이 개발되긴 했지만 그것은 웨이퍼가공 공정의 개발에 국한되어 있었고, 진정한 의미에서 LSI의 시대에 진입하게 된 것은 색신호 IC의 개발을 계기로 이루어졌다.

삼성전자가 삼성반도체를 흡수합병하면서 기울였던 노력 중의 하나는 연구개발체제를 정비하는 데 있었다. 당시에 반도체 연구개발을 위해 상주하는 인원은 10여 명에 불과했으며, 빈번한 연구실조차 갖추지 못한 채 생산부서의 한 귀퉁이를 빌려 사용하는 형편이었다. 삼성전자는 6개의 연구팀을 보유하고 있던 종합연구소에 반도체연구팀을 제7팀으로 소속시키는 과도기적 조치를 취한 후, 부천공장 내에 건물을 신축하여 1982년 1월에 독자적인 반도체연구소를 출범시켰다. 연구조직을 바이폴라 부문과 MOS 부문으로 나누었고 그 밑에 각각 설계팀과 개발팀을 두었으며 연구 활동을 관리하는 설계관리팀을 신설했다. 삼성은 국내 최초로 민간 반도체연구소를 설립함으로써 최첨단 반도체제품의 개발을 위한 조직적 기반을 확보하게 되었다.

반도체 신화의 시작

우리나라의 반도체산업은 1980년대 초반에 삼성, 현대, 금성(현재의 LG)의 적극적인 참여를 배경으로 본격적인 성장세에 진입했다. 당시에 재벌 그룹들은 전자산업의 불황을 극복하기 위한 방안으로 반도체에 주목하면서 대규모 투자를 계획했고, 정부도 1981년 9월에 '반도체 육성 장기계획(1982~1986년)'을 수립하면서 전자산업의 육성이 반도체 부문에 집중될 것이라고 강조했다. 전자제품에 널리 사용되는 반도체를 대부분 일본에서 수입하고 있었기 때문에 반도체기술의 자립이 없이는 전자산업의 발전이 어렵다고 판단했던 것이다. 여기에는 일본의 대기업들이 반도체에 집중적으로 투자하여 미국에 필적하는 성과를 거둔 것도 상당한 자극으로 작용했다. 1982년 1월에 삼성과 금성은 향후 5년간 1천억 원을 반도체에 투자한다고 발표했으며, 같은 해 4월에는 현대가 1983~1987년에 걸쳐 3천억 원을 투자한다는 파격적인 계획을 수립했다.

삼성은 1982년 9월에 전담팀을 구성하여 과거의 실적을 평가하면서 새로운 사업을 모색하기 시작했다. 전담팀은 그동안의 사업성과, 향후의 시장 전망, 기술발전의 추이, 기업의 수준 정도 등을 본격적으로 검토했다. 국내에서의 업무 추진이 일단락되자 삼성은 1983년 1월에 미국 출장팀을 구성했다. '반도체 신사유람단'이란 별명을 얻은 그 팀은 대학, 연구소 등을 조사하면서 반도체에 대한 최신 정보를 수집하는 한편 구체적인 사업계획서도 작성했다. 미국 출장팀의 보고서를 검토한 후 이병철 회장은 1983년 2월 8일에 소위 '동경(東京) 구상'을 통해 반도체사업에 대한 대대적인 투자를 공표하기에 이르렀다.

이병철의 동경 구상에 대해서는 수많은 우려와 비판이 제기되었다. 반도체처럼 위험한 사업에 대규모로 투자를 했다가 실패하면 삼성은 물론 국민경제에 심각한 악영향을 미친다는 것이었다. 삼성의 공식 자료도 선진국과의 격심한 기술격차, 막대한 투자재원조달의 부담, 고급 기술인력의 부족, 특수설비 공장건설의 어려움 등과 같은 수많은 문제들이 산적해 있었다고 기록하고 있다. 심지어 "삼성이 반도체를 하겠다고 하는 것은 도대체 말이 안 된다. 사업성도 불확실한 그 돈이 많이 드는 반도체를 왜 하겠다는 것인가. 차라리 신발산업을 밀어주는 게 낫다"는 비난도 있었다.[5]

일본의 미쓰비시 경제연구소는 삼성이 반도체를 할 수 없는 이유를 다음과 같이 분석했다고 한다. "반도체사업은 기본적인 내수가 있어야 하는데 고작 [1인당] GNP 600달러인 한국에 기본 수요가 생길 리 없다. 그런 만큼 전량 수출에 의존해야 하는데, 도대체 어떤 나라가 가전제품도 제대로 못 만드는 후진국인 한국의 반도체를 사겠는가? 선진국과 경쟁하려면 훨씬 뛰어난 기술을 개발해야 하는데, 이들의 기술이전도 받지 못한 삼성이 이를 해내기란 불가능하다. 또 총매출액이 1억 달러도 안 되는 삼성이 투자비만 10억 달러가 넘는 반도체사업 투자비를 어디서 조달할 것인가? 전기와 물이 1년 내내 단 1초도 끊기지 않아야 하는데, 한국의 산업기반은 반도체사업을 시작하기엔 너무 취약하다."[6]

이와 같은 불확실성에도 불구하고 삼성이 첨단반도체에 도전했던 데는 이병철의 신념이 결정적인 역할을 했던 것으로 판단된다. 그는 1985년에 탈고한 『호암자전(湖巖自傳)』에서 다음과 같이 회고한 바 있다. "인구가 많고 자원이 없는 우리나라가 살아남을 길은 무역입국(貿易立國)밖에는 없다. 삼성이 반도체사업을 시작하게 된 동기는, 세계적인 장기불황과 선진국들의 보호무역주의 강화로 값싼 제품의 대량수출에 의한 무역도 이젠 한계에 와 있어 이를 극복하고

5 한국경제신문 특별취재팀, 『삼성전자, 왜 강한가』 (한국경제신문, 2002), 36쪽.

6 이재구, 『IT 천재들』 (미래의 창, 2011), 193쪽.

제2의 도약을 하기 위해서는 첨단기술개발밖에 없다고 판단했기 때문이다. … 또 우리 주변의 모든 분야에서 자동화, 다기능화, 소형화가 급속히 추진되고 여기에 필수적으로 사용되는 반도체 비중이 점차 커져 국제경쟁력을 확보하기 위해서는 피나는 반도체개발 전쟁에 참여해야만 한다. 반도체는 제철이나 쌀과 같은 것이어서 반도체 없는 나라는 고등기술의 발전이 있을 수 없다. … 생각하면 생각할수록 난제는 산적해 있다. 그러나 누군가가 만난(萬難)을 무릅쓰고 반드시 성취해야 하는 프로젝트이다. 내 나이 칠십삼 세. 비록 인생의 만기(晩期)이지만 이 나라의 백년대계를 위해서 어렵더라도 전력투구를 해야 할 때가 왔다. 이처럼 반도체 개발의 결의를 굳히면서 나는 스스로 다짐했다.”[7]

첨단반도체에 진출한다는 결정이 내려진 후 삼성이 당면했던 가장 큰 문제는 주력 제품을 선택하는 데 있었다. 삼성의 내부적 상황으로서는 비메모리 반도체를 선택하는 것이 타당해 보였다. 당시에 삼성은 가전제품의 생산에 필요한 반도체를 대량으로 수입하고 있었으며, 삼성이 그 동안 기술개발을 추진해 온 분야도 가전용 중심의 비메모리 반도체였던 것이다. 그러나 삼성은 메모리 반도체를 선택했다. 내부적인 수요도 중요하지만 그 자체로 수익을 낼 수 있는 품목을 개척해야 한다는 것이었다.

그 다음에는 메모리 반도체 중에서 어떤 것을 주력 제품으로 할 것인지를 정해야 했다. 처음에는 S램이 유력해 보였다. S램은 다양한 제품으로 구성되어 있기 때문에 시장진입이 쉽다는 장점을 가지고

7 이병철, 『호암자전』(중앙일보사, 1986), 243-244쪽; 『호암자전』(나남, 2014), 379~380쪽.

있었다. 이에 반해 D램은 미국과 일본이 치열한 경쟁을 벌이고 있었고 가격의 변동이 심한 특성을 가지고 있었다. 삼성이 선택한 것은 D램이었다. 시장규모를 자세히 검토한 결과 S램의 시장규모는 D램의 절반에도 미치지 못했던 것이다. 삼성은 D램을 주력 품목으로 선정하면서 64K D램을 개발한다는 목표를 세웠다. 1K, 4K, 16K D램을 생략하고 곧바로 64K D램에 도전한다는 야심찬 목표였다. 그것은 선진국이 밟아왔던 단계를 모두 거쳐서는 계속해서 선진국에 뒤질 수밖에 없다는 판단에 입각하고 있었다.

이와 함께 삼성은 외국에 있는 한국계 과학기술자들을 영입하는 데도 적극적인 노력을 기울였다. 특히 이임성, 이상준, 이일복, 이종길, 박용의 등과 같이 미국의 우수한 대학에서 박사학위를 받고 반도체 관련 업계에서 실무경험을 축적한 사람들이 스카우트의 대상이 되었다. 그들에게는 연봉 20만 달러라는 파격적인 조건이 제시되었다고 한다. 삼성은 스카우트한 재미 과학기술자들을 중심으로 1983년 7월에 미국 산호세에 현지법인을 설립했다. 미국 현지법인은 신제품 및 신기술개발, 국내 기술인력의 현지연수, 미국시장에 대한 수출창구, 최신 정보의 입수 등과 같은 역할을 담당했다.

“6년과 같았던 6개월”

삼성은 1983년 5월부터 64K D램을 개발하는 작업에 착수했다. 당시에 삼성은 선진국에 비해 크게 뒤떨어지지 않는 조립생산기술은 자체적으로 개발하는 한편, 국내에 전혀 확보되어 있지 않은 설계기술과 검사기술은 선진국으로부터 도입한다는 방침을 세웠다. 이를 위하여 삼성은 D램 산업을 주도하고 있었던 미국과 일본의 선진업체들에 접근했지만 그들은 모두 기술이전에 인색한 자세를 보였다. 우여곡절 끝에 선택된 기업은 미국의 벤처기업인 마이크론 테크놀로지(Micron Technology)와 일본의 중견기업인 샤프(Sharp)였다.

삼성은 효과적인 기술습득을 위해 유능한 신입사원을 중심으로 기술연수팀을 구성했다. 기술연수팀은 각자가 맡은 부분의 목표를 숙지하면서 6개월 동안 철저한 준비교육을 받았는데, 교육 내용에는 반도체기술에 대한 기본적 지식은 물론 외국어 회화와 국제 에티켓에 관한 것도 포함되어 있었다. 더 나아가 삼성은 기술연수팀의 구성원들에게 현재 자기가 맡은 일이 얼마나 중요한 일인지에 대하여 철저한 정신무장을 시켰다. 당시에 삼성은 64K D램에 대한 각오와 팀워크를 다지는 특별훈련으로 '64km 행군'을 실시하기도 했다. 저녁을 먹은 후 무박 2일 동안 실시된 이 행군은 산을 넘고 공동묘지를 지나면서 갖가지 과제를 수행하는 훈련이었다. 행군 도중에 꺼낸 도시락에는 D램 개발에 성공해야 하는 이유를 담은 편지 한 통이 있었다고 한다.[8]

당시에 '반도체인의 신조'가 제정되었다는 점도 흥미로운데, 그 내용은 다음과 같다. ① 안 된다는 생각을 버려라. ② 큰 목표를 가져라. ③ 일에 착수하면 물고 늘어져라. ④ 지나칠 정도로 정성을 다하라. ⑤ 자신 속에서 원인을 찾아라. ⑥ 겸손하고 친절하게 행동하라. ⑦ 서적을

8 최윤호, 「64km로 시작된 반도체 신화」, 김대용 외, 『미래를 설계하는 반도체』 (사이언스북스, 2000), 108~110쪽.

읽고, 자료를 뒤지고, 기록을 남겨라. ⑧ 무엇이던 숫자로 파악하라. ⑨ 철저하게 습득하고 지시하고 확인하라. ⑩ 항상 생각하고 확인해서 신념을 가져라. 반도체 개발을 담당했던 삼성의 직원들은 출근 후에 이와 같은 신조를 제창하고 업무에 임했던 것으로 전해진다.

삼성은 이윤우 개발실장을 비롯한 8명으로 기술연수팀을 구성하여 마이크론으로 보냈다. 그러나 삼성의 연수팀은 별로 환영받지 못했다. 마이크론은 삼성을 미래의 경쟁자로 생각하면서 기술이전에 적극적인 자세를 보이지 않았던 것이다. 특히 연수 자료나 설계도면에서 잘 드러나지 않는 노하우에 대해서는 더욱 인색한 태도를 보였다. 당시에 마이크론에 연수를 갔던 한 연구원은 다음과 같이 회고했다. "마이크론사는 2~3주간 몇 명 정도의 연수 인원을 받아 기본적인 자료만 제공했고, 라인 출입은 두 명으로 제한하며 연수인원 변경을 요구하는 등 성의를 보이지 않아 끝내 한 달 만에 연수를 종료해야 했다. 그때 기술 없는 자의 설움을 자탄하면서 바라보던 창밖의 미국 달이 아직도 생생하다"[9]

삼성은 마이크론으로부터 64K D램 칩을 제공받은 후 이를 재현하는 작업을 추진했다. 앞서 언급했던 '역행 엔지니어링'의 방법이 계속 사용되었던 것이다. 조립생산기술이 어느 정도 정립된 후에는 미국 현지법인의 이상준 박사와 이종길 박사, 그리고 마이크론에서 연수를 받았던 이승규 부장을 중심으로 웨이퍼 가공에 관한 기술을 확보하는 작업도 병행되었다. 이러한 과정에서 제대로 된 생산조건을 확립하고

9 한상복, 『외발 자전거는 넘어지지 않는다: 반도체 신화 만들어낸 삼성맨 이야기』 (하늘출판사, 1995), 70쪽.

불량의 원인을 밝히는 데는 수많은 시행착오가 반복되었다. 한 공정의 문제가 해결되었다 하더라도 다른 공정과 적절히 연결되지 않아 처음부터 다시 시작하는 경우도 있었다.

삼성의 기술진은 밤낮을 잊고 64K D램의 개발에 매진했다. 아침 7시에 출근했으며 퇴근 시간은 따로 없었다. 밤 11시에는 소위 '일레븐 미팅'이 열렸다. 각자 맡은 일을 수행하다가 밤 11시에 모여서 그 날의 성과와 진척도를 점검하는 한편, 다음 날 진행시켜야 할 부분을 종합적으로 조정했던 것이다. 이러한 노력을 바탕으로 삼성은 개발착수 6개월만인 1983년 11월에 64K D램을 개발하는 데 성공할 수 있었는데, 삼성의 공식 문건은 64K D램을 개발하는 과정을 "6년과 같았던 6개월"로 표현하고 있다.[10] 이로써 한국은 미국과 일본에 이어 세계에서 세 번째로 64K D램을 개발한 국가가 되었다. 또한 64K D램의 개발을 계기로 선진국과 10년 이상의 격차가 났던 한국의 반도체 기술수준은 3년 내외로 크게 단축되었다.

64K D램의 개발이 짧은 기간 내에 성공할 수 있었던 요인에 대해 이종길은 다음과 같이 회고했다. "첫째는 그 동안 삼성에 반도체 기술이 어느 정도 축적되어 있었기 때문에 가능했어요. 부천공장에는 시계 칩을 만드는 조립라인이 있었고 클린룸도 갖춰져 있었는데, 거기에다 D램 공정을 아는 사람[들]이 가담해서 열심히 노력했기 때문이에요. 둘째는 이병철 회장이 D램 개발사업을 직접 챙기며 적극 지원해 주었던 게 큰 힘이 되었습니다. 셋째는 마이크론사로부터 기술이전이 있었기 때문에 가능했던 겁니다. 마이크론사로부터는

10 삼성반도체통신, 『삼성반도체통신십년사』 (1987), 201쪽.

기술전수를 제대로 받지는 못했지만, 뼈다귀 기술은 가져왔으니까요. 넷째는 미국에서 반도체 개발 경험을 쌓은 기술자들이 참여했기 때문에 가능했어요. 그들의 기술과 경험이 가장 중요한 요인의 하나가 된 것은 사실입니다."[11]

64K D램의 개발과 초기 생산이 이루어진 공간은 부천공장이었다. 그렇다면 부천공장의 기술인력은 어디에서 왔을까? 삼성이 새롭게 선발한 요원도 있었지만 한국반도체에서 근무했던 인력도 상당수 존재했다. 강기동 사장을 비롯한 한국반도체의 관리직은 삼성반도체가 출범한 후 하나둘씩 회사를 떠났지만, 한국반도체의 대다수를 차지했던 운전공(operator)과 기술공(technician)은 대부분 삼성에서 자신의 경력을 이어갔다. 그들은 이미 반도체에 관한 작업절차에 숙달돼 있었으므로 D램 공정을 안정화하는 데 중요한 역할을 담당했다. 그러나 삼성의 공식 기록에는 이런 현장기술자들의 기여가 거의 언급되지 않고 있다.

삼성은 64K D램을 개발하면서 양산공장을 신설하는 데에도 박차를 가했다. 한 쪽에서 반도체를 개발하는 동안 다른 한쪽에서는 반도체 공장을 지었던 것이다. 반도체 장비는 약간의 먼지에나 진동에도 오류를 일으킬 만큼 민감하기 때문에 반도체 공장은 건설하는 것은 쉬운 일이 아니었다. 이 때문에 선진국에서는 반도체 공장을 건설하는 데 18개월 정도가 걸렸다. 그러나 1983년 9월에 경기도 기흥에서 열린 기공식에서 이병철 회장은 "6개월 만에 공장건설을 완료하라"는 지시를 내렸다. 후발주자인 삼성이 선진업체와 경쟁하기

11 이기열, 『소리 없는 혁명: 80년대 정보통신 비사』 (전자신문사, 1995), 268쪽.

위해서는 조기에 공장을 건설하여 시장에 진입해야 한다는 것이었다. 이런 상황에서 건설현장의 직원들은 추운 날씨에도 24시간 내내 일하다시피 했다. 당시에 기흥공장 건설현장에 붙여진 별명은 '아오지 탄광'이었다.

기흥공장을 건설하는 데에는 정부의 지원도 한 몫을 했다. 정부는 반도체사업이 수도권에서도 가능한 업종으로 허가해 주었다. 우수한 인력을 확보할 수 있도록 부지를 서울에서 1시간 이내의 거리에 위치하게 한 것이다. 또한 반도체 공장에 필수적인 용수와 전력을 공급하는 데에도 예외적인 조치를 취해 주었다. 반도체 생산을 위해 외국에서 수입하는 재료와 장비에 대해 관세를 감면해 준 것도 정부의 몫이었다.

삼성은 64K D램 생산라인인 제1라인에 착공한 지 2개월 후인 1983년 11월에 256K D램 생산라인인 제2라인의 내역을 검토했다. 제1라인은 4인치 웨이퍼를 사용할 예정인데 제2라인의 경우에는 웨이퍼의 크기를 얼마로 할 것인가 하는 것이 문제였다. 당시에 미국과 일본에서는 대부분 5인치 라인을 갖추고 있었고 6인치 라인을 갖춘 업체는 3개 업체밖에 없었다. 삼성에서는 5인치 라인과 6인치 라인을 놓고 논쟁이 벌어졌다. 5인치 라인을 주장하는 진영은 4인치에 겨우 익숙한 현장 기술자와 작업공이 5인치에 대한 경험 없이 6인치로 곧바로 갈 경우에 기술을 충분히 습득할 수 없다고 판단했다. 아직 256K D램 기술이 개발되지 않은 상태에서 생산 공정상의 문제가 발생하게 되면, 그 원인이 기술의 미숙에 있는지 아니면 장비의 결함에서 온 것인지 판단하기도 어려웠다.

이러한 문제점에도 불구하고 삼성은 6인치 웨이퍼를 사용하기로 결정했다. 선진업체를 하루빨리 따라잡기 위해서는 보다 공격적인 전략을 구사해야 한다는 것이었다. 반도체업체들이 1인치를 두고 고민하는 이유는 웨이퍼의 크기가 증가할수록 많은 반도체를 만들 수 있기 때문이다. 웨이퍼의 면적은 반지름의 제곱에 비례하므로 6인치 라인의 생산량은 4인치 라인의 두 배를 넘어선다. 가령 6인치 웨이퍼에서 50개의 반도체를 만들 수 있다면 6인치 웨이퍼로는 100개를 넘는 반도체를 생산할 수 있는 것이다.

삼성은 1984년 3월에 256K D램을 개발하는 데 착수했다. 256K D램의 경우에는 기술도입과 자체개발이 병행되었다. 국내에서는 설계기술의 도입을 통하여 256K D램을 개발하는 한편, 미국 현지법인에서는 설계기술부터 독자적으로 개발하기로 했던 것이다. 국내 연구팀은 마이크론에서 설계기술을 도입하여 1984년 10월에 256K D램을 개발하는 데 성공했고, 미국의 현지법인은 1985년 4월에 자체적으로 설계를 완료한 후 같은 해 9월에 양품(良品)을 확보하는 성과를 거두었다. 처음에 삼성은 국내 연구팀이 개발한 256K D램을 생산하다가 나중에는 미국의 현지법인이 개발한 제품으로 바꾸었다. 미국 현지법인의 제품이 국내에서 개발된 제품보다 우수한 것으로 판명되었기 때문이었다.

《디지털타임스》 2004년 10월 8일자 기사는 256K D램의 개발에 대해 다음과 같이 쓰고 있다. "'반도체를 설계하느라 무릎이 다 까졌습니다.' 언뜻 듣기에 이해가 되지 않는 말이지만, 지금으로부터 20년 전 국내 최초로 자체 설계기술로 256K D램을 개발했던 삼성전자 연구원들이 남긴 말이다. 당시는 지금처럼 컴퓨터를 이용해 회로를 설계하지 않고, 대형 도면 위에 직접 펜으로 회로를 그리던 시기였고, 무릎을 꿇고 도면 위를 '기어 다니느라' 연구원들의 무릎이 상처투성이가 됐던 데서 나온 이야기다." 당시 삼성의 연구진이 256K D램의 설계에 사용한 방법은 역행 엔지니어링의 일종으로 '바닥 위를 기어 다니는 기법(crawl-around-on-the-floor technique)'으로 불리기도 한다. 그것은 완성품의 포장재를 벗긴 다음 현미경으로 추출한 회로도들을 바닥에 이어 붙이가면서 전체적인 도면을 재구성해가는 과정에 해당한다.

256K D램을 개발하는 과정에서 국내 연구진이 미국 현지법인에서 기술연수를 받았다는 점도 주목할 만하다. 삼성은 유능한 사원 32명을 선발한 후 미국 현지법인에 파견하여 선진기술을 체계적으로 배울 수 있게 했던 것이다. 당시 삼성반도체통신의 사장을 맡고 있던 강진구는 기술연수의 분위기에 대해 다음과 같이 썼다. "낮에는 각기 자기 파트너를 그림자처럼 따라다니면서 무엇인지 묻고 노트에 적는 것을 볼 수 있었다. 저녁에는 회사에서 마련해 준 아파트로 돌아와 식사를 마치자마자 세미나 룸과 같은 방에 모여서 밤늦게까지 토론을 하였다.[12]

경쟁과 행운의 결실

삼성은 처음에 미국의 현지법인이 핵심기술을 개발하고 국내에서는 양산을 담당하는 것을 기본방침으로 삼았다. 그러나 1M D램을 개발할 무렵에는 상황이 달라졌다. 256K D램을 개발할 때 미국에서

12 강진구, 『삼성전자 신화와 그 비결』 (고려원, 1996), 222~223쪽.

기술연수를 받았던 사람들이 귀국하면서 국내 연구팀이 1M D램을 직접 개발하겠다고 나선 것이었다. 이에 따라 미국의 현지법인과 국내 연구팀 중에 누가 기술개발을 주도할 것인가를 놓고 상당한 논쟁이 벌어졌다. 결국 삼성은 1985년 9월에 현지법인팀과 국내팀이 동시에 1M D램을 개발하기로 결정했다. 두 팀이 동시에 연구개발에 착수하면 비용은 두 배로 들겠지만 성공할 확률은 더욱 높아질 수 있었다. 이와 함께 두 팀이 경쟁적으로 연구개발을 추진함으로써 시간을 단축하는 효과도 기대되었다.

삼성은 1M D램의 개발에 착수하기 전인 1985년 2월부터 시작(試作)라인을 건설하여 같은 해 10월에 완공했다. 시작라인은 신제품을 개발할 때 공정조건을 확립하기 위하여 사용되는 라인이다. 64K D램과 256K D램을 개발할 때에는 기존의 생산라인이 활용되었지만, M급 D램을 개발하기 위해서는 별도의 시작라인을 통해 시행착오를 극소화하는 것이 요구되었던 것이다. 삼성은 시작라인을 건설하면서 공정개발을 위한 웨이퍼 가공시설을 설치하는 것은 물론 CAD 시스템을 확충하여 회로설계에 소요되는 기간을 대폭 단축할 수 있도록 했다.

1M D램 개발팀은 제품사양을 결정하는 단계부터 예상치 못한 어려움에 직면했다. 삼성은 지금까지 선진업체의 샘플을 입수·분석하여 기술흐름을 파악하고 이를 자사의 관련 자료와 비교·검토함으로써 최적의 제품사양을 결정해 왔다. 그런데 1M D램의 시제품을 발표한 바 있는 미국과 일본의 업체들이 삼성에 샘플을 제공하는 것을 기피하기 시작했다. M급 D램의 개발을 계기로

선진업체들은 삼성을 본격적인 경쟁상대로 인식했던 것이다.

1M D램을 개발하는 과정에서도 기술선택의 문제가 제기되었다. 당시 반도체기술의 경향은 NMOS에서 CMOS로 이행하고 있었다. 반도체 회로를 설계하는 방식에는 전자의 흐름을 이용하는 NMOS와 홀의 흐름을 이용하는 PMOS가 있으며, CMOS는 NMOS와 PMOS를 모두 사용하는 방식이다. 삼성에서는 1M D램은 기존의 방식을 따라 NMOS 기술을 토대하자는 주장과 1M D램부터 CMOS를 채택하자는 주장이 팽팽히 맞섰다. 결국 삼성은 자신이 보유하고 있던 기술을 과감히 버리고 당시의 추세에 부응하여 CMOS로 설계를 변형했다. 이 때 채택된 CMOS는 이후의 제품에서도 지배적인 위치를 차지함으로써 삼성은 선도업체들과의 기술격차를 크게 단축할 수 있었다.

1M D램에 대한 국내팀과 현지법인팀의 경쟁은 예상을 깨고 국내팀의 승리로 끝났다. 국내팀은 1M D램의 개발에 착수한 후 11개월만인 1986년 7월에 양품을 생산했던 반면 현지법인팀은 이보다 4개월 뒤진 1986년 11월에 1M D램의 개발에 성공했던 것이다. 더구나 국내팀이 개발한 제품의 성능이 현지법인팀에 비해 더욱 우수한 것으로 판명되었다. 이 사건을 계기로 국내팀은 기술적 측면에서도 상당한 자신감을 가지게 되었다.

1987년은 삼성에게 행운을 가져온 해였다. 사실상 삼성의 반도체사업은 상당 기간 동안 고전을 면치 못했다. 삼성은 1984년 9월부터 D램을 세계시장에 수출하기 시작했지만 같은 해 말부터 공급과잉으로 인한 불황이 닥쳤다. 이에 대응하여 일본의 업체들이 가격덤핑을 시도했기 때문에 D램의 가격은 큰 폭으로 하락했다. 첫 출하 때 3달러였던 64K D램 가격이 1985년 8월에는 생산원가인 1.7달러에 크게 미치지 못하는 30센트까지 떨어지기도 했다. 더욱이 1986년에 삼성은 텍사스 인스트루먼트의 특허제소로 9천만 달러의 배상금을 물어야 했다. 이에 따라 1985~1986년에 반도체공장의 가동률은 30%에 지나지 않았고, 2년 동안 삼성이 입은 손실은 2천억 원에 달했다. 사태가 심각해지자 삼성의 내·외부에서 "반도체산업에의 진입 시기를 잘못 택하지 않았느냐" 혹은 "반도체산업에 너무 많은 투자를 하지 않았느냐" 하는 반론이 제기되었다.

이러한 사태는 1985년 말에 미·일 반도체 무역협정에 의거하여 공정거래가격이 설정되고 일본이 생산량을 축소하면서 서서히 해소되기 시작했다. 게다가 1987년부터는 세계경제가 활기를 되찾고 제2의 PC 붐이 발생하여 256K D램을 중심으로 반도체시장이 급속히 호전되었다. 당시에 일본과 미국의 업체들은 256K D램이 구형제품이라고 간주하면서 1M D램의 생산에 열을 올리고 있었는데, 갑자기 삼성의 주력 제품이었던 256K D램의 수요가 폭발적으로 증가했던 것이다. 더욱이 미·일 반도체 무역협정으로 공정거래가격이 설정되어 있었기 때문에 256K D램의 가격이 실질적으로 상승하는 효과까지 있었다. 삼성은 1987년을 계기로 3년 동안 누적된 적자를 말끔히 해소할 수 있었다.

앞서 언급했듯, 텍사스 인스트루먼트의 특허제소 사건을 계기로 국내의 반도체업체들은 독자적인 기술의 중요성을 절감할 수 있었다. 이에 삼성반도체통신, 현대전자, 금성반도체는 1986년 5월에 반도체연구조합을 결성한 후 정부에 공동연구개발사업을 제안하기에 이르렀다. 1986년 7월부터 1989년 3월까지 추진된 4M D램 공동연구개발사업에는 총 879억 원이 투입되었으며, 한국전자통신연구소(ETRI)가 총괄연구기관을, 3개의 반도체업체와 서울대 반도체공동연구소가 참여연구기관을 맡았다. 4M D램 공동연구개발사업은 참여 기업들의 연구개발을 촉진하는 데 크게 기여했으며, 삼성에서 다른 기업으로 기술이 이전되는 효과도 낳았다. 이러한 국가공동연구개발사업은 16M, 64M, 256M D램을 개발할 때에도 지속적으로 추진되어 1990년대 이후 삼성전자에 이어 현대전자(현재 SK하이닉스)가 세계적인 반도체업체로 성장할 수 있는 밑거름으로 작용했다.

삼성이 4M D램을 개발하는 과정에서도 국내팀과 현지법인팀의 경쟁이 있었다. 국내팀의 1M D램 기술이 채택되자 현지법인팀은 크게 반발했고 이에 삼성의 경영진은 4M D램의 개발에서도 경쟁체제를 적용했던 것이다. 현지법인팀이 다시 국내팀에 뒤질 경우에는 향후에 D램 개발사업을 맡지 않는다는 것이 전제조건이었다. 그러나 두 번째 경쟁도 국내팀의 승리로 끝났다. 두 팀은 모두 1986년 5월에 4M D램의 개발에 착수했지만 1988년 2월에 국내팀이 먼저 양품을 생산하는 데 성공했다. 이후에는 국내에서 D램 개발을 전담하고 현지법인은 D램 이외의 고부가가치 제품을 담당하는 체제가 정착되었다.

국내팀이 현지법인팀과의 경쟁에서 계속해서 승리할 수 있었던 이유는 국내팀이 보여준 엄청난 성실성에서 찾을 수 있다. "미국 현지법인에 스카우트된 개발요원들은 모두가 메모리 반도체의 디자인부문과 공정부문에서 경험을 쌓아온, 말하자면 그 분야의 전문가들이다. … 나이도 40대가 대부분이었다. … [그들은] 미국의 생활양식에 익숙해 있으며, … 일과 시간 중에는 자신에게 부과된 연구개발에 몰두하지만, 일과 시간 외엔 자기의 개인생활을 철저히 지킨다. … 그런데 국내의 분위기는 그와 정반대였던 것이다. 토요일도 없고 일요일도 없다. 그뿐만 아니라 밤낮의 구별조차 없다. 일단 개발에 착수하면 몇 달씩 연구소에서 떠날 줄을 모른다. … 미국의 현지팀은 고도의 전문지식과 기술을 가지고 있었지만, 한국에서처럼 24시간, 아니 몇 개월씩 모든 것을 희생하면서 연구개발에 몰두할 수가 없었다. 이에 비해 국내의 젊은 팀은 전문지식이나 기술의 핸디캡을 젊음을 불사르며 극복할 수 있었다. 자신과 가족의 희생도 당연시하는 그런 분위기였던 것이다. 그러기에 문자 그대로 '불철주야' 강행군이 가능했던 것이다."[13]

[그림 1] 스택 방식과 트렌치 방식에 대한 개념도

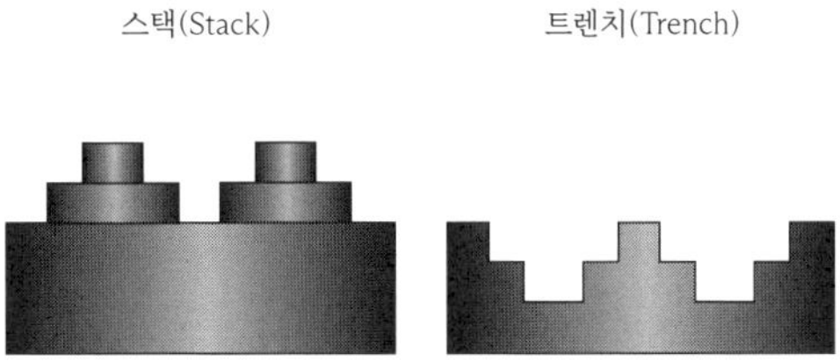

스택(Stack)　　트렌치(Trench)

4M D램을 개발하는 과정에서도 심각한 선택의 문제가 발생했다. 1M D램까지는 칩의 평면만을 사용하는 플래너(planar) 방식으로도 필요한 셀을 충분히 만들 수 있었지만, 4M D램의 경우에는 평면

13 강진구, 『삼성전자 신화와 그 비결』, 227~229쪽.

구조로는 부족하여 지하층을 더 만들든지 고층을 쌓아 올려야 했다. 지하층을 만드는 트렌치(trench) 방식은 칩의 크기를 소형화할 수 있지만 생산공정이 길어져서 실제 제작이 어려운 문제점이 있었다. 이에 반해 고층을 쌓아 올리는 스택(stack) 방식은 공정이 상대적으로 짧고 대량생산이 가능하지만 미세가공이 곤란하고 칩의 면적을 축소하기 어려웠다. 당시에 IBM을 비롯한 미국업체들은 대부분 트렌치 방식을 채택하고 있었고, 일본업체의 경우에는 도시바와 NEC는 트렌치 방식을, 히타치, 미쓰비시, 마쓰시타는 스택 방식을 채택하고 있었다.

삼성은 처음에 트렌치 방식으로 4M D램을 개발한다는 방침을 세웠지만 우연한 기회에 트렌치 방식으로는 4M D램의 수축이 어렵다는 요긴한 정보를 입수했다. 이를 계기로 삼성 내부에서는 4M D램의 개발방식에 대한 격렬한 논쟁이 전개되었는데, 그 논쟁은 두 가지 방식에 대한 자세한 검토를 바탕으로 이건희 회장이 스택 방식을 채택하는 것으로 마무리되었다. 이에 대해 이건희는 “나는 복잡한 문제일수록 단순화해보려고 한다. 두 기술을 두고 단순화해보니 스택은 회로를 고층으로 쌓은 것이고, 트렌치는 지하로 파 들어가는 식이었다. 지하를 파는 것보다 위로 쌓아올리는 것이 수월하고 문제가 생겨도 쉽게 고칠 수 있을 것이라고 판단했다”고 회고한 바 있다.[14] 스택 방식은 4M D램은 물론 이후의 제품에서도 기술주류를 형성함으로써 트렌치 방식을 택한 업체들은 2군으로 밀려나고 스택 방식을 택한 업체들은 1군으로 성장하는 결과를 가져왔다. 한국의 반도체업체들은 공동연구개발사업을 매개로 모두 트렌치 방식을 선택했으며, 그것은

14 이건희, 『생각 좀 하며 세상을 보자』 (동아일보사, 1997), 133쪽.

한국이 세계적인 반도체강국으로 도약하는 결정적 계기로 작용했다.

세계 1위로의 도약

삼성은 1982년에 첨단반도체 사업에 진출한 후 6년이라는 짧은 기간 동안에 64K, 256K, 1M, 4M D램을 잇달아 개발했다. 그러한 과정에서 선진국과의 기술격차도 5.5년, 4.5년, 2년, 6개월로 점차 단축되었다. 그러나 4M D램까지는 외국의 기술을 도입하거나 신제품에 대한 정보를 입수하여 선진업체를 신속히 추격하는 데 초점이 주어져 있었다. 물론 1M과 4M D램을 개발할 때에는 선진업체로부터 샘플을 입수하는 것도 어려웠지만, 이 경우에도 CMOS나 스택 방식과 같이 기술경로에 대한 선택지는 제공되고 있었다. 이에 반해 삼성이 1988년부터 추진했던 기술혁신 활동은 이전과 달리 선행주자와 모범사례가 없는 상태에서 무형의 목표에 도전하는 것이었다.

삼성은 1988~1989년에 경기도 기흥에 ULSI급의 D램을 전담하는 연구소를 신설하여 신제품을 독자적으로 개발하는 데 박차를 가했다. 선례가 없는 무형의 목표에 도전하기 위하여 1989년 4월에는 '수요공정회의'라는 제도가 도입되었다. 기술개발 담당자들이 매주 수요일 오후 7시에 모여서 자유로운 난상토론을 통해 문제점을 해결하자는 것이었다. 그 회의는 발표자와 토론자가 자신의 명예를 걸고 진지하게 의견을 교환하는 장이 되었다. 수요공정회의를 통해 삼성은 기술개발이 진척되는 정도를 사전에 점검할 수 있었을 뿐만 아니라 기술개발의 방향이나 방식에 대한 의견 차이도 극복할 수 있었다.

16M D램은 1988년 6월부터 1990년 8월까지 26개월에 걸친 노력 끝에 개발되었다. 당시에는 16M D램의 시제품을 생산하는 해외업체가 없었기 때문에 설계기술과 공정기술을 독자적으로 확립하는 것은 물론 감광재료나 노광장비와 같은 자재도 자체적으로 개발해야 했다. 삼성보다 약간 앞서거나 비슷한 시기에 일본의 히타치, 도시바, 미국의 IBM 등이 16M D램을 개발했다고 발표했다. 16M D램의 개발을 계기로 일본과 미국의 업체들은 삼성의 독자적인 기술력을 공식적으로 인정하기 시작했다.

당시의 상황에 대해 16M D램의 개발을 주도했던 진대제는 다음과 같이 회고하고 있다. "삼성의 16M D램 개발 성공은 회사는 물론 국가적으로도 엄청난 의의를 지닌다. … 노동집약형 산업에만 강세를 보여 온 한국이 선진국의 전유물이라 불리던 최첨단기술 분야인 반도체에서 제1군에 합류했음을 의미하는 것이었다. 남의 기술을 빌려오지 않고 오직 우리의 독자적 기술로 개발한 첫 메모리 반도체 제품이라는 데에도 큰 의의가 있었다. 비교하기조차 낯 뜨거웠던 선진국과의 기술격차는 이제 '제로(0)'. 마치 마라톤에서 꼴찌를 달리던 선수가 갑자기 막판 스퍼트를 내 순식간에 선두를 차지한 것과 같은 상황이라 할 수 있었다."[15]

삼성은 16M D램의 개발을 목전에 두고 있었던 1990년 6월에 64M D램을 개발하는 작업에 착수했다. 아직 16M D램의 개발이 완료되지 않았는데 차세대 제품인 64M D램에 도전했던 것이다. 그것은 삼성이 동시에 두 세대의 신제품을 동시에 개발하는 방식을 활용하기

15 진대제, 『열정을 경영하라』 (김영사, 2006), 19~20쪽.

시작했다는 점을 의미한다. 즉, 4M D램이 양산단계에 이르면 그것을 개발했던 팀이 64M D램의 개발에 착수하고, 다시 16M D램을 개발한 팀은 차차세대 제품인 256M D램의 개발에 투입되는 것이다. 이처럼 공격적인 방식을 활용하여 삼성은 1992년 9월에 세계 최초로 64M D램을 개발하는 데 성공했다.

1991년은 삼성에게 또 한 번의 행운이 다가온 해였다. 당시 일본의 반도체 3강인 도시바, NEC, 히타치는 반도체산업의 주기적인 불황에 대비해 1M D램 생산라인의 증설을 중단하고 4M D램으로의 이동을 모색하고 있었다. 그런데 마이크로소프트의 윈도가 폭발적인 인기를 누리면서 불황으로 예상되었던 반도체시장이 뜻밖의 호황을 맞았다. 당시의 세계 각국의 컴퓨터업체들은 대량공급이 가능하고 가격이 저렴한 1M D램을 선호했다. 여기에 일본의 엔화절상 사태까지 겹쳐 컴퓨터업체들의 구매 담당자들은 삼성으로 발길을 돌렸다. 이에 따라 삼성은 1992년부터 D램 분야에서 일본의 도시바를 제치고 세계 제1의 메이커로 부상했다. D램 분야에 진출한지 10년 만에 삼성이 세계정상에 우뚝 선 것이었다.

1992년에 삼성은 또 하나의 승부수를 띄웠다. 그것은 16M D램 양산라인을 8인치로 하는 데 있었다. 8인치 라인은 6인치 라인에 비해 생산성이 1.8배 높을 것으로 예상되었지만, 막대한 설비투자와 고도의 기술이 필요하기 때문에 대부분의 업체들은 8인치 라인의 도입을 주저하고 있었다. 특히, 8인치 라인은 공정이 복잡하고 가공 중에 깨지기 쉬워서 품질의 균일성을 확보하기 어렵다는 과제를 안고 있었다. 삼성은 엄청난 위험 부담을 안고 과감히 8인치에 도전한 후

1993년 6월에 양산라인을 준공하는 데 성공했다.

삼성은 1992년 1월부터 256M D램을 개발하는 작업을 추진했다. 그 과정에서는 처음부터 256M D램을 제작하지 않고 이미 개발된 16M D램에 256M D램의 사양을 적용하는 방식이 적용되었다. 16M D램을 통해 선폭을 축소하는 기술을 확보한 후에 이를 바탕으로 완전한 256M D램을 개발한다는 것이었다. 그것은 선폭의 축소와 용량의 증가를 동시에 추진하는 것이 기술적으로 매우 어렵기 때문에 채택된 전략이었다. 삼성은 1992년 12월에 16M D램의 선폭을 0.28㎛으로 축소하는 기술을 확보한 후 1994년 8월에는 선폭이 0.25㎛인 256M D램을 세계 최초로 개발하는 데 성공했다. 이처럼 삼성은 기존의 제품에 새로운 사양을 적용하고 이를 통해 차세대 제품을 개발하는 방식을 통해 16M D램의 성능을 향상시킴과 동시에 256M D램을 추가로 개발하는 일석이조의 효과를 누릴 수 있었다.

1994년 8월 29일에 삼성은 256M D램을 세계 최초로 개발했다는 소식을 전했다. 1910년 8월 29일에 일본에 나라를 빼긴 지 84년이 지난 시점이었다. 그동안 일본의 뒤꽁무니를 따라오다가 드디어 일본을 넘어섰다는 메시지를 담고 있었다. 이어 1994년 9월 6일에는 대한제국의 국기와 256M D램의 사진을 병치한 광고가 나왔다. 256M D램의 개발을 계기로 삼성은 생산량을 넘어 기술력의 측면에서도 세계 최고로 인정받기 시작했다. 삼성이 "역사는 1등만을 기억합니다."는 광고 카피를 내건 것도 이 무렵이었다.

삼성은 '꿈의 반도체'로 불리는 G급 D램에서도 다시 한 번 세계 최고의 기술력을 입증했다. 삼성은 1996년 10월에 선폭이 0.18㎛인 1G D램을, 2001년 2월에는 선폭이 0.10㎛인 4G D램을 개발하는 데 성공했다. 삼성의 G급 D램은 세계에서 최초로 개발된 것일 뿐만 아니라 가장 선폭이 좁은 초미세 가공기술을 적용하고 있다. 삼성은 경쟁업체보다 1년 정도 앞선 기술력을 보유하고 있으며, 이러한 기술적 우위를 바탕으로 제품의 생산 시기를 주도적으로 결정하고 있다.

반도체의 성공을 배경으로 우리나라는 산업화를 시작한 지 30여년 만에 세계 1위의 기술과 세계 1위의 기업을 보유하게 되었다. 특히, 반도체의 사례는 후발국이 선진국을 추격하는 것은 물론 추월하는 것도 가능하다는 점을 보여주고 있다. 사실상 1980년대만 해도 일본과 미국의 전자제품을 선호할 정도로 국산품의 품질은 좋지 못했다. 그러나 이제는 기술적인 측면에서도 국산품의 우수성을 인정받고 있으며, 반도체를 비롯한 몇몇 분야에서는 오히려 선진국을 앞서고 있다. 반도체를 매개로 세계 최고의 한국산 제품(Made in Korea)을 창출했다는 자부심을 가지게 된 것이다.

2015년에 한국 정부는 광복 70주년을 맞이하여 '과학기술 대표성과 70선'에 대한 국민선호도를 조사했다. 전기전자 분야에서는 D램, 기계소재 분야에서는 포니에 대한 선호도가 높게 나왔다. 건설환경에너지 분야에서는 경부고속도로, 농림수산 분야에서는 통일벼에 높은 선호도를 보였다. 그밖에 생명해양 분야에서는 남극세종과학기지, 기초과학기술 분야에서는 포항방사광가속기, 국방우주항공 분야에서는 초음속 고등훈련기 T-50에 대한 선호도가 높았다.

산학연관을 섭렵한 우주개발의 선구자,

최순달

2004년에 국정홍보처는 '다이내믹 코리아'라는 캠페인을 전개했다. 아이들이 부르는 잔잔한 동요를 시작으로 다음과 같은 카피가 이어진다. "17년 후 이 아이는 스페인전의 승부차기를 막아냅니다. 15년 후 이 아이는 카라얀의 찬사를 받게 됩니다. 48년 후 이 아이는 우리나라 최초의 인공위성을 쏘아 올립니다." 카피가 흐르면서 축구선수 이운재가 승부차기를 막아내는 장면이 나오고, 소프라노 조수미의 15년 전 사진과 과학자 최순달의 48년 전 사진이 등장한다. 그리고 담담한 목소리의 마지막 카피가 흐른다. "세계를 움직일 수 있는 큰 힘이 우리 안에 있습니다."

©KAIST 인공위성연구소
[그림 1] 한국 인공위성의 아버지, 최순달

여기서 최순달(崔順達, 1931~2014)은 우리나라 최초의 인공위성인 우리별 개발을 책임졌던 인물로 '한국 인공위성의 아버지' 혹은 '한국 우주개발의 아버지'로 평가되고 있다. 그는 미국에서 전기 공학 박사를 받은 후 한국으로 돌아와 전자, 통신, 우주 등의 분야에서 활약했다. 특히 산, 연, 관, 학의 요직을 섭렵하면서 연구 관리자와 과학 행정가로 한국의 과학기술을 발전시키는 데 크게 기여했다.

라디오에 빠진 소년

최순달은 1931년 6월 20일에 경상북도 대구부 남일동(현재 대구광역시 중구 남일동)에서 태어났다. 2남 1녀 중 장남이었다. 당시에 아버지는 소학교(현재 초등학교) 교사로 근무하고 있었다. 최순달의 오른쪽 턱 부분의 흉터는 소학교 시절에 달성공원 수영장에서 얻었다. 위생 상태가 엉망인 수영장에서 세균 감염으로 얼굴이 심하게 부어올라 해당 부위를 찢고 고름을 빼는 바람에 흉터가 생겼던 것이다.

최순달은 1944년에 대구공립공업학교(현재 대구공업고등학교)에 진학했다. 얼마 뒤 아버지가 세상을 떠나는 바람에 어머니는 혼자서 3남매를 키워야 했다. 친척집에서 쌀을 얻어오는 경우도 있었다. 당시는 제2차 세계 대전의 막바지로 한반도의 학생들은 공부보다 '노력 동원'에 시달려야 했다. 대구공립공업학교의 학생들은 주로 비행기 격납고를 만드는 작업장에 동원되었는데, 점심을 주먹밥 하나로 때우며 하루 종일 땅을 파고 흙을 날랐다.

1945년 해방 직후의 교육 현실은 참담했다. 일본인 교사들이 떠나면서 몇 명 안 되는 한국인 교사만 남았기 때문이다. 5명의 교사가 600여 명의 학생들을 지도했고, 화학 교사가 국어 과목을 가르치기도 했다. 한번은 이태동이란 학생이 일본에서 전학을 왔다. 그는 진기한 물건들을 많이 가지고 있었는데, 그중에는 광석 라디오도 있었다. 최순달은 광석 라디오를 접하면서 과학기술의 세계에 푹 빠지게 되었다.

최순달은 광석 라디오를 뛰어넘는 진공관 라디오를 직접 만들고자 했다. 그는 시장의 고물상에서 필요한 부품을 구입한 후 일본어로 적힌 『아마추어 라디오 교본』을 보며 진공관 라디오를 조립하는 데 성공했다. 더 나아가 그는 단파 라디오를 직접 만든 후 과학 경진 대회에 출품하여 경상북도지사상을 받았다. 마을 사람들이 고장 난 물건을 고쳐달라고 찾는 바람에 상당한 유명세를 치르기도 했다. 당시에는 전기가 매우 부족하여 일반가정에는 밤에만 전기를 송출했는데, 최순달은 변전소의 전기 차단 방식을 알아내어 낮에도 전기를 사용했다. 이러한 수법은 금세 들통나고 말았지만, 최순달은 '전기 도둑'이란 새로운 타이틀도 얻었다.

최순달은 끝없는 호기심과 질문으로 선생님들을 괴롭히는 학생이었다. 대구공립공업학교에서 규율부장과 학도호국단 대대장의 감투도 썼다. 최순달은 '무덕전'이란 체육관에 들락거리며 기계체조, 권투 등을 배웠다. 학교에서는 야구부의 유격수로 활동했고 주장을 맡은 적도 있었다. 대구공립공업학교 6학년이 되면서 대학 입시를 준비하던 시절에는 밀려오는 잠을 쫓기 위해 턱 밑에 부엌칼을 세워놓은 채 공부했다는 일화도 전해진다.

최순달은 서울대학교 공과대학이 위치해 있던 공릉동(현재 서울과학기술대학교의 소재지)에서 입학 시험을 치렀다. 구두시험에서 면접관이 지원동기를 묻자 최순달은 다음과 같이 대답했다. "우리나라는 전기가 부족하지 않습니까? 도시의 일반 가정은 물론이고 농촌에도 충분한 전기를 공급하는 나라를 만들고 싶어서입니다."[1] 최순달은 대학 입시에 합격했지만, 집안 형편으로는 4만 원이라는 등록금을 마련할 수 없었다. 다행히 친구 윤창호의 아버지인 대구공립공업학교 후원회장이 도움을 주었다. 서울에서 고무 공장을 하고 있는 지인의 집에서 가정 교사로 입주할 수 있는 다리를 놓아주었던 것이다.

혼란기 속의 청년 최순달

1950년 6월 10일에 최순달은 서울대학교 공과대학 전기 공학과에 입학했다. 입학한 지 보름 만에 한국 전쟁이 발발하면서 학교는 문을 닫았다. 그는 8월 22일에 대구를 최종 목적지로 하고 외가가 있는 상주를 중간 기착지로 삼아 피난길에 올랐다. 최순달은 대구에서 철도 경찰로 근무하다가 전시연합대학제도가 실시된다는 소식에 접했다. 그는 1951년 2월에 철도 경찰을 그만두고 부산에 임시 교사를 개설한 서울대학교에 복학했다. 임시 교사는 건물과 군용 천막으로 가득했으며 교수들은 군복을 입고 강의를 했다. 전시 대학생은 전쟁의 혼란 속에서 학문을 배운다기보다는 수업 일수와 학점 채우기에 급급했다. 학교도 한 학기에 두 학기 평점을 받도록 하는 편법을 사용하기도 했다. 최순달은 남선전기(현재 한국전력) 부산 지점에서

---

1 최순달, 『48년 후 이 아이는 우리나라 최초의 인공위성을 쏘아 올립니다』(좋은책, 2005), 46쪽.

아르바이트를 하면서 전시연합대학을 다녔다.

최순달은 1953년에 서울로 돌아와 대명광업의 전기계에 취업했다. 당시에는 전기 사정이 열악하여 자가발전으로 부족한 전력을 보충해야 했는데, 최순달은 먹통이 된 자가발전기를 수리하는 공로를 세웠다. 대명광업에서 최순달은 교토제국대학 출신으로 서울공대에 출강하던 홍 상무와 가깝게 지냈다. 최순달은 1954년 5월 28일에 홍 상무의 장녀로 서울공대 2학년에 재학 중이던 홍혜정과 결혼식을 올렸다.

최순달은 1954년 9월에 서울대학교를 졸업했으며, 졸업과 동시에 2급 정교사 자격증을 받았다. 11월에는 전라남도의 광주보병학교에서 군사 훈련을 받았다. 한 달 동안 훈련을 받으면 일등병으로 제대한 뒤 유사시에 다시 소집되는 학도병 제도가 있었던 것이다. 훈련을 마친 후 그는 서울 종로구에 위치한 수송전기고등학교의 교사로 취업하여 수학, 물리, 전기 과목을 담당했다. 1955년에는 육군 재소집 명령이 내려졌고 최순달은 육군본부 공병감실에 근무하다가 국방부과학연구소에 배치되었다. 연구소 근무가 끝나면 생활비를 벌기 위해 야간 강의를 나갔다.

현실이 학문에서 점점 멀어지자 최순달은 담대한 계획을 세웠다. 미국에 가서 제대로 공부해 보자고 결심했던 것이다. 그는 소정의 시험에 합격한 후 1956년 12월 25일에 유학 제대를 했다. 그리고 1957년 7월 18일에 아내와 두 아이를 한국에 두고 미국 유학길에 올랐다. 큰아이는 두 살이었고 둘째는 돌이 채 되지 않을 때였다. 장인의 지인이 530달러를 지원해 주었는데, 비행기 삯이

500달러였다. 중간 기착지인 동경에서 책과 계산척을 사느라 5달러를 지불하고 나니 25달러가 남았다.

가장 간단한 것부터 시작하라!

최순달은 1957년 9월에 캘리포니아대학 버클리(University of California at Berkeley)에 등록했다. 미국에 도착한 직후에는 요세미티 국립공원 내의 식당 버스보이(웨이터의 조수), 버클리대학 초창기에는 미국인 가정의 하우스보이를 하면서 생계 문제를 해결했다. 최순달은 대학원 입학 허가를 받아 놓았지만 학부부터 다시 시작했다. 한국의 대학 교육 수준이 낮았던 데다가 전쟁 중이라 제대로 공부하지 못했기 때문이었다. 당시 그의 나이는 26세였다.

역시 쉬운 길이 아니었다. 영어로 하는 수업을 따라가기도 어려웠고, 온스와 야드를 포함한 미국의 단위도 생소했다. 최순달은 강의 내용을 무조건 외워 첫 학기에 좋은 성적을 받았다. 덕분에 오매불망 그리던 장학생이 되었고, 과제물을 채점하는 아르바이트도 할 수 있었다. 서울의 아내에게 매월 100달러씩 송금한다는 계획을 지키기 위해 주말에는 접시를 닦았다. 열심히 일한 덕분에 125달러를 들여 자동차도 구입했다. 1951년형 중고 폰티악이었다.

최순달은 1960년 6월에 우등생으로 학부를 마치고 석사 과정에 진학했다. 그리고 얼마 뒤 아내와 두 아이가 미국으로 건너왔다. 최순달은 가족의 안정적인 미국 생활을 위해 휴렛팩커드에 입사하여 원자 주파수 원기(原器)를 개발하는 부서에서 일했다. 그는 휴렛팩커드에서 열심히 업무를 수행했고 맥주 파티와 가족 동반

피크닉도 즐겼다. 휴렛팩커드에는 우수한 직원이 스탠퍼드대학에 다닐 경우에 경비 절반을 부담해 주는 제도가 있었다. 덕분에 최순달은 석사과정을 마친 후에 스탠퍼드대학의 박사과정에 진학할 수 있었다. 그때가 1966년 9월이었다.

당시 스탠퍼드대학의 전기 공학과는 오늘날 전자 공학에 해당하는 분야에 집중하고 있었다. 최순달은 트랜지스터를 발명해 노벨 물리학상을 수상한 윌리엄 쇼클리(William Shockley)의 전자기학 강의를 들으면서 다음과 같은 충고를 평생의 좌우명으로 여겼다. "무엇이든 가장 단순하고 간단한 것부터 시작하게(Try the simplest first). 핵심이 되는 것이 무엇인지 알고 그것부터 시작해 하나씩 살을 붙여가다 보면 연구 성과를 이룰 수 있을 걸세."[2]

최순달은 논문 주제로 마이크로웨이브를 선택했다. 마이크로웨이브 전력으로 직접 회전할 수 있는 플라스틱 로터(발전기, 전동기, 터빈 등에서 회전하는 부분)를 만들어 실험을 실시하는 과제였다. 드럼과 고정자를 설계한 뒤 기계공작실 담당자에게 제작을 의뢰했더니 한 달이 걸린다고 해서 최순달이 연장을 빌려 밤샘 작업을 한 끝에 하루 만에 만들었다는 일화도 전해진다. 최순달은 1969년 9월에 박사 학위를 받았는데, 논문의 서두에서 "내 아이들과 아내에게 영광을 돌린다"라고 썼다.

1969년 7월에 최순달은 캘리포니아공과대학(칼텍) 부설 연구소인 제트추진연구소(Jet Propulsion Laboratory, JPL)에 입소했다. JPL은

2 최순달, 『48년 후 이 아이는 … 』, 93쪽.

미국 항공우주국(NASA)의 지원으로 운영되는 연구소로 최순달은 태양계 탐사에 필요한 미래 기술을 연구하는 그룹에 속했다. 우주로 보내는 탐사선의 기계 장치에는 고장이 잦았기 때문에 이에 대비한 보조 장치를 마련하는 것이 중요했다. 최순달은 우주 탐사선 통신 시스템의 기계 부품을 전자 부품으로 대체하는 과제를 맡았고, 반도체 소자를 이용해 전력을 절약할 수 있는 스위치 장치를 개발하는 성과를 거두었다. 그가 개발한 장치는 이후에 실용화되지는 못했지만 기술력만큼은 인정을 받아 NASA가 수여하는 기술상을 받았다. JPL에서는 직원의 능력 향상을 위한 교육프로그램이 1년 내내 이어졌는데, 최순달은 토스트마스터즈 클럽(Toastmasters Club)에 가입하여 대중 앞에서 연설하는 능력을 키우기도 했다.

©NASA/JPL-Caltech
[그림 2] 칼텍의 제트추진연구소

연구소 경영의 경험을 쌓다

최순달은 1974년 7월에 한국에 잠시 들렀다. 과학기술처가 재미 과학기술자 협회 소속 회원들을 초청했던 것이다. 17년 만에 다시 접한 한국의 모습은 그야말로 상전벽해(桑田碧海)였다. 부산 동래의 금성사 공장과 울산의 현대조선소를 둘러보았다. 조국의 발전을 위해 열정적으로 일하는 과학기술자들의 모습을 보고서는 한국인의 정체성이 되살아났다.

최순달은 1975년 초에 금성사 사장인 박승찬의 전화를 받았다. 금성사가 유도무기 국산화와 신무기 개발을 맡게 되었는데, 중앙연구소의 초대 소장을 맡아 달라는 것이었다. 최순달은 가족들의 반대를 무릅쓰고 한국으로 돌아오는 길을 택했다. 첫째와 둘째는 미국에서 대학을 마치기로 했고 아내와 나머지 두 자녀는 한국으로 가기로 했다. 금성사에서 아파트와 자동차를 마련해 주었고 셋째와 넷째가 다닐 외국인학교의 등록금도 지원해 주었다.

최순달은 1976년에 금성사 중앙연구소의 소장과 금성 정밀 연구소의 소장으로 부임했다. 금성 정밀 연구소에서는 벌컨포에 들어가는 레이더를 국산화하는 작업을, 금성사 중앙 연구소에서는 금전 등록기를 개발하고 자동 판매기를 개선하는 과제를 이끌었다. 1979년 6월에 박승찬 사장이 세상을 떠나자 최순달의 입지가 흔들렸다. 최순달은 12월에 금성사를 사직하고 동양나일론 상무로 자리를 옮겨 전자사업부를 맡았다. 당시에 동양나일론은 일본의 히타치와 제휴해 사무용 컴퓨터를 생산하는 사업을 추진하고 있었다. 그러나 동양나일론의 주력인 섬유 산업과 새로 시작한 전자 산업이 융화되기는 쉽지 않았다.

1981년 1월에 최순달은 한국전기통신연구소의 2대 소장으로 발탁되었는데, 초대 소장은 한국과학기술연구소(KIST) 부소장 출신의 정만영 박사였다. 이후에 정부 출연 연구 기관의 구조 조정이 추진되면서 최순달은 한국전기통신연구소 소장과 한국전자기술연구소의 소장을 겸하게 되었는데, 두 연구소는 1985년에는 한국전자통신연구소(ETRI)로 통합된 바 있다. 한번은 체신부 차관 오명이 최순달을 불러 '1가구 1전화'를 달성하기 위한 한국형 전자 교환기 기술의 개발이 어느 정도 진척되고 있는지 점검했다. 한국 정부는 1977년부터 240억 원이라는 거금을 투입해 시분할 교환(Time Division Exchange, TDX) 방식의 전자교환기 기술을 개발하는 사업을 추진하고 있었다. 최순달은 한국전자통신(주)의 상무로 재직 중이던 양승택을 영입하면서 TDX 기술개발 사업을 본격적인 궤도로 끌어 올렸다. 당시에 최순달을 비롯한 한국전기통신연구소의 간부들은 훗날 'TDX 혈서'로 불린 서약서를 작성하기도 했다.

"1982년 2월 최[광수] 장관은 … 시분할 전자 교환기 개발 계획을 확정짓는다고 선언한 다음, 전기통신연구소 간부들에게 '어떠한 일이 있더라도 시분할 전자 교환기를 개발해 내겠다'는 서약서를 작성하여 체신부에 제출하도록 명령하였다. '저희 연구소 연구원 일동은 최첨단 기술인 시분할 전자 교환기의 개발을 위해 최선을 다할 것이며, 만약 개발에 실패할 경우 어떠한 처벌이라도 달게 받을 것을 서약합니다'. 연구소는 이와 같은 서약서를 작성하여 … 체신부에 제출하는 한편, 그 사본을 연구원들에게 회람시킴으로써 연구개발 의지를 북돋웠다."[3]

한국전기통신연구소는 1978~1981년에 두 번에 걸쳐 시험기 개발을 시도한 바 있었으며, 1981~1982년에는 3차 시험기를 개발한 후 1983년에 인증 시험을 실시했다. 1984년에는 9,600회선 용량의 TDX-1 실용 모델을 개발한 후 시험 인증기를 개통했고, 1986년에는 10,240회선 용량의 TDX-1A 기종을 활용해 농어촌 지역을 대상으로

3 이기열, 『소리 없는 혁명: 80년대 정보통신 비사』 (전자신문사, 1995), 130~131쪽.

상용화하는 데 성공했다. 이로써 한국은 세계에서 10번째로 디지털 교환 기술을 보유한 국가로 발돋움했다. 최순달은 TDX 기술개발 사업의 완성을 보지 못한 채 정부 출연 연구소를 떠났지만, 그 사업을 강력하게 밀고 나감으로써 한국을 통신 강국으로 끌어올린 것을 자랑스럽게 여겼다. 1987~1991년에는 연구 개발비 560억 원이 투입된 제2단계 사업이 진행되었다. 1988년에는 중소도시용 TDX-1B, 1991년에는 대도시용 TDX-10이 개발되었다.[4]

©국립중앙과학관
[그림 3] 1가구 1전화 시대를 연 TDX

장관, 학장, 이사장 등을 역임하다

1982년 5월 최순달은 제32대 체신부 장관에 임명되었다. 이철희·장영자 어음 사기 사건이 발생하면서 11개 부처의 장관이 경질되었는데, 최순달이 체신부 장관으로 발탁되었던 것이다. 여기에는 최순달이 전두환 대통령의 대구공고 선배라는 점도 고려되었던

---

4 TDX 기술개발사업의 전개과정에 대해서는 송성수, 『한국의 산업화와 기술발전』 (들녘, 2021), 330~340쪽을 참조.

것으로 전해진다. 당시의 언론은 "끝장 보는 전기 공학 박사"로 그를 소개하기도 했는데, 차관은 육군사관학교 출신의 전자 공학 박사인 오명이 맡고 있었다. 체신부 장관 시절에 최순달은 TDX 기술개발 사업의 진행 상황을 점검하는 한편 선진 정보화 사회의 진입에 필요한 무선 통신의 개발과 활용을 집중적으로 추진했다.

최순달이 무선 통신의 상용화를 도모하자 안전기획부(현재 국가정보원)는 '전파 월북'을 내세우며 극렬히 반대했다. 남한의 기밀 사항이 전파를 타고 북한으로 넘어갈 수 있다는 논리였다. 최순달은 북쪽으로 넘어가지 않도록 약한 전파를 사용한다고 반박하면서 안전기획부 직원을 휴전선 근처로 데려가 전파 세기를 측정하는 방법까지 써 가며 끈질기게 설득했다. 여덟 번째 제안 끝에 무선 통신 상용화에 대한 허가가 떨어졌고, 한국 무선 통신 시대의 포문을 연 무선 호출기(일명 '삐삐')가 세상에 나왔다.

최순달이 체신부 장관으로 재임한 기간은 1년 5개월에 지나지 않았다. 제5차 경제사회발전 5개년계획 기간인 1982~1986년 동안 연평균 25%의 비율로 통신 시설을 확장하기로 되어 있었는데, 전화 서비스 보급 시기를 앞당긴 것이 화근으로 작용했다. 제12대 국회의원 선거를 앞둔 시점에서 급조된 선심성 정책으로 비판을 받았던 것이다. 게다가 스웨덴의 교환기 회사로부터 기술개발비를 기부받는 바람에 국군보안사령부(현재 국군기무사령부)에 투서가 들어가기도 했다. 최순달은 국민의 편의를 위해 사심 없이 추진했다는 입장을 보였으며 그에 대한 혐의는 사실 무근으로 드러났다. 최순달은 1983~1985년에 일해재단(현재 세종연구소)의 초대 이사장으로 재임했는데, 일해는 전두환 대통령의 호에 해당한다.

1985년 8월에 최순달은 한국과학기술대학(Korea Institute of Technology, KIT)의 초대 학장에 임명되었다. KIT는 1985년 6월에 설립된 과학기술처 산하의 특수대학으로 1989년 7월에 한국과학기술원(Korea Advanced Institute of Science and Technology, KAIST)의 학부 과정으로 통합된 바 있다. 최순달은 우수한 교원을 영입하기 위해 심혈을 기울이는 한편 교수들이 직접 모교를 방문해 KIT를 홍보하는 전략을 펼쳤다. 입학 시험 문제를 자체적으로 출제해서 변별력을 높였고, 학생들이 스스로 전공을 정할 수 있도록 무학년·무학과 제도를 실시했으며, 필요한 학점을 채우면 언제든지 졸업이 가능하도록 했다. 수영장을 새롭게 만들고 강당에 음향 장치를 설치하고, 기숙사의 샤워장을 개선했다. 또한 학생 식당의 냉장고를 점검하고 건물 사이를 연결하는 이동 복도를 만드는 등 학교 구석구석에 애정을 쏟았다.

ⓒ국가기록원
[그림 4] 1986년 3월 3일에 열린 한국과학기술대학 제1회 입학식

1987년 2월에 최순달은 한국과학재단(현재 한국연구재단) 이사장으로 임명되었다. 그는 미국의 공학연구센터(Engineering Research Center, ERC)에 대한 조사연구를 진행했으며, 이 제도를 한 단계 발전시켜 '학연산 연구 교류 센터'를 만들자고 제안했다. 또한 문교부가 수학 올림피아드에 대한 지원을 중단하자 한국과학재단의 예산을 투입했으며, 인공위성에 관심을 가지고 국내외 전문가들과 교류하기 시작했다. 전두환의 비자금 조성을 담당한 일해재단의 초대 이사장을 역임한 이력 때문에 1988년 11월에는 국회 청문회의 증인으로 출석하기도 했다.

1989년 2월에 최순달은 57세의 나이로 한국과학기술대학(KIT)의 평교수로 돌아왔다. 그는 KIT 학장으로 재임하던 시절에 교무처장의 권고를 따라 교수 신분을 유지하고 있었다. KIT의 일부 학생들은 제5공화국 비리에 연루된 인사를 교수로 받아들일 수 없다고 반발하기도 했다. 다행히 최순달의 학문과 업적에 집중해야 한다는 여론이 우세해지면서 학생들 사이의 논쟁은 일단락되었다.

인공위성 연구 센터의 설립과 우리별 1호의 발사

최순달은 KIT의 전기 및 전자 공학과 교수로 돌아온 후 개인 연구 과제로 인공위성을 선택했다. 사실상 그는 미국의 제트추진연구소에서 근무하던 시절부터 우주개발에 많은 관심을 가지고 있었다. 1989년 7월에 최순달은 한국과학재단의 해외 연수 지원을 받아 영국으로 향했다. 사우스햄턴대학의 위성 공학에 대한 강좌와 서리대학의 통신 위성에 관한 강좌에 참석했다. 그는 서리대학이 추진하던 소형 위성 분야가 유망하다고 판단했고, 한국의 학생들을 선발해 유학을 보내기로 마음먹었다.

최순달은 다시 영국의 서리대학으로 가서 5명의 KIT 학생이 1989년 10월에 입학할 수 있게 해달라고 요청했다. 영국의 전자 회사인 GEC-마르코니를 설득해 장학금도 지원받을 수 있었다. 결국 KIT와 서리대학은 위성 기술의 연구 개발과 인력 양성에 관한 합의서를 작성했고, 최순달은 KIT의 제1회 졸업생 가운데 5명을 선발하여 유학을 보냈다. 전기 및 전자 공학과 출신의 장현석, 김성헌, 박성동과 전산학과 출신의 김형신, 최경일이 그들이었다.

때마침 한국 정부는 대학의 집단연구를 장려하기 위해 과학 연구 센터(Science Research Center, SRC)와 공학 연구 센터(ERC)를 선정하여 지원하는 우수 연구 센터 사업을 추진하고 있었다. 우수 연구 센터로 지정되면 매년 7~10억 원씩 9년 동안 지원받을 수 있었다. 최순달은 6명의 교수를 설득하여 인공위성 연구 센터(Satellite Technology Research Center, SaTReC)를 설립한 후 공학 연구 센터 선정에 응모하여 1990년 1월에 좋은 결과를 받았다. 또한 그는 공학 연구 센터 계획서를 제출한 직후에 이우재 체신부 장관을 찾아가 연구비 지원을 설득했고, 1990년 8월에는 인공위성 연구 센터의 '우리별 위성(KITSAT) 사업'이 체신부와 과학기술처의 국책과제로 선정될 수 있었다.

인공위성 연구 센터의 1기 유학생들은 서리대학에 가서 1년 동안 위성 통신 공학 대학원 과정을 이수했다. 1990년 10월에는 전기 및 전자 공학과 출신의 유상근·박강민·이현우, 전산학을 전공한 남승일,

물리학과 출신의 민승현이 2기 유학생으로 서리대학으로 향했다. 이어 1991년 9월에는 전산학을 전공한 이서림과 리더 역할을 맡은 박찬왕 연구원이 합류했다. 인공위성 연구 센터의 유학생들은 대학원 과정을 이수하면서 인공위성의 제작에 참여하여 실무 경험을 쌓았다. 그들은 독자적으로 매주 정기 모임을 가졌으며 분야별 회의와 기술 세미나를 열었다. 이러한 과정을 통해 축적된 기술적 지식은 문서로 정리되어 한국의 우리별 사업팀으로 보내졌다.

최순달은 우리별 1호 유학생들의 활약상에 대해 다음과 같이 썼다. "우리별 1호 개발 및 발사계획에 참여했던 학생들의 유학 생활 속에는 수많은 우여곡절이 숨어 있었다. 밤잠을 안 자고 연구하고 일하느라 '일벌레', '공부벌레' 소리를 들어야 했던 것은 보통이었다. 영국 교수들이 말하는 위성 관련 기술들을 비롯한 우주개발 기술을 우리 학생들이 제대로 이해하지 못했을 때는 휴지통까지 샅샅이 뒤져가며 설명 자료를 찾아 그들의 기술을 습득해야 했다. … 하지만 이 자랑스러운 연구원들은 우리별 1호에 대한 지독한 사랑 하나로 이 모든 우여곡절들을 극복해 냈다. 각자의 전공과 특성에 맞는 위성의 각 부분을 나눠 맡아 한 치의 오차도 없이 완성해 냈고, 그것을 우리별 1호라는 결정체 안에 결합시키고 조화했다. … 그리고 어떤 부분에서는 우리 연구원들의 실력과 아이디어가 서리대학 연구원들보다 뛰어나다고 느껴질 때가 많았다. 소형 위성 최초로 두 대의 카메라를 장착해 이를 조정할 수 있는 컨트롤러를 개발한 것이나, 새로운 설계를 통해 기존 지평선 감시기의 문제를 해결하고 그 질을 월등히 향상시킨 점, 디지털 신호 처리 실험부와 우주 방사선 검출 장치를 개발한 점 등을 그 예로 들 수 있다."[5]

---

5 최순달, 『48년 후 이 아이는 … 』, 209~210쪽

최순달은 우리별 1호 발사 사흘 전인 1992년 8월 8일에 김현진 과학기술처 장관 등과 함께 파리행 비행기에 올랐다. 8월 10일에는 남미의 브라질과 수리남 사이에 위치한 기아나 공항에 도착했는데, 공교롭게도 그날에 황영조 선수가 바르셀로나 올림픽에서 마라톤 금메달을 따냈다. 발사 1시간 전, 현지 시각으로 8월 10일 오후 7시, 한국 시각으로는 8월 11일 오전 7시부터 현장 상황이 생중계되었다.

우리별 1호는 프랑스령 기아나의 쿠루 우주 기지 센터에서 아리안 V-52 로켓에 실려 밤하늘로 사라졌다. 정확히 23분 36초가 지났을 때 우주 궤도에 진입했다는 교신을 보냈다. 우리별 1호의 궤도 진입이 확인되자 노태우 대통령은 "우리나라 과학기술의 수준을 알리는 쾌거"라는 축하 메시지를 보냈다. 이어 한국에서는 8월 11일 저녁 7시 35분에 인공 위성 연구 센터의 지상국과 우리별 1호의 첫 교신이 성공적으로 이루어졌다. 이로써 한국은 우주개발의 불모지에서 벗어나 인공위성을 세계에서 22번째로 보유한 국가로 도약했다.

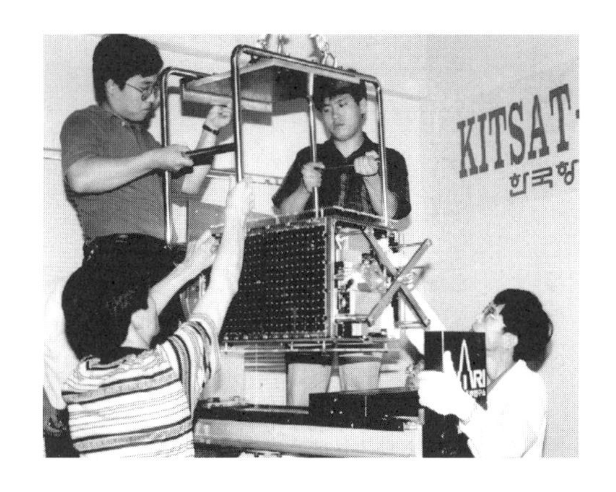

©KAIST 인공위성연구소
[그림 5] 우리별 1호를 개발하는 모습

우리별 2호와 3호의 개발

우리별 1호는 한국 국적의 인공위성이었지만 그 한계도 분명했다. 영국 사람들의 도움을 받아 제작되었고 국산 부품의 비율이 1%에도 못 미쳤기 때문이다. 이에 대해 영국 위성을 돈 주고 사왔다거나 우리별이 아니라 '남의 별'이라는 비아냥거림도 있었다. 가령 《길》이라는 월간지는 1992년 10월호에서 우리별 1호를 비판하는 특집 기사를 실었다. 우리별 1호의 발사는 '우리 기술'로 이루어낸 성과가 아니라 제6공화국의 치적 중 하나로 국민들의 관심을 끌기 위해 공보처와 언론이 만들어낸 합작품일 뿐이라는 논지였다.[6]

최순달은 우리별 1호에 대한 평가에 일일이 대응하지 않은 대신 "우리별 2호로 본때를 보여 주겠다"라고 다짐했다. 우리별 2호를 개발하는 작업은 우리별 1호의 운영이 안정세에 들어선 1992년 9월에 시작되었다. 우리별 1호를 제작하고 귀국한 연구진과 KAIST에서 새로 선발한 연구진이 힘을 합쳤다. 우리별 2호 제작을 위한 첫 회의에서 최순달은 세 가지 원칙을 천명했다. 첫째, 우리별 1호 운용 중 발견된 문제점을 개선할 것. 둘째, 가능한 국산 부품을 최대한 활용할 것. 셋째, 국내에서 개발된 시스템을 적극 사용한다는 것이었다.[7] 이어 최순달은 우리별 2호의 발사가 성공하는 날까지 사생활은 압수이고 연애는 절대 불가하다는 엄포를 놓았다.

우리별 제작에 소요된 금액은 31억 2천만 원이었다. 우리별 2호를 제작하는 과정에서 가장 힘들었던 문제는 부품의 국산화율을 높이는

6 이현숙, 「우리별 1호는 공보처가 쏘았다」, 《길》1992년 10월호, 128~131쪽.

7 태의경, 「카이스트 인공위성연구센터의 위성 기술 습득과 개선 과정 고찰」, 《한국과학사학회지》 37-1 (2015), 105쪽.

데 있었다. 수요가 워낙 적었기 때문에 민간 기업체들이 생산을 기피하는 경우가 많았다. 기업체들을 설득하는 과정도 어려웠지만, 기업체들이 제공한 부품을 시험하는 것도 고역이었다. 결국 최순달 연구팀은 약 1만 2,000개의 부품 가운데 827개의 국산 부품을 사용하여 우리별 2호를 제작했다.

우리별 2호는 1993년 5월에 제작된 후 한 달 동안의 환경 시험을 거쳐 남미의 기아나로 보내졌다. 프랑스의 아리안 스페이스 사가 두 배나 오른 발사 비용을 요구하는 바람에 소련을 비롯한 다른 국가와 협력하는 방안이 강구되기도 했다. 우리별 2호는 1993년 9월 26일에 V-59 로켓에 실려 우주로 향했다. 우리별 2호는 5년 동안 101분마다 한 번씩 지구를 돌며 지상 관측, 통신, 적외선 감지 등 각종 실험을 수행하며 한반도를 촬영한 컬러 사진을 송신했다. 대전에서 엑스포(EXPO)가 개최되던 중에 우리별 2호가 발사되었다는 점도 흥미롭다.

그다음 차례는 우리별 3호였다. 우리별 3호는 그동안 축적한 기술력을 바탕으로 거의 100% 국산 기술로 제작된 독자 모델이었다. 3축 자세 제어 시스템을 채택해 원하는 위치를 신속 정확하게 결정할 수 있었고, 폭 50킬로미터에 길이 1천 킬로미터까지의 사진을 촬영하여 영상 데이터를 전공할 수 있었다. 더 나아가 카메라 해상도를 당시 세계 최고의 수준인 15미터까지 실현했는데, 우리별 1호의 경우에는 해상도가 400미터였다. 우리별 3호는 1999년 5월 26일에 인도의 스리하리코타 섬에 위치한 사티시 다완 우주 센터에서 발사되었다. 발사 후 17분 40초 만에 고도 720킬로미터의 궤도에 진입했고 발사

4일 후인 5월 30일에 자세 안정화에 성공해 지상 촬영을 시작했다.

1999년 7월에는 UN 산하 우주사무국(Office for Outer Space Affairs, OOSA)이 스위스 비엔나에서 기술 전시회를 개최했는데, 최순달 연구팀은 우리별 3호가 촬영한 사진을 출품하여 세계적인 호평을 받았다. 세계에서 110킬로그램급의 소형 위성을 제작하는 곳은 영국의 서리대학, 독일의 베를린공대 등 서너 곳에 지나지 않았으며, 게다가 우리별 3호는 2천억 원이 넘는 다른 위성에 비해 10분의 1 정도의 저렴한 비용으로 개발되었다. 우리별 3호 발사를 계기로 싱가포르의 연구원들이 27만 달러를 내고 한국의 인공위성 연구 센터에 와서 위성 설계 기술을 배우기 시작했다는 점도 주목할 만하다.

사실상 최순달은 일선 연구자가 아니라 연구 관리자로서 우리별 사업을 성공적으로 진행시켰다. 그는 우리별 사업에 대한 자신의 역할을 세계 일류의 교향악단을 만들었다는 점에서 찾고 있다. "내가 한 일을 교향악단에 비유하자면, 기존의 악단에 지휘자로 영입된 것이 아니라 내가 원하는 악단을 직접 구상하고, 소요되는 경비를 모금하고, 악기를 다뤄본 적은 없으나 음악에 소질이 있는 유능한 인재를 손수 뽑아, 일부는 국내에서 또 다른 일부는 외국 유학으로 훈련시켜 세계 일류의 교향악단을 만든 것이라 할 수 있겠다."[8]

우주 항공 벤처 기업을 만들다

여기서 주목할 점은 우리별 2호 사업에 비해 우리별 3호 사업에 소요된 시간이 무척 길었다는 사실이다. 우리별 2호 사업은 1호 발사

---

8 최순달, 『48년 후 이 아이는 … 』, 9쪽.

후 1년 1개월 만에 완료되었던 반면, 우리별 3호는 2호 발사 후 6년이 지나서야 완성될 수 있었다. 우리별 3호의 기술적 난이도가 높았다는 것도 하나의 이유가 되겠지만, 더욱 중요한 배경으로는 1993년 이후 정치적 환경이 달라지면서 인공위성 연구 센터가 폐쇄 위기를 겪었다는 점을 들 수 있다.

[그림 6] 우리별 위성을 만든 사람들로 일명 '최순달 사단'으로 불리고 있다. ©KAIST 인공위성연구소

한국 정부는 1993년 7월에 '신경제 5개년계획'을 발표하면서 중점 과제의 하나로 우주 항공 기술의 개발을 선정했다. 다목적 실용 위성인 아리랑 개발 사업을 정부 주도로 추진한다는 것이었다. 정부는 아리랑 사업의 주관기관으로 한국항공우주연구소를 선택했고, 최순달의 인공위성 연구 센터는 한국항공우주연구소와 갈등 관계에 놓이게 되었다. 1993년 10월의 국정감사에서 KAIST 천성순 원장은 인공위성

연구 센터를 지키기 위해 “한국항공우주연구소가 추진 중인 실용 위성과 인공위성 연구 센터가 수행 중인 실험 위성은 그 성격이 다른 만큼 별개의 사업으로 추진해야 한다”라고 발언했다. 덕분에 센터의 해체는 막을 수 있었지만 이 사건은 우리별 3호의 제작을 지연시키는 결과를 유발했다.[9]

1996년 8월에는 최순달이 만 65세가 되어 KAIST를 정년퇴직하면서 명예 교수가 되었다. 최순달은 성단근 교수를 인공위성 연구 센터의 소장으로 영입하면서 센터의 사업을 공동으로 추진하는 체제를 구축했다. 1998년 10월부터는 과학위성 1호(우리별 4호) 개발이 시작되었고, 앞서 보았듯 1999년 5월에는 우리별 3호 사업이 성공리에 마무리되었다. 그러나 1999년 가을에 과학기술처는 인공위성 연구 센터의 연구원들을 한국항공우주연구소로 보내라는 메시지를 보냈다. 우주 기술개발의 중복 투자를 해소하여 예산을 절감해야 한다는 명분이었다. 곧이어 한국과학재단은 우수 연구 센터 최종 평가를 실시하면서 공학연구센터 중에 인공위성 연구 센터에게 최하 점수를 부여했다. 인공위성 연구 센터는 산학 협력과 제품 실용화에서 최하위 점수를 받았고, 심지어 인력 양성에서도 하위 점수를 받았다. 소위 ‘인공위성 연구 센터 2차 파동’이 시작되었던 것이다.

인공위성 연구 센터의 연구원들은 자신들을 인력 양성에 실패한 집단으로 평가하면서 센터를 폐쇄하라는 정부의 조치를 납득하기 어려웠다. 연구원들은 한 달 동안 출근을 거부하는 집단 행동을

9 태의경, 「카이스트 인공위성연구센터의 위성 기술 습득과 개선 과정 고찰」, 109쪽.

벌이기도 했다. 그들은 거듭되는 격론 끝에 '우리끼리 벤처 기업을 만들자'는 것으로 뜻을 모았다. 우리별 사업을 주도했던 27명의 유학생 중에 11명은 창업의 길에 합류했고, 8명은 대학 교수로, 나머지는 다른 직장으로 자리를 옮겼다.

이러한 과정을 거치면서 1999년 12월에는 유상근, 박성동, 김병진의 주도로 한국 최초의 우주항공 벤처기업인 ㈜쎄트렉아이(Satrec Initiative)가 출범했다. 쎄트렉아이는 인공위성연구센터의 영어 표기인 '쎄트렉'과 주도권을 뜻하는 '이니셔티브'의 첫 글자를 합친 것이다. 쎄트렉아이는 '우리가 벌어서 우리가 연구하자'는 취지를 내걸면서 대덕연구단지 내에 둥지를 틀었다. 쎄트렉아이는 그동안 축적된 위성 제작 기술을 세계 각국에 판매한다는 목표를 세웠으며, 방사선 검출기와 광학 기기를 비롯한 부대 기술도 영업 아이템으로 삼았다.

쎄트렉아이는 2000년에 IMT-2000 기술을 지상에서 시연하는 장치를 개발하는 것으로 사업을 시작했다. 2001년에는 말레이시아의 인공위성인 라자크새트(RazakSAT)를 개발하는 계약을 체결하여 한국 최초로 우주 기술을 수출하는 데 성공했다. 아랍에미리트의 두바이샛(DubaiSat) 1호와 2호, 스페인의 데이모스(Deimos) 1호와 2호도 쎄트렉아이의 작품이다. 쎄트렉아이는 2008년부터 상장 기업으로 운영되고 있으며, 당시 208억 원이던 매출액은 2019년에 702억 원으로 늘었다. 2021년에는 한화에어로스페이스가 1,089억 원을 투자하여 최대 주주가 되었다.

최순달은 2001년 1월부터 2006년 12월까지 쎄트렉아이 회장을 맡았고, 2007년 9월부터 2009년 2월까지 대덕대학 학장을 지냈다. 2005년에는 자전적 회고록에 해당하는 『48년 후 이 아이는 우리나라 최초의 인공위성을 쏘아 올립니다』를 발간했다. 최순달은 2014년 10월 18일에 83세의 일기로 세상을 떠났다. 일평생 과학기술 발전에 헌신하고 우주개발을 개척한 공훈으로 대전국립현충원 국가사회공헌자 묘역에 묻혔다. 이 묘역에 안장된 과학기술자로는 최순달 이외에도 최형섭, 한필순, 이호왕 등이 있다.

최순달은 1983년에 청조근정훈장을 수훈했고, 1992년 세종문화상 과학상과 2005년 장영실과학문화상을 수상했다. 2014년 12월에는 과학기술훈장 창조장에 추서되었으며, 2017년 12월에는 대한민국 과학기술유공자로 선정되었다.

디지털 이동 통신의 상용화,

CDMA

1980년대에 들어와 선진국들은 이동 통신 시스템을 아날로그 방식의 제1세대에서 디지털 방식의 제2세대로 전환하는 것을 모색하고 있었다. 제2세대 이동 통신 시스템의 선택지에는 시분할다중접속(Time Division Multiple Access, TDMA)과 코드분할다중접속(Code Division Multiple Access, CDMA)이 있었다. 유럽은 TDMA에 기반한 GSM(Global System for Mobile communications)을 1982년에 표준으로 채택한 후 1983년에 상용화 단계에 진입했다. 미국은 1989년에 IS-54 TDMA를 표준으로 채택한 후 시스템 개발을 거의 완료하는 가운데 CDMA의 가능성도 검토하고 있었다. 이러한 상황에서 한국 정부는 1989~1996년에 디지털 이동 통신 시스템 개발 사업을 추진했는데, CDMA를 표준으로 선택했기 때문에 흔히 'CDMA 기술개발 사업'으로 불린다.

CDMA 기술개발 사업은 CDMA 방식의 이동 전화 시스템과 단말기를 개발하는 국가연구 개발 사업에 해당한다. 목표는 그동안 수입에 의존했던 이동 통신 시스템과 단말기를 대체하고, 주파수 사용 효율성을 높인 디지털 방식의 서비스를 제공하며, 급격히 늘어나는 이동 통신 서비스 수요에 대응하는 데 있었다. CDMA 기술개발 사업은 한국전자통신연구소(Electronics and Telecommunications Research Institute, ETRI)를 주관기관으로 삼았으며, 996억 원의 연구 개발비와 연인원 1,042명이 투입되었다. 그 사업이 성공적으로 마무리됨으로써 한국은 1996년부터 CDMA 시스템과 단말기를 이용한 이동 통신 서비스를 세계 최초로 이루어낼 수 있었다.[1]

---

1 이하의 논의는 송성수, 『한국의 산업화와 기술발전』 (들녘, 2021), 340~349쪽; 송성수, 「CDMA 이동 통신 시스템의 개발과 그 의의」, 김병수 외, 『2023년 국립대구과학관 산업과학기술사 연구』 (국립대구과학관, 2023), 25~50쪽에 의존하고 있다.

©ETRI
[그림 1] 1995년 4월 26일에 이수성 국무총리가 CDMA 방식의 이동 통신 서비스로 시험통화를 하고 있는 모습

퀄컴과의 공동 개발 추진

1988년에 체신부(1994년 12월에 정보통신부로 확대·개편됨)는 ETRI가 주관하고 국내 통신 업체들이 참여하는 '디지털 무선 통신 시스템 개발 사업'을 국책 과제로 선정했다. 그것은 1989 ~1992년의 4년 동안 45억 원의 연구비와 연인원 63명의 연구 인력을 투입하여 기지국과 이동 통신 단말기를 개발하는 것을 목표로 삼았다. 1989년에 ETRI는 무선 통신 개발단 단장을 맡고 있던 안병성 박사를 중심으로 이동 통신의 기술개발 동향을 파악하는 기초 연구를 진행했다. 그는 전자 통신 기술을 개척한 공로로 2020년에 과학기술유공자로 선정된 바 있다.

그러던 중 1990년 1월에는 '디지털 무선 통신 시스템 개발 사업'이 '디지털 이동 통신 시스템 개발 사업'으로 확대·개편되었다. 연구 개발의 목표는 기지국과 단말기는 물론 이동 통신 교환기까지 포함하는 전체 시스템을 개발하여 1997년에 상용 서비스를 제공하는 것으로 바뀌었다. 연구 개발의 기간은 1996년으로 연장되었고, 연구 인력은 연인원 441명, 연구비는 608억 원으로 대폭 확대되었다.

1989년에 들어와 ETRI는 연구 개발의 방향을 정립하는 작업을 수행하기 시작했다. 당시에 ETRI가 주목한 방식은 TDMA였다. 유럽에서는 GSM이 개발되어 상용 서비스에 들어갈 예정이었으며, 미국에서는 IS-54 TDMA(US-TDMA)의 개발이 완료되는 단계에 있었다. 그러나 막상 연구 개발을 추진하다 보니 기반 기술이 없는 상태에서 이동 통신 시스템을 자체적으로 개발하는 것이 쉽지 않다는 점을 절감했다. 결국 ETRI는 자체 개발을 포기하고 외국 업체와의 공동 개발로 전략을 수정했다. ETRI는 체신부와 의견을 교환하는 과정에서 향후 개발될 장비의 시장성과 무역 관행을 감안할 때 미국을 모델로 삼는 것이 좋겠다고 결론을 내렸다. ETRI는 IS-54 TDMA 시스템을 개발하고 있던 AT&T, 모토로라, 노던 텔리컴을 접촉했다. 특히 ETRI는 모토로라와 집중적인 교섭을 전개했는데, 당시에 모토로라는 가장 뛰어난 기술력을 보유하고 있었고 한국 시장 진출에도 적극적인 관심을 가지고 있었다.

그러던 중 1990년 11월에 연구 책임자인 이원웅 부소장이 미국 출장을 갔는데, 옛 친구인 오태원 박사의 소개로 NYNEX(New York New England eXchange)의 과학기술 센터를 방문하게 되었다. 거기서 이원웅은 '퀄컴(Qualcomm)'이란 조그만 기업이 CDMA 시스템을 성공적으로 개발하고 있다는 사실을 알게 되었다. 다른 각도에서 보면, 당시에 한국은 디지털 이동 통신 시스템을 개발한다고 하면서도 퀄컴에 대한 정보가 없었을 정도로 기술 동향을 제대로 파악하지 못하고 있었던 셈이다. 이를 계기로 ETRI는 CDMA 방식에 대한 문헌과 실험 결과를 수집하여 타당성을 조사하는 작업을 추진했다.

ETRI는 연구원들의 기술 교육을 위해 대만 출신으로 PacTel(Pacific Telesis Group)의 기술 고문을 맡고 있던 윌리엄 리(William C. Y. Lee)를 초청해 강연을 진행했다. 그는 미국의 이동통신산업협회(Cellular Telecommunications & Internet Association, CTIA)에서 디지털 방식의 표준으로 TDMA를 선정하는 데 중요한 역할을 담당했던 인물이었다. 당시에 ETRI가 리 박사를 초청한 이유도 TDMA에 대한 최신 정보를 수집하는 데 있었다. 그러나 리 박사는 퀄컴의 부사장과 동행하여 ETRI를 방문했으며, TDMA에 대해서는 한 마디도 하지 않은 채 CDMA의 가능성에 대해서만 열띤 강연을 실시했다.

퀄컴은 1985년에 설립된 벤처 기업으로 군사 통신을 위해 개발한 CDMA 기술을 이동전화에 응용하는 작업을 추진하고 있었다. 그러나 1990년만 해도 퀄컴이 제안한 CDMA 방식이 미국에서 표준으로 선정될 수 있는지, 통신 사업자들이 그것을 바탕으로 상용 서비스를 제공할 것인지가 확실하지 않았다. 또한 퀄컴은 CDMA 방식의 원천 기술만을 가지고 있었기 때문에 이동 전화 시스템을 상용화하기 위해 필요한 전자 교환기와 관련된 기술이 부족했고, 실험실 수준의 제작 능력은 보유하고 있었지만 제조 기술이나 대량 생산 기술이 취약했다. 이러한 상황에서 퀄컴은 CDMA 방식을 이동 통신 기술의 세계적 표준으로 정립한다는 목표를 가지고 핵심 특허에 관한 라이선싱을 통해 가능한 많은 국가와 기업에게 기술을 이전하고자 하는 의지를 보였다.

ETRI는 CDMA 방식을 다각도로 분석한 결과 그것이 TDMA 방식에 비해 상당한 장점을 가지고 있다는 결론을 내렸다. 1991년 1월에

ETRI는 샌디에이고에 소재한 퀄컴사를 방문하여 CDMA 기술에 대한 상세한 설명을 들은 후 실용화 개발에 대해 협력할 것을 제안했다. 당시 한국에는 CDMA에 관한 원천 기술이 없었기 때문에 퀄컴으로부터 원천 기술을 전수받은 후 이를 바탕으로 시스템과 단말기를 개발하고자 했던 것이다. 퀄컴의 입장에서는 연구 개발 활동에 자금을 지원해 줄 능력이 있고 시분할 교환(Time division exchange, TDX) 방식의 전자 교환기에 관한 기술을 보유한 한국의 제안이 좋은 기회로 여겨졌다. ETRI와 퀄컴은 CDMA 실용화 기술의 개발에 관한 국제공동연구를 추진하기로 합의하면서 기술 협력 각서(technical cooperation agreement)를 체결했다.

당시의 상황에 대해 약 30년 동안 월간 《정보와 통신》의 편집장으로 재직하면서 한국 정보통신의 역사를 탐구한 이기열은 다음과 같이 썼다. "미국에서 퀄컴이라는 괴상한 이름의 벤처 기업이 나타나 새로운 디지털 이동전화 방식으로 CDMA를 선보였다. CDMA는 TDMA에 비해 가입자 수용 용량이 훨씬 크다는 장점을 가지고 있었다. TDMA가 아날로그 방식에 비해 4배가량인데 비해 CDMA는 10배나 더 용량을 늘릴 수 있었다. 또 음질이 뛰어나고 보안성이 좋다는 매력도 지니고 있었다. 그럼에도 그때까지 상용화된 제품을 내놓지 못해 어디까지나 이론상으로만 가능한 방식이었다. 게다가 자동차 트렁크에도 넣기 어려울 만큼 단말기가 컸다. 그러자 통신은 되겠지만, 그것을 어떻게 들고 다니며 통화하겠냐며 비웃는 사람도 있었다."[2]

2 이기열, 『정보통신 역사기행』 (북스토리, 2006), 263쪽.

1991년 5월 6일 샌디에이고에서는 ETRI의 경상현 소장과 퀄컴의 어윈 제이콥스(Irwin Jacobs) 사장이 참석한 가운데 공동 개발 협약(Joint Development Agreement, JDA)이 체결되었다. 협약의 주요 내용은 ETRI가 1,695만 달러의 연구 개발비를 부담하고 퀄컴은 일정액의 연구 개발비와 원천 기술을 제공하여 CDMA 방식의 대도시용 이동 전화 시스템을 동일한 사양으로 함께 개발한다는 데 있었다. 또한 한국 내부의 통신 업체를 선정하여 별도의 협약 하에 개발된 제품을 생산·판매한다는 내용도 담겨 있었다. 이와 함께 공동 기술개발은 4단계의 단계별 협약의 방식으로 추진하며 한 단계의 평가를 거쳐 다음 단계의 수행 여부를 검토하기로 했다. 이처럼 단계별 협약 방식이 채택된 이유는 벤처 기업에 불과한 퀄컴과의 공동 기술개발이 성공적으로 이루어질 수 있는가, 기술료가 너무 비싼 것은 아닌가 하는 비판이 제기되고 있었기 때문이었다.

1991년 가을에 ETRI는 연구 인력 6명을 퀄컴에 파견했으며, 퀄컴은 4개의 셀 사이트로 구성된 시험 시스템을 설치했다. 많은 가입자를 수용할 수 있는 용량을 얻기 위하여 정교한 출력 제어 방식을 구현한 후 실용화 검증을 성공적으로 수행했다. 이러한 연구 결과는 같은 해 12월에 워싱턴에서 개최된 CTIA의 포럼에서 발표되었다. 퀄컴의 현장 시험 결과에 대한 발표는 포럼의 참석자들에게 강한 인상을 남겼고, 많은 전문가들이 CDMA 방식에 긍정적인 시선을 보이기 시작했다. 우리나라에서는 ETRI 이외에도 신규 사업에 진입하기 위해 계획서를 준비하던 통신 업체들이 참여했다. ETRI는 그동안 내부적으로 검토한 결과와 파견 연구원들의 제안을 바탕으로 CDMA 상용화 시스템의 본격적인 개발을 결심하기에 이르렀다.

©ETRI
[그림 2] 1993년 CTIA 포럼에 참석한 ETRI 구성원들. 가운데가 안병성 박사이다.

답보 상태에 머문 기술 학습

1992년에 들어서는 상용화 시스템 개발을 위한 2단계 협상이 시작되었다. 국내 업체가 공동 개발에 참여하는 조건, 상용화 제품을 출시할 때의 기술료 조건, 그리고 구체적으로 수행할 업무와 결과에 대해 협상이 이어졌다. 3~4개월의 지루한 협상 끝에 1992년 4월 말에는 2단계 공동 기술개발 협약이 체결되었다. 국내 공동 개발 업체의 자격, 참여 비용, 기술료 등이 정해지는 가운데 국내 업체가 퀄컴에게 지급하는 기술료의 20%를 ETRI가 받기로 합의되었다. 국내 업체가 CDMA 원천 기술을 도입하는 대가로 퀄컴에 지급하기로 한 기술료는 단말기의 경우 내수용이 5.25%, 수출용이 5.75%, 시스템의 경우 내수용이 6%, 수출용이 6.5%였다.

곧이어 한국 정부는 다음과 같은 6개 항의 공동 개발 추진 방침을 정했다. 첫째, ETRI를 주관 연구 기관으로 하고 우리나라 국가 표준안의 기술적 골격을 작성한다. 둘째, 교환기와 기지국은 ETRI가 중심이 되어 공동 개발을 추진하고 단말기는 산업체 위주로 개발한다.

셋째, 시제품 제작은 공동 개발에 참여한 산업체가 시행한다. 넷째, 연구 개발비의 재원은 정부 출연금 및 참여 업체의 분담금으로 한다. 다섯째, ETRI에 파견된 참여 업체의 연구 개발 인력은 ETRI가 총괄 관리한다. 여섯째, 교환기·기지국·단말기 등에 대한 참여 업체는 3개 업체로 하여 우선 선정하여 개발에 참여시키고, 단말기 분야의 나머지 1개 업체는 추후 별도로 선정한다.

1992년 9월에는 CDMA 기술개발 사업에 참여를 희망하는 업체를 대상으로 사업 제안 설명회가 개최되었고, 같은 해 12월에는 참여업체 들이 선정되었다. 이동 통신 시스템 개발 업체로는 삼성전자·금성정보통신·현대전자가, 단말기 개발 업체로는 삼성전자·금성정보통신·현대전자·맥슨전자가 선정되었다. 처음에는 삼성전자와 금성정보통신이 퀄컴에 지급해야 할 기술 사용료와 연구 개발 사업에 분담해야 할 민간 출연금이 과다하다는 이유로 참여하지 않겠다는 뜻을 비치기도 했다. 이에 ETRI는 국내 통신 시장에 새롭게 진출할 기회를 잡은 현대전자를 설득하여 우선적으로 공동 기술개발 계약을 체결했다. 현대전자의 계약은 다른 업체들에게 이동 통신 시스템 시장에서 배제될 수도 있다는 위기감을 조성했으며, 결국 삼성전자와 금성정보통신도 ETRI와 공동 기술개발 계약을 체결하게 되었다.

이처럼 CDMA 기술개발 사업에 관한 추진 체계는 정립되었지만 1992년까지도 시스템 설계는 적절히 추진되지 못했다. 퀄컴이 제시한 시스템의 개념 설계는 일관성이 부족했으며 명확한 틀을 가지고 있지 않았다. 또한 퀄컴은 상용 시스템을 설계·제작하는 것보다 시험용 시스템과 부품을 개발하는 데 연구 개발의 초점을 맞추고 있었다. ETRI의 경우에도 CDMA 기술을 충분히 이해하지 못했기 때문에 본격적인 기술개발을 수행할 수 없었다. 이와 함께 1997년까지 상용화하겠다는 당시의 계획은 연구원들에게 CDMA 기술개발을 먼 미래의 일로 간주하게 하여 큰 부담감을 주지 않았다. 당시에 퀄컴에 파견되었던 ETRI 연구진의 활동도 퀄컴이 수행하는 몇 가지 시험에 참여하거나 퀄컴의 연구원들과 토론하는 정도에 지나지 않았다.[3]

그러던 중 1992년 12월에는 퀄컴이 개발한 이동 시험 시스템(Roving Test System, RTS)이 ETRI에 구축되었다. ETRI의 이동 시험 시스템은 퀄컴에 파견되어 해당 장비에 관한 교육을 받고 돌아온 인력들에 의해 설치되었다. ETRI는 이동 시험 시스템을 전화 교환국과 연결하는 데 상당한 어려움을 겪었지만, 북(北)대전 전화국의 직원들이 적극 도와주고 금성정보통신이 일부 장비를 대여해 준 덕분에 시스템을 가동시킬 수 있었다. 이동 시험 시스템은 별 이상 없이 작동했으며, ETRI의 기술 학습에 많은 도움을 주었다. 덕분에 미국에 파견되지 않았던 ETRI의 인력들도 CDMA의 원천 기술에 대한 지식을 학습할 수 있었다.

ETRI는 1993년 3월에 퀄컴이 제시한 설계를 바탕으로 시스템의 구조를 설정한 후 시험 시제품인 KSC-1(Korean Cellular System-One)의 개발에 착수했다. 일반적으로 통신 시스템을 개발하는 단계는 시험 시제품 개발, 실용 시제품 개발, 상용 시제품 개발로 구분되는데,

3　송위진, 『기술정치와 기술혁신: CDMA 이동통신 기술개발 사례 분석』 (한국학술정보, 2007), 202~203쪽.

퀄컴과의 공동 연구 개발이 시작된 지 2년이 넘어서야 시험 시제품의 설계가 확정되어 개발에 들어가게 된 것이었다. KSC-1은 ETRI가 확보하고 있었던 교환 기기술인 TDX-10에 이동 시험 시스템(RTS)을 결합한 성격을 띠고 있었다. KSC-1은 시험 시제품이었기 때문에 이동 통신 시스템의 기본 기능을 확인하고 개발의 위험성을 최소화할 수 있는 정보를 제공해줄 수는 있었지만, 경제성이 결여되었다는 한계를 가지고 있었다.

스스로 던진 비장의 승부수

CDMA 기술개발 사업에 적색 신호가 들어오기 시작하자 정부가 이를 해결하는 역할을 맡았다. 1993년 6월에 체신부는 제2이동전화사업자가 디지털 방식의 국산 장비를 사용하여 1995년부터 서비스를 제공할 것이라는 계획을 내놓았다. 그리고 디지털 이동 전화의 국가 표준은 CDMA 방식이며 제2사업자 선정은 1994년으로 연기한다고 발표했다.

체신부의 정책 결정은 당시의 정치적 상황과 정부 부처 사이의 경쟁에서 비롯된 것이었다. 1992년 체신부는 급속히 증가하는 이동 전화 수요에 대응하기 위해 한국이동통신(KMT) 이외의 신규 사업자를 선정하는 계획을 추진하여 우여곡절 끝에 선경그룹이 주도한 대한텔레콤을 제2사업자로 선정했다. 그러나 선경이 노태우 대통령과 사돈 관계에 있어 상당한 정치적 파문을 일으켰고 결국 선경은 배정받은 사업권을 반납하기에 이르렀다. 이러한 상황에서 재벌에 대한 특혜 시비를 불러일으킬 수밖에 없는 제2사업자 선정을 곧바로 추진하는 것은 정책적 실패로 이어질 가능성이 많았다.

다른 한편으로는 이동 통신 산업의 주도권을 둘러싸고 정부 부처 사이에 경쟁이 벌어지고 있었다. 당시 상공자원부는 CDMA 방식으로는 해외 시장을 형성하기 어렵기 때문에 제품 판매가 국내에 국한될 수 있다고 주장하면서 TDMA 방식에 입각한 GSM 기술개발 사업을 추진하고 있었다. 이와 함께 상공자원부는 국내에서 개발된 이동 통신 장비를 활용하기 위해서는 1994년으로 예정되어 있는 제2사업자의 서비스 시점을 연기해야 한다고 주장했다. 이러한 정치적 난관과 상공자원부의 견제를 돌파하기 위하여 체신부는 1993년 6월에 사업자 선정, 서비스 방식, 기술개발 시기 등을 서로 연계시키는 정책을 제시했던 것이다.

이러한 체신부의 정책은 CDMA 기술개발 사업에 관한 주체들에게 커다란 위기를 안겨주었다. 만약 1995년까지 CDMA 기술이 성공적으로 개발되지 않는다면 국산 장비로 서비스를 제공하기 위해 사업자 선정 시기를 연기한다는 정책은 완전한 실패로 끝날 것이었다. 또한 정부의 전폭적인 지원을 받고 있었던 ETRI는 정해진 기간 내에 상용 제품을 개발하지 못한다면 그 존립 근거에 심각한 상처를 입을 수밖에 없었다. 참여 업체들도 막대한 자금과 인력을 투여한 사업이 실패하면 엄청난 손실을 감수해야만 했다. 1995년까지 국산 제품을 개발하지 못한다면 제2사업자가 외국 제품을 들여와 서비스를 시작하게 되며, 그럴 경우에는 국산 제품으로 대체하는 것이 매우 어려워지기 때문이었다.

CDMA 기술개발 사업을 상세히 연구했던 송위진은 이러한 위기가 주어진 것이 아니라 구성된 성격을 띤다는 점에 주목했다. CDMA

기술개발 사업의 위기는 외부 상황의 변화로 준비 없이 마주치게 된 '주어진 위기(imposed crisis)'가 아니라 체신부와 ETRI에 의해 자발적으로 '구성된 위기(constructed crisis)'였다는 것이다. 체신부의 입장에서는 제2사업자 선정과 상공자원부와의 경쟁으로 인한 난국을 벗어나기 위해 의도적으로 취한 조치였다. ETRI의 경우에도 강요된 결정이 아니라 자신의 의지가 반영된 산물이었다. 사실상 체신부는 의사 결정을 내리기 전에 ETRI에게 의견을 조회했고, ETRI는 기술개발 기간의 단축이 가능하다는 입장을 보였다. ETRI로서도 지지부진한 기술개발 과정을 일신하겠다는 의지를 가지고 있었던 셈이다.[4]

체신부의 정책 결정과 그에 따른 위기의 도래는 CDMA 기술개발 사업의 추진 과정에 커다란 변화를 가져왔다. 우선 1993년 6월에는 CDMA 기술개발 사업을 조정하고 상용화를 촉진하기 위해 한국이동통신 내에 이동 통신 기술개발 사업 관리단이 설치되었다. 부사장급인 단장으로는 이전에 TDX 기술개발 사업을 효과적으로 관리했던 서정욱 박사가 선임되었다. 서정욱은 당시까지 수행되었던 CDMA 기술개발 사업에 대해 "공동 개발을 한다는 사람들이 게임의 규칙이나 운영자와 합의된 규격도 없이 외국 업체가 개발한 CDMA 시범장치(RTS)를 모방하고 있었다"고 평가했다.[5]

또한 체신부 장관(윤동윤)이 ETRI 소장(양승택)과 이동 통신 기술개발 사업 관리 단장(서정욱)으로부터 CDMA 기술개발 사업의

---

4 송위진, 『기술정치와 기술혁신』, 211~212쪽.

5 서정욱, 『미래를 열어온 사람들: 통신과 함께 걸어온 길』 (한국경제신문사, 1996), 138쪽.

추진 상황을 보고받는 체제가 도입되었다. 체신부 장관이 특정한 기술개발 사업에 대해 정기적으로 보고를 받으면서 직접적인 관심을 보인 것은 매우 이례적인 일이었다. 이와 함께 ETRI에서는 기술개발 사업의 추진 현황을 매주 소장에게 보고하는 주간 보고 제도가 도입되었는데, 이 제도도 ETRI의 역사상 처음 시도된 것이었다. 이러한 배경에서 CDMA 기술개발 사업은 ETRI의 핵심 사업으로 선정되어 다른 기술개발 사업에 비해 물적·인적 자원을 최우선적으로 배분받을 수 있었다.

ETRI는 1993년 8월에 퀄컴과 동일한 시스템을 구축한다는 계획을 포기하면서 독자적인 설계를 통해 시스템 개발을 추진한다는 방침을 세웠다. 당초의 공동 기술개발 계획은 퀄컴이 단말기·기지국·제어국의 기술을 토대로 전체적인 설계를 제시하고, ETRI는 이를 바탕으로 시스템을 설계·개발하여 퀄컴과 ETRI가 동일한 사양의 시스템을 개발하는 것이었다. 그러나 연구 기간이 2년이나 단축되면서 ETRI는 퀄컴이 완전한 설계를 제시할 때까지 기다릴 수만은 없게 되었다. 이에 ETRI는 퀄컴이 명확히 제시하지 못한 부분은 외국의 기술을 도입해서라도 빨리 개발해야 한다고 결정했으며, 퀄컴에게는 ETRI가 제시한 시스템 구조를 보다 적극적으로 지원해줄 것을 요청했다. 독자적인 설계에 입각한 새로운 시스템의 명칭은 KSC-2(Korean Cellular System-Two)였으며, 그것은 나중에 CMS-2(CDMA Mobile System-Two)로 바뀌었다. CMS-2는 시험 시제품인 KCS-1과 달리 상용 시제품으로서 경제적인 측면들을 고려한 시스템이었다.

ETRI가 독자 설계의 상용 시스템을 개발하겠다고 계획을 바꾼 것은 연구 개발 기간을 단축한다는 결정에 의해 촉발되었지만, 기술 학습의 과정에서도 커다란 의미를 갖는 것이었다. 퀄컴으로부터 수동적으로 기술을 이전받고 개발하던 방식에서 내부적인 통제 하에 주체적으로 기술을 개발하는 방식으로 전환하게 되었기 때문이다. 이러한 상황이 전개되면서 과거 TDX 기술개발 사업을 수행하면서 축적된 지식 기반과 기술 관리 능력이 CDMA 기술개발 사업에 본격적으로 활용되기 시작했다. 1994년 3월에는 안병성 박사의 후임으로 TDX-10 기술개발 사업을 총괄했던 박항구 박사가 ETRI의 교환기술연구단 단장으로 부임했으며, TDX-10 기술개발 사업에 참여한 인력들이 CDMA 기술개발 사업의 하부 프로젝트를 책임지는 팀장을 맡게 되었다. 훗날 박항구 단장은 "당시 실험실(STP)이 지하에 있었는데, 그 방 입구에 'CDMA WAR ROOM(CDMA 전쟁실)'이라고 써 붙였습니다. 사무실에 야전 침대를 갖다 놓고 모든 연구진이 개발에 몰두했습니다"라고 회고한 바 있다.[6]

한편 이동 통신 기술개발 사업 관리단은 1993년 12월에 사용자의 입장에서 시스템이 구현해야 할 내용과 구성을 구체화한 '사용자 요구 사항'을 제시함으로써 CDMA 기술개발 사업의 방향을 잡아주었다. 즉 시스템이 수용할 수 있는 회선 용량과 동시 통화가 가능한 회선 수 등을 결정해 줌으로써 기술개발상에서 연구소와 업체들이 공동으로 준수해야 할 규칙을 제시했던 것이다. 이를 통해 ETRI와 업체들 사이에 전개되었던 제품의 설계 명세를 둘러싼 갈등이 어느 정도 해소될 수 있었다. 이렇게 기술개발의 방향성이 제시되고 공동의 설계

6 이현덕, 「정보통신부 그 시작과 끝(54)」, 《전자신문》(2011. 6. 30).

규칙이 마련되자 ETRI는 물론 참여 업체들의 기술개발 활동에도 가속도가 붙기 시작했다. 당시에 참여 업체의 연구원들은 1일 3교대로 밤낮없이 상용 제품을 개발하는 데 몰두하는 모습을 보였다.

1993년 12월에 체신부는 '이동 전화 사업 추진 계획'을 확정하여 발표했다. 신규 사업자의 선정과 한국이동통신의 민영화를 연계하여 추진하고, 신규 사업자는 컨소시엄 방식을 통해 선정하되 그 구성은 전국경제인연합회(전경련)에 위임한다는 것이었다. 전경련의 제2이동전화사업자 선정 작업은 포항제철과 코오롱의 대결로 압축되었고, 1994년 2월에는 1대 주주를 포항제철, 2대 주주를 코오롱으로 하는 단일 컨소시엄이 구성되었다. 이와 함께 향후 민영화될 한국이동통신에는 선경이 대주주로 참여하는 것으로 합의가 이루어졌다. 1994년 5월에는 포항제철과 코오롱의 컨소시엄을 중심으로 신세기이동통신이 창립되었고, 같은 해 6월에는 회사명이 신세기통신으로 바뀌었다. 체신부는 1994년 6월에 제2이동전화사업자를 신세기통신으로 확정했으며, 신세기통신은 1996년 1월에 국산 장비를 사용한 CDMA 방식의 디지털 이동 통신 서비스를 제공하겠다고 발표했다.

가속도가 붙은 기술개발

1994년 초만 해도 ETRI를 바라보는 외부의 시선은 달갑지 않았다. ETRI가 정해진 기간 내에 CDMA 상용 시스템을 개발하는 것은 불가능하다는 기사들이 보도되었으며, 용량 면에서 CDMA가 TDMA보다 뒤떨어진다는 논문들이 발표되기도 했다. ETRI의 연구원들은 업무 진척에 대한 불신의 눈초리를 받는 상황에서도

"우리가 이룩할 결과로서 보여 주겠다"는 의지로 서로 격려하면서 연구에만 매진했다. 그들은 밤을 새워가며 기술개발에 몰두하는 바람에 잠이 모자라 실험실 귀퉁이에서 잠시 눈을 붙이는 일이 허다했다.[7] CDMA 기술개발에 실패하면 개발팀뿐만 아니라 ETRI 전체가 위태롭게 될 것이라는 비장한 분위기였다.

1994년 4월에는 CDMA 기술개발 사업의 성과가 가시화되기 시작했다. KCS-1에 의한 시험 통화가 최초의 성공을 거두었던 것이다. ETRI가 연구 개발 기간을 단축시키기 위해 KCS-1와 CMS-2를 동시에 개발하는 동시공학(concurrent engineering)을 시도했다는 점도 주목할 만하다. KCS-1은 CDMA 시스템의 기본 기능을 확인하기 위한 시험 무대로 사용하는 한편, CMS-2 시스템의 부분별로 경제성 있는 개량 모델을 개발하여 효율적이고 안정적인 상용화를 추진하는 작업이 이루어졌던 것이다. 1994년 6월에는 CMS-2 시스템에 관한 연동 시험이 시작되었고, 같은 해 10월에는 차량형 단말기를 사용한 현장 시험에 들어갔다.

당시의 기술개발 분위기에 대해 ETRI의 한 연구원은 다음과 같이 회고했다. "개발이 본격적으로 추진되기 시작한 93년 말부터 이동 통신 시스템에 관련된 모든 연구원들은 휴일에 상관없이 밤낮으로 정말 열심히 연구에 임했다. 15년 만의 더위라는 94년 그 더웠던 여름도 더운 줄 모르고 모두 STP(System Test Plant)실에서 개발에 열중했다. 애가 아파서 병원에 가더라도 저녁 늦게 다시 연구소로 출근하여 밤을 새워 가면서 시스템 개발에 최선을 다했다. 그리고 언제라도 필요시

---

7 한기철, 『CDMA 이동통신기술 세계 최초 상용화』, 연구개발정책실, 『연구개발 성공사례 분석』(과학기술정책관리연구소, 1997), 129~130쪽.

©ETRI
[그림 3] ETRI 내부의 CDMA
이동 통신 시스템

담당 연구원을 호출하기 위해서 모든 연구원들에게 삐삐(Pager)를 나누어주어 언제라도 문제가 발생하면 담당 연구원이 실험실로 와서 문제를 해결했기 때문에 일의 추진이 나날이 빨라져 갔다. 연동 시험이 계속되면서 시스템 관련 연구원들이 모두 야근을 하기 시작했고, 시험을 진행하다보면 식사 시간을 놓치는 경우도 많았다. 연구원들의 이런 사정을 잘 아신 한 보직자께서 저녁에 실험실에 있는 연구원들을 위해서 돼지족발을 사 오셨다. 정말 이때 먹은 돼지족발은 그 언제 먹은 돼지족발보다 더 맛있게 먹었고, 밤이 늦고 다음날 새벽이 올 때까지 연동 시험에 시간가는 줄 몰랐다. 이렇게 모든 보직자들과 연구원들이 한마음으로 서로를 생각해 주었으며, 개발이 본격화되면서 연동 시험의 진척에 가속이 붙었다."[8]

참여 업체들은 1994년 4월부터 업체당 34명의 개발인력을 ETRI와 퀄컴에 파견해 공동 작업을 추진했다. 참여 업체들은 ETRI의 설계를 바탕으로 시스템을 제작하고 상용 제품을 개발하는 역할을 담당했다.

8 한기철, 「CDMA 이동통신기술 세계 최초 상용화」, 130~131쪽.

제어국(control station)은 삼성전자와 현대전자, 기지국(base station)은 금성정보통신와 현대전자, 그리고 교환기(mobile switching center)는 삼성전자와 금성정보통신이 시작품을 만들어 이를 ETRI에 납품하고, ETRI는 그것들을 전체 시스템으로 통합하는 작업을 담당했다. 그러나 참여 업체들이 자신에게 할애된 부분만을 담당한 것은 아니었다. 맥슨전자를 제외한 기업들은 내부적으로는 모두 자체적인 이동 통신 시스템을 개발하고 있었다. ETRI는 각 업체가 개발·납품한 제품에 대한 정보를 공개함으로써 다른 참여 업체들에게 정보와 지식이 공유될 수 있는 조건을 마련해 주었다.

이동 통신 기술개발 사업 관리단은 업체들과 여러 차례의 협의를 거쳐 사용자 요구 사항을 보완하여 정식 규격으로 발전시켰다. 사업 관리단은 1994년 5월에 1,000여 개의 상용 시험 항목을 업체에 통보했으며, 7월에는 상용 시험 절차서를 작성했다. 1994년 9월에는 삼성, 11월에는 현대와 금성이 54항목의 예비 시험을 차례로 통과했다. 이어 1995년 1월에는 금성이 108개 항목의 1차 상용 시험에 통과함으로써 CDMA 상용화에 대한 확신을 가지게 되었다. 삼성과 현대도 2월과 3월에 잇달아 1차 상용 시험을 성공리에 마쳤다.

이처럼 CDMA 기술개발 사업이 가속화되고 있던 중에 신세기통신은 아날로그 방식으로 서비스를 할 수 있게 해달라고 정보통신부에 요청했다. CDMA 방식으로 예정된 시간에 서비스를 제공할 수 있는지에 대해 의문을 품었던 것이다. 신세기통신에 주주로 참여한 미국 업체들도 공식적 건의나 외교적 통로를 통해 압력을 행사했다. 신세기통신이 아날로그 방식으로 서비스를 한다면 모토로라의 슈퍼셀

장비가 도입될 것이라는 소문도 떠돌았다. 이러한 신세기통신의 행보에 대해 정보통신부는 일관된 정책을 바탕으로 강력한 조치를 취했다. 만약 신세기통신이 아날로그 방식을 도입하는 것은 제2사업자 허가 때 제시된 조건에 위배되므로 허가를 취소하겠다고 엄포를 놓았다. 결국 신세기통신은 국산 장비를 활용해 CDMA 서비스를 제공하는 길을 선택하게 되었다.

1995년 3월에는 사업 관리단 단장을 맡고 있던 서정욱이 한국이동통신의 사장으로 임명되었다. 한국이동통신은 갑작스럽게 참여 업체 3사에게 CDMA 장비를 구매하겠다는 제안 요구서를 발송했다. 한국이동통신도 조기에 디지털 방식으로 서비스를 제공하겠다는 메시지였다. 이러한 행보는 한국이동통신이 향후 신세기통신과의 경쟁에서 우위를 차지하겠다는 전략에서 비롯되었다. 또한 한국이동통신의 아날로그 시스템이 가진 수용 용량의 한계를 돌파하기 위한 목적도 깔려 있었다. 참여 업체 3사에게는 한국이동통신의 의사결정이 CDMA 초기 시장의 급속한 확대를 의미했다. 참여 업체 3사는 그동안 신세기통신의 발주 물량에만 신경을 써 왔지만, 이제는 더욱 큰 규모의 시장을 상대로 경쟁을 벌일 수 있게 되었다.

1995년에는 CMS-2의 기능 개선 및 안정화를 위한 시스템 보완 작업과 상용화를 위한 시스템 시험이 계속되었다. ETRI는 대덕연구단지 주변에서, 참여 업체들은 서울 장안동의 한국이동통신 네트워크 센터에서 상용화 현장 시험을 수행했다. CDMA의 상용성이 확인되면서 신세기통신과 한국이동통신은 이동 통신 서비스를 위해 공급 업체를 선정하는 작업을 진행했다. 신세기통신은 1995년 3월 31일에 삼성전자를 1차 공급자로, 한국이동통신은 같은 해 5월 1일에 LG정보통신(금성정보통신의 후신)을 1차 공급자로 선정했다. 5월 30일에는 LG정보통신이 830개 항목의 상용 시험을 통과했고, 곧이어 한국이동통신은 수도권에서 시범 운용에 들어갔다.

정보통신 기술을 선도하다

드디어 1996년 1월 1일에는 한국이동통신이 부천과 인천 지역에서 세계 최초로 CDMA 방식의 이동 통신 서비스를 개시했고, 4월 1일에는 신세기통신이 서울과 대전 지역에서 CDMA 상용 서비스를 시작했다. 1996년 4월 26일에는 이수성 국무총리가 참석한 가운데 대전의 ETRI에서 CDMA 상용 서비스에 관한 공식적인 개통식이 거행되었다. 당초의 계획대로 1995년에 상용 제품의 개발이 완료되었고, 1996년부터 CDMA 이동 통신 서비스가 실현되었다. 이로써 한국은 이동 통신 변방 국가에서 주연 국가로 도약했다.

새로운 이동 통신 시스템이 성공적이라는 지표로는 가입자 수 100만 명이 거론되는데, 우리나라에서는 CDMA 이동 통신 가입자가 100만 명을 돌파하는 데도 많은 시간이 소요되지 않았다. 한국이동통신의 경우에는 1997년 3월에, 신세기통신의 경우에는 1997년 9월에 CDMA 가입자 100만 명을 넘어섰다. 이때부터 세계 각국이 한국의 상황을 주시하게 되었다. "이동 통신 기술 기반이나 경험이 없었던 한국이 어떻게 CDMA 방식을 개발 표준으로 선정하였고, 상용화 개발은 또 어떻게 성공적으로 이끌어갔는가?"라는 놀람과 찬사가

이어졌다.[9]

CDMA 기술개발 사업이 한창이던 1994년에 PCS(Personal Communication Service) 기술개발 사업이 추진되었다는 점도 주목할 만하다. 제2세대 이동 통신 서비스인 CDMA에 대비해 PCS는 제2.5세대로 분류되기도 하는데, PCS는 기존의 주파수 대역보다 2배 이상 더 높은 1.8GHz 대역을 사용하는 개인용 휴대 통신에 해당한다. 우리나라에서는 1997년에 PCS 기술개발 사업이 완료된 후 한국통신프리텔(KTF), 한솔텔레콤, LG텔레콤이 PCS 방식의 이동 통신 서비스를 개시했다. 이로써 한국의 이동 통신 서비스는 5개 사의 경쟁 체제가 형성되는 가운데 사업자별 식별 번호로 SK텔레콤(한국이동통신의 후신)은 011, 한국통신프리텔은 016, 신세기통신은 017, 한솔PCS는 018, LG텔레콤은 019를 배정받았다.

©wikipedia
[그림 4] 5가지 식별 번호를 모두 표방하고 있는 휴대폰 가게(2019년)

9 한국공학한림원, 『한국산업기술발전사: 정보통신』(2019), 140쪽.

이어 2000년에는 신세기통신이 SK텔레콤에, 한솔PCS가 KTF에 합병됨으로써 SK텔레콤, KTF, LG텔레콤의 3개 사 경쟁 체제로 개편되었다. 2004년에는 신규가입자의 식별 번호가 010으로 통일되었고, 2009년에는 KTF가 한국통신(KT)에 합병되었으며, 2010년에는 LG텔레콤이 LGU플러스로 상호를 바꾸었다.

CDMA 기술이 상용화되면서 휴대 전화 산업의 구조도 크게 변화했다. 모토로라와 같은 외국 업체 위주에서 삼성전자를 비롯한 국내 업체 중심으로 휴대 전화 시장이 재편되었던 것이다. 1996년을 기준으로 국내에서는 102만 대의 단말기가 판매되었는데, 모토로라의 점유율은 20%를 약간 넘어섰고 국내 업체의 점유율은 80%에 육박했다. 모토로라는 한국의 휴대 전화 시장에서 1991~1995년만 해도 40~60%를 차지했지만, 1990년대 말이 되면 거의 자취를 감추게 된다.

국내 휴대전화 시장의 기업별 점유율 변화(1991~1999년)

단위: %

기업명	1991년	1992년	1993년	1994년	1995년	1996년	1997년	1998년	1999년
모토로라	42.0	45.4	57.4	51.9	51.9	20.8	-	2.0	13.6
삼성전자	20.0	19.4	14.0	19.7	30.0	44.5	58.9	52.8	45.0
LG정보통신	9.2	8.6	5.0	4.0	3.8	14.8	33.3	26.4	21.8
현대전자	9.4	7.8	-	1.3	0.3	6.5	4.2	11.9	8.6
기타	19.4	18.8	23.6	23.1	14.0	13.4	3.5	6.9	11.0

CDMA 기술개발 사업은 21세기에 들어서도 우리나라가 이동

통신 강국으로 발전할 수 있는 기반으로 작용했다. 한국은 제2세대 이동 통신에 이어 제3세대, 제4세대, 제5세대 이동 통신에서도 세계를 선도했다. 제3세대 이동 통신에 해당하는 IMT-2000(International Mobile Telecommunication 2000)과 휴대 인터넷 와이브로(Wireless Broadband internet, WiBro)는 각각 2002년과 2006년에 상용화되었다. 2011년에는 제4세대 이동 통신인 LTE-Advanced(Long Term Evolution Advanced)를 개발하는 데 성공했으며, 2019년에는 스마트폰 기반의 5G(the fifth generation) 이동 통신 서비스를 구현했다. 모두 세계 최초였다.

밥솥의 절대 강자,

쿠쿠전자

고급 소비재는 차별화되는 가치를 가지고 고가로 판매되는 소비재로, 브랜드에 대한 충성심이 오래 지속되는 특징을 가지고 있다. 고급 소비재는 대기업의 전유물이 아니며, 우리나라의 경우에도 고급 소비재로 성공한 중소기업이 제법 존재한다. 현악기의 심로악기(주), 밥솥의 쿠쿠전자(주), 헬멧의 홍진HJC(주) 등이 이러한 예에 속한다. 그중에서 쿠쿠전자(전신은 성광전자)는 부산에서 출발한 후 경상남도 양산에 자리 잡은 기업에 해당한다. 창업주인 구자신(具滋信, 1941~)은 여러 번의 위기를 기회로 전환하여 쿠쿠전자를 밥솥의 절대 강자로 이끌었다.[1]

©쿠쿠
[그림 1] 쿠쿠전자의 성장과 혁신을 이끈 구자신

1 이하의 논의는 송성수, 「부산의 산업발전을 이끈 혁신기업가를 찾아서: 구자신과 쿠쿠전자」, 이민규 엮음, 『2020 지역과학기술정책 총서』 (부경대학교 과학기술정책 전문인력 육성지원 사업단, 2021), 24~31쪽을 보완한 것이다.

정치에서 사업으로

구자신은 1941년 2월 1일에 경상남도 진주시 지수면 승산리에서 4남 2녀 중 장남으로 태어났다. LG그룹 2대 회장을 지낸 구자경과 10촌 사이이다. 구자신은 지수국민학교(현재의 지수초등학교)를 나왔는데, 효성그룹의 조홍제, LG그룹의 구인회, 삼성그룹의 이병철이 같은 학교 1기 출신이다. 2022년 3월 29일에는 지수초등학교의 옛날 부지에 진주 K-기업가정신센터가 들어섰다.

구자신은 지수국민학교를 졸업한 후 부산으로 와서 경남중학교와 부산고등학교를 다녔다. 그는 21세가 되던 1961년에 고려대학교에 진학하여 경제학을 전공했다. 1964년에는 고려대학교 총학생회장으로 선출되었는데, 당시에 이명박 전 대통령은 상과대학 학생회장을 맡았다. 구자신은 한일 국교 정상화에 반대하는 6·3 운동을 주도해 서대문교도소에서 100일 동안 수감된 이력도 가지고 있다.

구자신은 대학을 졸업한 직후인 1965년에 쌍용그룹의 전신인 금성방직에 입사했다. 같은 해에 금성사(현재의 LG전자)가 전기밥솥의 국산화에 처음으로 성공했다는 점도 흥미롭다. 구자신은 금성방직 창업자이자 공화당 국회의원인 김성곤의 눈에 띄어 비서관으로 일하며 정치인의 꿈을 키웠다. 그러나 김성곤이 정계를 떠난 뒤 정치에 회의감을 느껴 금성방직으로 복귀했다. 당시에 구자신이 담당한 주요 업무는 무역에 관한 것이었다.

구자신은 33세가 되던 1974년에 사업가의 길로 들어섰다. 성광통상을 창립해 전기 부품 사업을 시작했던 것이다. 그러던 중 금성사(현재의

LG전자)가 소형 가전 분야의 주문자상표부착생산(Original Equipment Manufacturing, OEM) 업체를 물색한다는 소식을 들었다. 구자신은 1978년 11월에 자본금 1억 원으로 부산시 동래구 회동동에 성광전자를 창립해 밥솥 사업에 뛰어들었고, 성광전자는 금성사의 OEM 제조업에 선정되었다. 당시의 상황에 대해 훗날 구자신은 다음과 같이 회고했다. "금성사 오너 일가와 친척이라서 협력 업체에 선정됐다는 오해를 종종 받는다. 하지만 더 가까운 인척들도 그때 사업 의사를 밝혔지만 탈락했다. 오히려 우리가 1990년대 초반 독자 브랜드로 시장에 진출하려 했을 때 LG전자의 반대로 뜻을 이루지 못한 적도 있다."[2]

그로부터 3년 뒤인 1981년 6월에 성광전자는 경상남도 양산군 양산읍 북정리로 자리를 옮겼다. 부산의 인구 증가와 택지 부족으로 지가가 상승하는 바람에 공장을 양산으로 이전했던 것이다. 당시에 성광전자의 양산 공장은 5개의 컨베이어 벨트를 바탕으로 매월 20만 대 정도의 밥솥을 출고했다.

성광전자의 시작은 무난했지만 안정적인 시기는 오래가지 않았다. 1981년에 한 가정집에서 발생한 화재의 원인으로 성광전자가 납품한 전기밥솥이 지목되었던 것이다. 삽시간에 "성광전자 제품에 불량이 많다"는 소문이 퍼졌다. 결국 같은 해 9월에 성광전자는 시중에 나간 6천여 대의 밥솥을 전량 회수했다. 당시에 성광전자가 부담한 비용은 3개월 치 매출액과 맞먹었다.

---

2 이한재, 「구자신 쿠쿠전자 회장」, 《비즈니스포스트》(2016. 9. 1).

이러한 위기를 구자신은 새로운 발전의 계기로 받아들였다. 그는 회수한 5천여 대의 밥솥을 공장 마당에 쌓아 놓고 3년 동안 치우지 않았다. 매일 직원들과 함께 반품된 밥솥을 바라보면서 품질 향상에 대한 의지를 다졌다. 훗날 구자신은 "시장에서 다시 인정받기 위해서는 최고의 제품력을 갖춘 기업이 되는 수밖에 없었다"고 회고한 바 있다. 성광전자는 '시키는 대로 물건을 만들어 파는 OEM 업체'가 아니라 '제품력을 바탕으로 사업 제안까지 할 수 있는 파트너 같은 OEM'으로 진화한다는 목표를 세웠다.[3]

코끼리 밥솥에 대한 도전

성광전자는 1982년부터 소위 '코끼리 잡기'에 나섰다. 여기서 코끼리는 일본의 조지루시(象印, Zojirushi) 사가 시판하고 있던 밥솥을 의미했다. 조지루시는 코끼리가 그려져 있는 로고를 사용해 왔다. 코끼리 밥솥은 1970~1980년대 한국 주부들에게 풍요로움과 편리함의 상징이었다. 코끼리 밥솥의 경우에는 밥이 타지 않을 뿐만 아니라 밥통에 밥을 넣고 3일이 지나도 군내가 나지 않았다. 코끼리 밥솥은 주부들 사이에서 '꿈의 밥솥'으로 불리기도 했으며, 누군가 일본에 출장을 가면 너도나도 코끼리 밥솥을 사다달라고 부탁하기 일쑤였다.

코끼리 밥솥에 얽힌 해프닝도 많았다. 예를 들어 1983년 2월 8일에 《동아일보》는 「일, 무더기 쇼핑 수사」라는 요상한 제목의 기사를 실었다. 전국주부교실 부산지부 회원 17명이 일본 여행을 가서 과도한

---

3 조미나 외, 『우리는 그들을 신화라 부른다: 예측불허 전략으로 세계를 깜짝 놀라게 한 22개 회사 이야기』 (쌤앤파커스, 2012), 29쪽.

©김세실리아
[그림 2] 1980년대에
유행했던 조지루시의 밥솥과
보온병(마호병)

양의 일본 제품을 사들여 오는 바람에 일본의 《아사히신문》에 보도되는 등 국제적인 망신을 받았다는 것이다. 그들이 사온 것은 전기 밥솥, 밍크 목도리, 진공 청소기, 카메라 등 모두 690만 원 상당의 물품이었다. 2월 11일자 《매일경제》는 「복부인에 이어 이번엔 전기밥솥부인」이란 기사를 올렸으며, 일각에서는 관련자의 명단을 공개해야 한다는 주장까지 나왔다. 결국 외환 관리법 위반이란 명목으로 여행사 직원 두 명이 구속되었고 여행자 한 명이 입건되었다. 이후 한국 정부는 내국인 여행자의 휴대품 반입에 대한 규제를 강화하는 조치를 내렸다.[4]

4 심혜진, 「OO녀 혐오의 원조, '전기밥솥부인'을 아시나요」, 《오마이뉴스》(2018. 1. 2).

코끼리 밥솥 사건은 당시 대통령이던 전두환에게도 보고되었다. 전두환 대통령은 "밥통도 하나 제대로 못 만드는 주제에 어떻게 일제 밥통을 사 가지고 들어오는 여편네들을 욕해?"라고 질타했다. 이어 그는 "6개월 안에 다 만들어. 이 밥통 못 만들면, 밥 그만 먹을 생각을 하라구!"라며 특단의 해결책을 요구했다. 대통령의 특별 관심 사항에 대한 대책을 세우기 위해 정부 출연 연구 기관장들이 청와대로 호출되었다. 그들은 국산 전기 밥솥의 품질을 높이기 위해서는 알루미늄 내솥(밥통 내부의 솥)에 밥이 눌어붙지 않도록 코팅하는 기술이 가장 중요하다는 데 의견을 모았다. 회의 직후 한국기계연구소를 중심으로 '불화탄소수지(PTEE) 코팅 기술의 국산화 개발'이란 과제가 추진되었다.[5]

PTEE는 폴리테트라플루오르에틸렌(Polytetrafluoroethylene)이라는 고분자 물질을 지칭한다. 미국의 듀폰은 1944년에 PTFE에 '테플론(Teflon)'이란 상표를 붙였는데, 테플론이란 명칭의 앞부분은 PTFE에서, 뒷부분은 나일론의 어미에서 가져왔다. 1980년대 초에 전기 밥솥의 내솥은 알루미늄 판재를 원료로 해서 만들어졌으며, 여기에 테플론 코팅을 하면 밥이 타거나 표면에 달라붙는 문제점을 방지할 수 있었다. 당시에 알루미늄 판재에 테플론을 코팅하는 기술은 일본의 스미토모전공(住友電工, Sumitomo Electric Industries)이 보유했으며, 그것을 바탕으로 조지루시는 코끼리 밥솥을 제조하여 시판하고 있었다.

한국기계연구소에서 수행된 연구 과제의 목표는 스미토모의 특허를

5 최형섭, 『그것의 존재를 알아차리는 순간: 일상을 만든 테크놀로지』 (이음, 2021), 55쪽.

우회할 수 있는 코팅 기술을 개발하는 데 있었다. 6개월 동안의 연구 끝에 한국기계연구소는 시작품(試作品)을 만들어 성능 시험을 실시했고, 시작품과 일산(日産)은 장시간 보온 시험 결과 밥의 색깔, 냄새, 맛 및 건조 상태가 별반 차이가 없는 우수한 결과를 얻었다. 당시에 청와대에서는 대통령 영부인인 이순자가 직접 지은 밥으로 시식회가 열리기도 했다. 한국기계연구소는 새로 개발한 기술을 바탕으로 국내 특허를 출원한 후 이를 이전할 업체로 성광전자를 선택했다.[6]

성광전자는 코끼리 밥솥을 넘어서기 위해 연구 개발과 생산 시설에 대한 투자를 크게 늘렸다. 매출액 대비 연구 개발 투자의 비율은 1982년에 7%를 넘어섰으며, 1990년대 중반에는 15%에 이르기도 했다. 또한 1988년에는 경남 양산시 교동에 첨단 설비를 갖춘 공장을 마련했고, 1989년에는 기업부설연구소를 설립하면서 전체 직원의 20% 내외를 연구 개발 인력으로 구성했다. 이러한 투자를 바탕으로 성광전자는 자사의 사활과 밥솥 시장의 패권이 달려있는 '내솥 문제'를 해결하는 데 집중했다. 결국 성광전자는 자사 특유의 코팅 기술을 개발하는 데 성공했고, 1991년에 장영실상과 중소기업 대상을 수상하기에 이르렀다.

전기압력밥솥을 개발하기까지

곧이어 성광전자는 '전기 압력 밥솥'이라는 신제품을 개발하는 데 도전했다. 전기 압력 밥솥은 전기 밥솥과 가스 압력 밥솥의

6 최형섭, 『그것의 존재를 알아차리는 순간』, 55~56쪽; 최형섭, 「한일 기술 교류와 '국산화' 개념의 변화」, 《일본비평》제24호 (2021), 205~207쪽.

장점을 결합한 것이었다. 전기 밥솥은 취사 버튼만 누르면 밥을 지을 수 있었지만 그 밥에는 찰기가 부족했다. 이에 반해 가스 압력 밥솥의 경우에는 밥맛은 좋지만 밥을 짓는 동안 내내 옆을 지켜야 하는 불편함이 있었다. 전기 압력 밥솥은 사용의 편리함과 밥맛을 모두 담보할 수 있는 것으로 일본에서도 개발된 적이 없는 혁신적 제품이었다.

©쿠쿠
[그림 3] 양산시 교동에 위치한 쿠쿠전자 본사

전기 압력 밥솥의 개발에 필요한 첫 번째 과제는 밥이 찰진 정도를 결정하는 적당한 압력을 찾는 데 있었다. 적정 압력을 찾기 위해 압력을 0.5kg/㎠에서 1.5kg/㎠까지 미세하게 바꿔가면서 밥을 짓고 어떤 압력에서 밥이 맛있는지를 일일이 확인했다. 압력이 너무 낮으면 찰기가 떨어지고 너무 높으면 밥알이 뭉개지므로 중간 정도의 압력을 알아내야 했다. 성광전자는 80kg짜리 쌀 50가마니에 해당하는 밥을 지어낸 후에야 0.9kg/㎠라는 적정 압력을 찾아낼 수 있었다.

그다음 문제는 전기 압력 밥솥에 사용될 내솥이었다. 기존의 내솥은 높은 압력을 견디지 못해 찌그러졌고 두꺼운 내솥의 경우에는 수분이

미달되어 밥맛이 만족스럽지 못했다. 성광전자는 해답의 실마리를 가마솥에서 얻었다. 가마솥 밥이 맛있는 이유는 가마솥의 뚜껑과 둥근 바닥에 있었다. 무거운 뚜껑으로 솥 내에 적당한 압력을 유지할 수 있었으며, 둥근 바닥에 의해 대류 현상이 만들어져 쌀을 골고루 익힐 수 있었다. 성광전자는 이러한 원리를 내솥에 적용시켰다. 내솥을 가마솥처럼 볼록한 모양으로 교체하여 바닥만 가열하는 것이 아니라 내솥 전체가 데워지도록 했다. 열전도율은 1.5배 높아졌고 밥맛도 좋아졌다.

성광전자는 안전 문제에도 세밀한 주의를 기울였다. 높은 압력을 사용하는 전기 압력 밥솥은 압력이 배출되는 곳이 조금이라도 막히면 곧바로 폭발로 이어질 수 있다. 성광전자의 개발팀은 만에 하나 발생할 수 있는 사고에 대비하기 위해 일부러 극한 조건을 만들어 시험을 계속했다. 시험 도중 일어난 사고로 개발팀장이 병원 신세를 지는 일도 있었다. 결국 성광전자는 사이드 패킹과 솔레노이드 밸브를 개발하여 10중 안전 장치를 장착한 전기 압력 밥솥을 완성할 수 있었다. 밥솥 내부의 압력이 치솟을 경우에는 뚜껑의 패킹이 밀려서 증기가 배출되고, 압력기가 작동하지 않을 때는 실리콘 마개가 자동으로 열리면서 증기 배출을 촉진하는 원리였다.[7]

이러한 노력을 바탕으로 성광전자는 제품력에서는 누구에게도 뒤지지 않는 우수한 기업으로 성장할 수 있었다. 성광전자의 제품력이 인정을 받으면서 매출액도 급속히 상승했다. 1982년의 화재 사고로 인해

7 황지수, 이혜진, 이근, 「암묵적 지식을 통한 경쟁력 구축: 심로악기, 쿠쿠홈시스, 홍진HJC」, 이근 외, 『기업간 추격의 경제학』(21세기북스, 2008), 96~98쪽.

14억 3,600만 원으로 곤두박질쳤던 매출액은 1996년에 387억 원을 기록하기에 이르렀다. 성광전자는 1994년에 상공자원부 장관으로부터 '수출 500만 불 탑'을 수상하기도 했다.

선택의 기로에 서서

1997년에 발발한 외환 위기는 성광전자도 피해갈 수 없었다. 대한민국 국민들이 생필품도 아껴 쓰며 소비를 줄이던 시절이었으니 밥솥에 대한 신규 수요가 창출되기 어려웠다. 게다가 1998년에는 수입선 다변화 제도가 폐지되어 그동안 수입이 금지된 일본 밥솥의 수입이 재개(再改)되기에 이르렀다. 밥솥 시장 자체가 축소되었고 일본 제품이 시장을 파고들었다. 성광전자의 매출액은 1996년 387억 원에서 1998년 296억 원으로 뚝 떨어졌다.

당시 구자신 사장 앞에는 세 가지 선택지가 놓여 있었다. 첫째는 직원들에게 퇴직금이라도 챙겨줄 수 있을 때 회사를 정리하는 것이었다. 둘째는 기존 대기업과의 관계를 활용하여 스위치 부품 회사로 업종을 바꾸는 것이었다. 셋째는 자사 브랜드로 전환하는 것으로 수익은 물론 생존도 장담할 수 없는 미지의 길이었다.

사실상 구자신은 직원들을 생각하여 첫 번째나 두 번째의 길을 선택할지를 진지하게 고민했다. 그런데 구 사장의 고민을 헤아린 직원들은 다음과 같은 반응을 보였다. "월급 안 받아도 좋습니다. 살아도 함께 살고 망해도 함께 망할 겁니다." 게다가 구사신 사장 밑에는 맏아들인 구본학(具本學)이 있었다. 당시에 성광전자의 해외영업팀장을 맡고 있던 구본학은 외길을 걸어온 밥솥 사업에서 승부를 내야 한다고 아버지를 설득했다. "지금은 어떤 기업이든 똑같은 위기가 아닙니까? 오히려 자사 브랜드를 출시하기에 좋은 시기입니다."[8] 결국 성광전자는 자체 브랜드에 도전하는 강수를 두기에 이르렀다. OEM 업체에서 자체 상표 생산(Original Brand Manufacturing, OBM) 업체로의 변신을 시도했던 것이다.

©쿠쿠
[그림 4] 1998년 독자 브랜드 '쿠쿠'로 내놓은 첫 전기압력밥솥(왼쪽)과 2017년 9월 출시된 대표 제품 '트윈프레셔'(오른쪽)

성광전자는 독자적인 밥솥 브랜드의 이름을 '쿠쿠(Cuckoo)'로 지었다. 쿠쿠는 요리를 뜻하는 '쿡(Cook)'과 뻐꾸기시계 소리인 '쿡쿠(Cuckoo)'를 합성한 것이다. 제때 요리한 것과 같이 맛있는 밥을 짓겠다는 의지를 담은 셈이다. 흥미롭게도 쿠쿠에서 '쿠(koo)'만 따로 떼어 놓으면 창업주의 성(姓)인 '구(具)'가 된다. 자기 가문을 걸고 좋은 제품을 만든다는 막중한 책임감이 녹아든 셈이다. 성광전자는 1998년 4월에 쿠쿠를 독자 브랜드로 등록했으며, 1999년 6월에 서울시 양천구 신월동에 서울 지점을 개설한 후 같은 해 9월에는 판매 법인 쿠쿠(주)를 설립했다.

8 조미나 외, 『우리는 그들을 신화라 부른다』, 34~35쪽.

유통망의 단계적 확대

그러나 독자 브랜드의 길은 녹록지 않았다. 제품을 출시한 후 4개월 동안 쿠쿠 전기 압력 밥솥을 단 1대도 팔지 못했다. 소비자들이 이름도 들어보지 못한 작은 기업의 제품을 구매하지 않았다. 성광전자는 제품이 좋다고 다 팔리는 것이 아니라는 사실을 겸허히 인정해야 했다. 독자 브랜드로 진화하려면 유통망을 확보하고 마케팅을 강화해야 한다는 점도 깨달았다. OEM 업체의 경우에는 제품 개발에 집중하는 것만으로도 경쟁력을 확보할 수 있지만, 독자 브랜드로 성공하기 위해서는 제품 개발은 물론 유통이나 마케팅과 같은 추가적인 기능이 별도로 필요했던 것이다.

성광전자는 수도권이 아니라 부산과 경남을 첫 번째 공략 대상으로 삼았다. 본사와 공장이 경남 양산에 있었고, OEM 업체 시절에 쌓아둔 명성을 활용하기에도 무난했다. 부산과 경남 지역의 전자 대리점들은 성광전자가 만든 제품에 반품이 거의 없다는 사실을 잘 알고 있었다. 내부 직원 10명으로 구성된 성광전자의 영업팀은 열심히 발로 뛰며 유통망을 공략했다. 제품력을 점장들이 알아볼 수 있도록 대리점에서 직접 밥을 지어 보이기도 했다.

성광전자는 쿠쿠 밥솥을 유통하면서 선수금 거래와 현금 거래를 영업 원칙으로 내세웠다. 일반적인 관행과 달리 물건을 주는 동시에 돈을 받겠다고 한 것이었다. 그것도 현금으로 말이다. 영업 직원들은 힘들어 했지만 구자신 사장은 흔들리지 않았다. "자식 같은 우리 제품을 외상으로 주면 막 다룰 것이 아닌가? 품질을 믿고 발품 팔아보세. 몇 대 팔았는가는 묻지 않겠네. 몇 번 찾아갔는지에 대해서만 묻겠네."

OEM 시절 내내 제품력을 높이기 위해 노력한 그들에게 이와 같은 원칙은 제품에 대한 자존심을 지키기 위한 방어막으로 작용했다.[9] 성광전자는 선수금 거래와 현금 거래를 고집하면서도 마진율을 높이고 거점 거래 방식을 활용함으로써 대리점의 부담을 상쇄하는 전략을 구사했다.

쿠쿠 밥솥은 찾는 소비자들이 서서히 증가하면서 성광전자는 부산과 경남을 넘어 전국을 대상으로 쿠쿠를 알리는 작업에 나섰다. 때마침 한국 암웨이(Amway)는 1998년부터 '원 포 원(One for one)' 프로그램을 실시하고 있었다. 암웨이 제품을 하나 출시할 때마다 중소기업의 품질 좋은 제품 하나를 발굴해 판매하는 프로그램이었다. 암웨이는 쿠쿠 밥솥에 관심을 보였고, 덕분에 성광전자는 14만 명에 달하는 암웨이의 방문 판매 조직망을 활용할 수 있었다. 더 나아가 1999년에 성광전자는 뛰어난 제품력을 앞세워 하이마트와 홈쇼핑을 공략하기 시작했다. 지금은 하이마트와 홈쇼핑이 널리 알려져 있지만, 당시만 해도 하이마트는 출범한 지 얼마 되지 않았고 홈쇼핑의 연매출액도 34억 원 정도에 지나지 않았다. 방문 판매장, 전자 제품 전문점, 홈쇼핑 등과 같은 새로운 유통망은 쿠쿠의 이름을 전국적으로 알리는 데 큰 도움을 주었다. 성광전자는 쿠쿠를 출시한 지 1년 3개월 만인 1999년 7월에 전기 밥솥 시장 점유율 1위를 달성했다.

"쿠쿠하세요~ 쿠쿠"

쿠쿠(주)는 유통망을 확장하는 것과 함께 대대적인 광고도 벌였다. 쿠쿠는 자사의 타깃이 되는 25~49세 여성들의 TV 시청률이 높은

---

9 조미나 외, 『우리는 그들을 신화라 부른다』, 36~37쪽.

황금 시간대를 공략했다. 오전 9시부터 10시 30분까지, 그리고 오후 9시부터 11시까지였다. 외환 위기의 여파로 다른 기업들이 광고를 축소하고 있었기 때문에 쿠쿠는 이전에 비해 절반에 지나지 않는 가격으로 광고를 펼칠 수 있었다. 쿠쿠가 마케팅 비용으로 투자한 금액은 1998년 15억 원, 1999년 35억 원, 2000년 42억 원으로 해당 연도 매출액의 5%에 달했다.

첫 광고 모델은 이상벽 아나운서였다. 주방 가전 광고에 남자 모델을 내세우는 것은 드문 일이었지만, 주부들 사이에 신망이 높은 이상벽 아나운서를 매개로 '믿을 수 있는 기업'이라는 이미지를 전달할 수 있었다. 쿠쿠는 2001년에 "쿠쿠하세요~ 쿠쿠"라는 캠페인 슬로건을 마련하고 두 번째 광고 모델로 인기 배우 김희애를 선택했다. 결과는 대박이었다. '쿠쿠'하면 누구나 밥솥을 떠올렸고, 많은 사람들이 "쿠쿠하세요~ 쿠쿠"를 따라 불렀다.

이러한 광고를 통해 '쿠쿠'라는 브랜드가 소비자에게 널리 알려지면서 대표성을 가진 제품이 무조건 좋다는 심리가 형성되었다. '밥솥' 하면 '쿠쿠'를 연상하게 함으로써 쿠쿠가 일종의 대명사가 되었던 셈이다. 쿠쿠의 국내 시장 점유율은 2000년에 36.2%를 기록한 후 2002년 51.0%를 거쳐 2007년에는 70%를 넘어섰다. 이로써 쿠쿠는 일종의 '카테고리 킬러(Category killer)'가 되었다.[10] 카테고리 킬러는 어떤 시장에서 경쟁자들이 따라오기 거의 불가능한 경쟁 우위를 점하고 있는 상태의 특정 상품, 서비스, 브랜드, 혹은 기업을 의미한다.

---

10 황지수 외, 「암묵적 지식을 통한 경쟁력 구축」, 101~102쪽.

1999년 7월에는 대기업에 못지않은 서비스팀이 발족되었다. 전국적으로 설치되어 있는 서비스 센터는 1999년에 28개를 기록한 후 2011년에는 92개로 증가했다. 쿠쿠(주)는 문제가 생긴 고객의 집을 직접 찾아가는 '홈닥터 서비스'도 실시했다. 쿠쿠의 홈닥터들은 고객의 마음을 사로잡기 위해 1인 3역도 마다하지 않았다. 고장 난 제품을 수리하는 것은 물론 최고의 밥맛을 위해 수분 함유량도 챙겼으며 밥솥에서 새어나가는 에너지를 잡아내기도 했다.

더 나아가 쿠쿠는 고객의 불만에 즉각 대응할 수 있도록 '온라인 불편 처리 시스템'을 구축했다. 고객이 웹 사이트에 자신의 의견을 접수하면 담당 직원에게 자동으로 전송되고, 담당자는 48시간 안에 답해야 하는 시스템이었다. 흥미로운 점은 담당 고객의 불만이 직원은 물론 최고 경영자에게도 자동으로 전송되었다는 사실이다. 또한 담당 직원이 48시간 내에 답변하지 않을 경우에는 그 사유를 경영진에게 보고해야 했다. 이러한 시스템은 제품의 품질을 가장 중요시하는 구자신의 경영 철학이 구현된 것으로 볼 수 있다.

[구자신은] 각 팀장들에게 많은 재량권을 줬지만 품질보증팀만은 사장 직속 부서로 두고 특별히 운영한 것으로 전해진다. 가장 중요한 업무 가운데 하나로 메일을 통해 접수되는 고객 의견을 일일이 확인하는 것을 꼽았는데 그는 하루 300건 이상의 고객 의견을 매일 같이 읽었다고 한다. 구자신의 장남인 구본학 쿠쿠전자 사장은 아버지의 경영 철학에 대해 '시어머니 경영'이라고 평가했다. 그는 "외부에서 끊임없이 자극을 주는 시어머니 같은 존재가 있어야 회사가 긴장감을 잃지 않고 지속적으로 발전할 수 있다는 것이 시어머니 경영의

핵심"이라고 설명했다.[11]

쿠쿠는 고객의 사소한 목소리도 놓치지 않으려고 노력했다. 그것은 전화로 연결되는 고객 상담실을 양산과 서울로 이원화시킨 점에서 잘 드러난다. 처음에 쿠쿠는 다른 기업과 마찬가지로 고객 상담실을 한 곳에서만 운영했다. 그런데 쿠쿠의 브랜드가 전국적으로 확대되면서 경상도 사투리를 쓰는 상담원들이 수도권의 고객과 충분한 의사 소통을 하지 못하는 문제가 발생했다. 이에 쿠쿠는 수도권 고객의 요구에 충분히 대응하기 위해 서울에 별도의 고객 상담실을 마련하는 조치를 취했다.

쿠쿠는 매년 두 차례의 정기적인 시장 조사를 벌인다. 이 작업에는 연구 개발, 생산, 마케팅, 영업 등 모든 분야의 직원들이 동참한다. 쿠쿠의 시장 조사는 고객의 요구 사항을 직접 확인하고 이를 제품 개발에 반영하는 통로로 활용되고 있다. 사실상 쿠쿠의 제품 중에는

©쿠쿠
[그림 5] 쿠쿠전자의 나누미 전기압력밥솥

11 이한재, 「구자신 쿠쿠전자 회장」, 《비즈니스포스트》(2016. 9. 1).

고객의 의견이 반영된 사례가 제법 많다. 허리를 꼿꼿이 세우고 버튼을 누를 수 있게 한 '톱 컨트롤 방식'의 디자인, 쌀밥과 콩밥을 동시에 지을 수 있게 경계를 나누는 도구인 '나누미', 전기밥솥 내부의 커버를 떼어내 씻을 수 있게 하는 '분리형 커버' 등이 여기에 속한다.[12]

해외 시장의 개척

2002년 7월에 쿠쿠(주)는 쿠쿠홈시스(주)로, 11월에 성광전자(주)는 쿠쿠전자(주)로 상호를 변경했다. 2003년 5월에는 온라인 쇼핑몰 바이쿠쿠닷컴이 개설되었고, 그것은 2004년 9월에 쿠쿠몰로 거듭났다. 2006년 11월에는 구자신이 경영일선에서 물러나 쿠쿠전자(주) 회장이 되었으며, 구본학이 쿠쿠전자(주)와 쿠쿠홈시스(주)의 대표 이사 사장을 맡았다. 이와 함께 구자신은 2007년에 50억 원 규모의 '쿠쿠사회복지재단'을 설립하여 불우이웃, 이주노동자, 미혼모, 독거노인 등에게 다양한 사회 공헌 활동을 펼치기 시작했다. 2012년 11월에는 쿠쿠전자가 쿠쿠홈시스를 흡수·합병했으며, 2017년 12월에는 쿠쿠홀딩스를 지주회사로 하고 쿠쿠전자, 쿠쿠홈시스, 쿠쿠사회복지재단 등을 자회사로 하는 체제가 마련되었다.

©쿠쿠
[그림 6] 2002년 11월부터 2019년 2월까지 사용된 쿠쿠전자의 로고

12 조미나 외, 『우리는 그들을 신화라 부른다』, 45쪽.

2000년대에 들어 쿠쿠는 해외 시장으로 눈을 돌렸다. 밥솥은 10년에 한 번 정도 바꾸는 제품이기 때문에 더 넓은 시장이 필요했던 것이다. 잠재적 수요까지 감안할 때 해외에 진출하면 약 5천만 대의 수요가 있을 것으로 판단했다. 쿠쿠는 첫 수출 상대국으로 일본을 선정했다. 우리보다 앞선 기술을 가진 종주국이기에 일본에서 성공하면 세계 어느 곳을 가든 최고가 될 수 있을 것으로 생각했다. 쿠쿠는 도쿄와 오사카를 동시에 공약할 수 있는 나고야를 거점으로 삼았다.

일본의 바이어들은 전기 압력 밥솥에 관심을 보였지만 일본의 사정은 한국과 크게 달랐다. 된밥을 좋아하는 일본인들에겐 한국의 찰진 밥이 맞지 않았고, 한국인과 일본인이 사용하는 쌀에도 상당한 차이가 있었다. 게다가 일본인들은 주로 고기나 생선의 찜을 요리하는 데 압력기를 사용하고 있었다. 이러한 분석을 통해 쿠쿠는 단순한 밥솥이 아니라 다기능 조리기 쪽으로 연구의 방향을 설정했다. 2001년에 쿠쿠의 연구진은 6개월에 걸쳐 100가지가 넘는 일본 음식을 반복해서 만들어본 후 20가지의 일본 요리가 가능한 전기 압력 밥솥을 개발했다. 이와 함께 된밥을 좋아하는 일본인의 식성을 고려하여 한국 제품보다 100cc 정도 물이 적게 들어가도록 조치했다. 이처럼 일본인에게 차별화된 제품을 공급함으로써 쿠쿠는 일본 시장에서도 상당한 경쟁력을 확보할 수 있었다.[13]

일본 다음에는 중국을 겨냥했다. 중국의 경우에는 시장의 규모가 거대할 뿐만 아니라 한국보다 인건비가 저렴하기 때문에 현지에서

---

13 황지수 외, 「암묵적 지식을 통한 경쟁력 구축」, 103쪽; 임상혁, 임병준, 「쿠쿠전자 구본학의 경영이념과 경영전략에 관한 연구」, 《경영사학》제31집 2호 (2016), 95쪽.

제품을 생산하는 쪽으로 가닥을 잡았다. 쿠쿠전자는 2003년 10월에 중국 칭다오 성양구에 1만 평 규모의 대지를 매입한 후 현지 생산법인으로 '청도복고전자유한공사(青島福庫電子有限公司)'를 설립했다. '복고'가 중국어 발음으로 '쿠쿠'와 비슷한 '후쿠'가 된다는 점에 착안했다. 쿠쿠전자는 중국 시장에 진출한 후 처음 1년 동안 약 40만 달러의 수출고를 올렸다. 청도공장에서는 주로 기계식 밥솥이 생산되고 있으며, 압력식 밥솥은 한국 본사에서 직수출이 이루어지고 있다.[14]

2010년대에 들어와 쿠쿠전자는 종합 생활 가전 업체로의 변신을 선언하면서 정수기, 공기 청정기, 전기 레인지 등으로 사업을 다각화하고 있다. 2011년을 기준으로 쿠쿠전자는 몇 가지 주목할 만한 기록을 달성했다. 밥솥 시장의 70%를 점유하고 있는 기업, 가전제품 1,000만 대를 넘어 1,500만 대를 판매한 기업, 7년 연속 생활 가전 제품 브랜드 파워 1위인 기업 등이 그것이다. 2022년에는 15년 연속 국가브랜드경쟁력지수 밥솥 부문 1위, 9년 연속 국가고객만족도 전기 밥솥 부문 1위, 세계일류상품 16년 연속 선정 등의 성과를 거두었다. 이러한 기록은 쿠쿠전자의 우수한 제품력, 막강한 브랜드 파워, 철저한 고객 관리 등이 어우러진 결과로 볼 수 있다. 쿠쿠전자의 진화는 현재 진행형이다.

14 임상혁, 임병준, 「쿠쿠전자 구본학의 경영이념과 경영전략에 관한 연구」, 91쪽.

참고문헌

화약 무기를 만들어 왜구를 소탕하다, 최무선

· 박성래, 『한국사에도 과학이 있는가』 (교보문고, 1998).
· 박재광, 「우리나라 화학병기의 선구자, 최무선」, 김근배 외, 『한국 과학기술 인물 12인』 (해나무, 2005), 17-46쪽.
· 정인경, 『청소년을 위한 한국과학사』 (두리미디어, 2007).
· 이종호, 『천재를 이긴 천재들』 (글항아리, 2007).
· 박재광, 『화염조선: 전통 비밀병기의 과학적 재발견』 (글항아리, 2009).
· 신동원, 『한국 과학문명사 강의』 (책과 함께, 2020).

조선시대 최고의 기술자, 장영실

· 문중양, 「조선시대 최고의 기계기술자, 장영실」, 김근배 외, 『한국 과학기술 인물 12인』 (해나무, 2005), 103-130쪽.
· 임종태, 「조선 후기 우량 측정의 정치」, 《역사학보》제225집 (2015), 89-126쪽.
· 전상운, 『한국과학사』 (사이언스북스, 2000).
· 나일성, 『한국천문학사』 (서울대학교출판부, 2000).
· 박성래, 『인물과학사 1: 한국의 과학자들』 (책과 함께, 2011).
· 송성수, 「조선시대 최고의 기술자, 장영실」, 『사람의 역사, 기술의 역사』 제2판 (부산대학교출판부, 2015), 423-432쪽.
· 구만옥, 『세종시대의 과학기술』 (들녘, 2016).
· 조선사역사연구소, 『조선 최고의 과학자, 장영실』 (아토북, 2016).
· 남문현, 『자격궁루 육백년』 (건국대학교출판부, 2022).

기술을 사랑한 위대한 실학자, 정약용

· 송성수, 「정약용의 기술사상」, 《한국과학사학회지》제16권 2호 (1994), 261-276쪽.
· 박성래, 『인물과학사 1: 한국의 과학자들』 (책과 함께, 2011).
· 김영식, 『정약용 사상 속의 과학기술』 (서울대학교출판부, 2006).
· 김평원, 『엔지니어 정약용: 조선 근대 공학의 개척자』 (다산북스, 2017).
· 이덕일, 『정약용과 그의 형제들』 총2권 (김영사, 2004; 다산초당, 2012).
· 함영대, 「정약용(1762~1836): 시대를 가르는 영원한 스승」, 서경덕 외, 『당신이 알아야 할 한국인 10』 (엔트리, 2014), 276-301쪽.

우두법 보급에서 언어학 연구까지, 지석영

· 김두종, 『한국의학사』 (탐구당, 1966; 1998).
· 대한의사학회 편(기창덕 외), 『송촌 지석영』 (아카데미아, 1994).
· 신동원, 『한국근대보건의료사』 (한울, 1997).
· 신동원, 「한국 우두법의 정치학」, 《한국과학사학회지》제22권 2호 (2000), 149-169쪽.
· 김호, 「종두(種痘) 보급에 인생을 바친 지석영」, 『조선과학인물열전』 (휴머니스트, 2003), 318-326쪽.
· 홍연진, 「근대 의학의 기수, 지석영」, 『시민을 위한 부산 인물사: 근현대편』 (선인, 2004), 258-269쪽.
· 황상익, 「지석영(池錫永, 1855~1935)」, 서울대학교 한국의학인물사 편찬위원회, 『한국의학인물사』 (태학사, 2008), 15-26쪽.
· 여인석 외, 『한국의학사』 (의료정책연구소, 2012).

한국 최초의 여성 양의사, 김점동

· 홍성욱, 「에스터 박」, 오조영란, 홍성욱 엮음, 『남성의 과학을 넘어서: 페미니즘의 시각으로 본 과학·기술·의료』 (창작과 비평사, 1999), 229-234쪽.
· 이방원, 「박 에스더(1877-1910)의 생애와 의료선교활동」, 《의사학》제16권 2호 (2007), 193-213쪽.

- 안명옥, 「김점동(박에스더), 여자의사 120년」 ①~⑦, 《여성신문》(2020. 9. 1~11. 6).
- 이화100년사 편찬위원회, 『이화100년사』 (이화여자대학교출판부, 1994).
- 박정희, 『닥터 로제타 홀: 조선에 하나님의 빛을 들고 나타난 여성』 (다산초당, 2015).
- 이방원, 『박에스더: 한국 의학의 빛이 된 최초의 여의사』 (이화여자대학교출판문화원, 2018).
- 셔우드 홀(김동열 옮김), 『닥터 홀의 조선회상』 (좋은 씨앗, 2003).

한국의 근대 건축을 개척하다, 박길룡

- 최순애, 「박길룡의 생애와 건축에 관한 연구」 (홍익대학교 박사학위논문, 1981).
- 이주헌, 「박길룡」, 한겨레신문사 문화부, 『발굴 한국현대사 인물 3』 (한겨레신문사, 1992), 27-34쪽.
- 임종태, 「김용관의 발명학회와 1930년대 과학운동」, 《한국과학사학회지》제17권 2호 (1995), 89-133쪽.
- 윤인석, 「한국의 건축가, 박길용(1): 건축수업과 활동」, 《건축사(建築士)》1996년 7월호, 70-73쪽.
- 김정동, 「한국 근대 건축의 소나무, 일송 박길룡」, 『근대 건축 기행』 (푸른역사, 1999), 78-93쪽.
- 박성래, 「우리나라 최초의 근대 건축가, 박길룡」, 『인물과학사 1: 한국의 과학자들』 (책과 함께, 2011), 332-339쪽.
- 김소연, 「최초이자 최고 건축가의 이면, 박길룡」, 『경성의 건축가들: 식민지 경성을 누빈 'B급' 건축가들의 삶과 유산』 (루아크, 2017), 25-43쪽.

라디오 국산화의 주역, 김해수

- 금성사, 『금성사 25년사』 (1985).
- 서현진, 『끝없는 혁명: 한국 전자산업 40년의 발자취』 (이비커뮤니케이션, 2001).
- 김해수 지음, 김진주 엮음, 『아버지의 라디오: 국산 라디오 1호를 만든 엔지니어 이야기』 (느린 걸음, 2007; 2016).
- 김영태, 『비전을 이루려면 Ⅰ: 연암 구인회』 ((주)LG, 2012).
- 송성수, 「라디오 국산화의 주역」, 『사람의 역사, 기술의 역사』 제2판 (부산대학교출판부, 2015), 442-453쪽.
- 김희숙, 「라디오의 정치: 1960년대 박정희 정부의 농어촌 라디오 보내기 운동」, 《한국과학사학회지》제38권 3호 (2016), 425-451쪽.
- 장영민, 「냉전기 한국 라디오 수신기의 생산과 보급」, 《언론정보연구》제56권 4호 (2019), 52-116쪽.
- 송성수, 『한국의 산업화와 기술발전: 한국 경제의 진화와 주요 산업의 기술혁신』 (들녘, 2021)
- 김동광, 『라디오 키즈의 탄생: 금성사 A-501 라디오를 둘러싼 사회문화사』 (궁리, 2021)

가난한 목공에서 동명그룹의 총수로, 강석진

- 공병호, 『한국기업 흥망사』 (명진출판, 1993).
- 천덕호, 『동명 강석진 전기』 (동명문화학원, 1994).
- 동명문화연구원 편, 『동명 강석진, 그 생애와 사상』 (세종출판사, 2003).
- 이선희, 「맨땅에 일군 목재왕국 신화」, 『시민을 위한 부산 인물사: 근현대편』 (선인, 2004), 134-147쪽.
- 윤미영, 『찬란한 유산: 강석진과 동명목재상사』 (한국학술정보, 2011).
- 김대래, 「고도성장기 부산 합판산업의 성장과 쇠퇴」, 《항도부산》제31호 (2015), 35-75쪽.
- 동명 강석진 인터넷기념관(https://www.tu.ac.kr/tongmyong/index.do)

한국의 철강 산업을 만들다, 박태준

- 포스코, 『포스코 35년사』 (2004).
- 오효진, 「박태준: 포항제철 회장」, 『정상을 가는 사람들』 (조선일보사, 1987), 287-325쪽.
- 박태준, 「박태준 회고록: 불처럼 살다」 ①~⑤,

《신동아》(1992. 4~1992. 8).
· 조셉 인니스, 애비 드레스(김원석 옮김), 『세계는 믿지 않았다: 포항제철이 길을 밝히다』 (에드텍, 1993).
· 이호 엮음, 『신들린 사람들의 합창: 포항제철 30년 이야기』 (한송, 1998).
· 서갑경(윤동진 옮김), 『최고기준을 고집하라: 철강왕, 박태준의 경영이야기』 (한국언론자료간행회, 1997).
· 송성수, 「한국 종합제철사업계획의 변천과정, 1958~1969」, 《한국과학사학회지》제24권 1호 (2002), 3-34쪽.
· 송성수, 『소리 없이 세상을 움직인다, 철강』 (지성사, 2004).
· 송성수, 「포항제철 초창기의 기술습득」, 《한국과학사학회지》제28권 2호 (2006), 329-348쪽.
· 이대환, 『세계 최고의 철강인, 박태준』 (현암사, 2007).
· 임경순, 「박태준과 과학기술」, 《과학기술학연구》제10권 2호 (2010), 37-76쪽.
· 송성수, 송위진, 「코렉스에서 파이넥스로: 포스코의 경로실현형 기술혁신」, 《기술혁신학회지》제13권 4호 (2010), 700-716쪽.
이대환, 『박정희와 박태준』 (아시아, 2015).

도전과 끈기로 혁신하기, 현대자동차

· 현대자동차, 『현대자동차 30년사: 도전 30년 비전 21세기』 (1997).
· 강명한, 『포니를 만든 별난 한국인들』 (정우사, 1986); 강명한, 『응답하라 포니원』 (컬쳐앤미디어, 2022).
· 김견, 「1980년대 한국의 기술능력 발전과정에 관한 연구: '기업내 혁신체제'의 발전을 중심으로」 (서울대학교 박사학위논문, 1994).
· 오규창, 조철, 『한국 자동차산업의 발전역사와 성장잠재력』 (산업연구원, 1997).
· 김인수(임윤철, 이호선 옮김), 『모방에서 혁신으로』 (시그마인사이트컴, 2000).
· 정세영, 『미래는 만드는 것이다: 정세영의 자동차 외길 32년』 (행림출판, 2000).
· 이충구, 「한국의 자동차 기술: 첫 걸음에서 비상까지」, 《오토저널》(2009. 4~2013. 10); 이충구, 『이충구의 포니 오디세이』 (스토리움, 2023).
· 현영석, 「현대자동차의 품질승리」, 《한국생산관리학회지》 제19권 1호 (2008), 125-151쪽.
· 현영석, 『현대자동차 스피드경영』 (한국린경영연구원, 2013).
· 이현순, 『내 안에 잠든 엔진을 깨워라!: 대한민국 최초로 자동차 엔진을 개발한 이현순의 도전 이야기』 (김영사ON, 2014).
· 송성수, 『한국의 산업화와 기술발전: 한국 경제의 진화와 주요 산업의 기술혁신』 (들녘, 2021).
· 송성수, 「현대자동차의 알파프로젝트 추진과정과 그 특성에 관한 역사적 분석」, 《한국민족문화》제78집 (2021), 351-382쪽.

추격에서 선도로, 삼성 반도체

· 삼성전자, 『삼성전자 40년사』 (2010).
· 강진구, 『삼성전자 신화와 그 비결』 (고려원, 1996).
· 진대제, 『열정을 경영하라』 (김영사, 2006).
· 강기동, 『강기동과 한국 반도체』 (아모르문디, 2018).
· 임형규, 『히든 히어로스: 한국 반도체 산업의 도전과 성취, 그 생생한 현장의 이야기』 (디케, 2022).
· 윤정로, 「한국의 산업 발전과 국가: 반도체 산업을 중심으로」, 한국사회사연구회 편, 『현대 한국의 생산력과 과학기술』 (문학과 지성사, 1990), 66-128쪽; 윤정로, 「한국의 반도체 산업, 1965-1987」, 『과학기술과 한국사회』 (문학과 지성사, 2000), 124-156쪽.
· 배용호, 「반도체산업의 기술혁신과 기술능력의 발전: DRAM을 중심으로」, 이근 외, 『한국 산업의 기술능력과 경쟁력』 (경문사, 1997), 169-214쪽.
· 송성수, 「삼성 반도체 부문의 성장과 기술능력의 발전」, 《한국과학사학회지》제20권 2호 (1998), 151-188쪽.
· 최영락, 이은경, 『세계 1위 메이드 인 코리아, 반도체』 (지성사, 2004).
· 신장섭, 장성원, 『삼성 반도체 세계 일등 비결의

해부』(삼성경제연구소, 2006).
- 송성수, 「추격에서 선도로: 삼성 반도체의 기술발전 과정」, 《한국과학사학회지》제30권 2호 (2008), 517-544쪽.
- 유상운, 「반도체 역공학의 기술사: TV 음향 집적회로의 개발, 1977-1978」, 《과학기술학연구》제22권 3호 (2022), 107-133쪽.

산학연관을 섭렵한 우주개발의 선구자, 최순달

- 최순달, 나정웅, 성단근, 「대학에서의 실험용 위성의 개발」, 《전기의 세계》제39권 5호 (1990), 50-55쪽.
- 최순달, 「한국 최초의 인공위성 KITSAT-A」, 《대한전기협회지》제185호 (1992), 21-25쪽.
- 이현숙, 「우리별 1호는 공보처가 쏘았다」, 《길》1992년 10월호, 128-131쪽.
- 인공위성연구센터, 『우리는 별을 쏘았다』 (미학사, 1993).
- 이기열, 『소리 없는 혁명: 80년대 정보통신 비사』 (전자신문사, 1995).
- 최순달, 『48년 후 이 아이는 우리나라 최초의 인공위성을 쏘아 올립니다』 (좋은책, 2005).
- 태의경, 「카이스트 인공위성연구센터의 위성 기술 습득과 개선 과정 고찰」, 《한국과학사학회지》제37권 1호 (2015), 85-117쪽.
- Chung Seungmi, "The Formation of Korean Satellite Development Program: The Case Study of SaTReC and SaTReC-I", Journal of the Korean History of Science Society, Vol. 43, No. 2 (2021), pp. 373-400.

디지털 이동 통신의 상용화, CDMA

- 이기열, 『소리 없는 혁명: 80년대 정보통신 비사』 (전자신문사, 1995).
- 이기열, 『정보통신 역사기행』 (북스토리, 2006).
- 서정욱, 『미래를 열어온 사람들: 통신과 함께 걸어온 길』 (한국경제신문사, 1996).
- 서정욱, 「CDMA 성공신화, 이동통신」, 서정욱 외, 『세계가 놀란 한국 핵심 산업기술』 (김영사, 2002), 177-244쪽.
- 한기철, 「CDMA 이동통신기술 세계 최초 상용화」, 연구개발정책실, 『연구개발 성공사례 분석』 (과학기술정책관리연구소, 1997), 97-137쪽.
- 송위진, 『한국의 이동통신, 추격에서 선도의 시대로』 (삼성경제연구소, 2005).
- 송위진, 『기술정치와 기술혁신: CDMA 이동통신 기술개발 사례 분석』 (한국학술정보, 2007).
- 정홍식, 『한국 IT정책 20년: 천달러 시대에서 만달러 시대로』 (전자신문사, 2007).
- 한국공학한림원, 『한국산업기술발전사: 정보통신』 (2019).
- 송성수, 『한국의 산업화와 기술발전: 한국 경제의 진화와 주요 산업의 기술혁신』 (들녘, 2021).
- 송성수, 「CDMA 이동통신시스템의 개발과 그 의의」, 김병수 외, 『2023년 국립대구과학관 산업과학기술사 연구』 (국립대구과학관, 2023), 25-50쪽.

밥솥의 절대 강자, 쿠쿠전자

- 쿠쿠전자, 『Cuckoo 30년: Create the happiness of life』 (2008).
- 백승진, 『부산을 빛낸 인물 2: 사회공헌 실천하는 CEO』 (월간부산, 2008).
- 이근 외, 『기업간 추격의 경제학』 (21세기북스, 2008).
- 조미나 외, 『우리는 그들을 신화라 부른다』 (쌤앤파커스, 2012).
- 이한재, 「구자신 쿠쿠전자 회장」, 《비즈니스포스트》(2016. 9. 1).
- 임상혁, 임병준, 「쿠쿠(CUCKOO)전자 구본학의 경영이념과 경영전략에 관한 연구」, 《경영사학》제78집 (2016), 79-100쪽.
- 송성수, 「부산의 산업발전을 이끈 혁신기업가를 찾아서: 구자신과 쿠쿠전자」, 이민규 엮음, 『2020 지역과학기술정책 총서』 (부경대학교 과학기술정책 전문인력 육성지원

사업단, 2021), 24-31쪽.
· 최형섭, 『그것의 존재를 알아차리는 순간: 일상을 만든 테크놀로지』 (이음, 2021).
· 최형섭, 「한일 기술 교류와 '국산화' 개념의 변화」, 《일본비평》제24호 (2021), 190-211쪽.

송성수의 관련 칼럼

· 송성수, 「측우기에 얽힌 오해」, 《부산일보》(2009. 5. 22).
· 송성수, 「대한민국 과학자, 우장춘」, 《부산일보》(2009. 8. 21).
· 송성수, 「반도체 신화의 비밀」, 《부산일보》(2009. 11. 20).
· 송성수, 「한국 과학기술의 주역을 찾아서」, 《세계일보》 (2018. 4. 25).
· 송성수, 「2023년에 소환된 '1974 포니'」, 《중앙일보》(2023. 7. 10).
· 송성수, 「'경술국치' 84주년에 나온 세계 최초 256M D램 개발 소식」, 《중앙일보》(2023. 8. 21).
· 송성수, 「다산 정약용은 기술을 사랑한 융합의 대가」, 《중앙일보》(2023. 10. 30).
· 송성수, 「'지석영 신화'를 넘어서: 일제가 숨긴 조선의 종두법 실상」, 《중앙일보》(2023. 12. 11).

한국인의 발명과 혁신

초판 1쇄 2024년 10월 25일

지은이 송성수

펴낸이 주일우
편집 고은영
디자인 cement

펴낸곳 이음
출판등록 제2005-000137호 (2005년 6월 27일)
주소 서울시 마포구 토정로 222 한국출판콘텐츠센터 210호 (04091)
전화 02-3141-6126
팩스 02-6455-4207
전자우편 editor@eumbooks.com
홈페이지 www.eumbooks.com
인스타그램 @eum_books

ISBN 979-11-94172-05-5 (03500)
값 23,000원